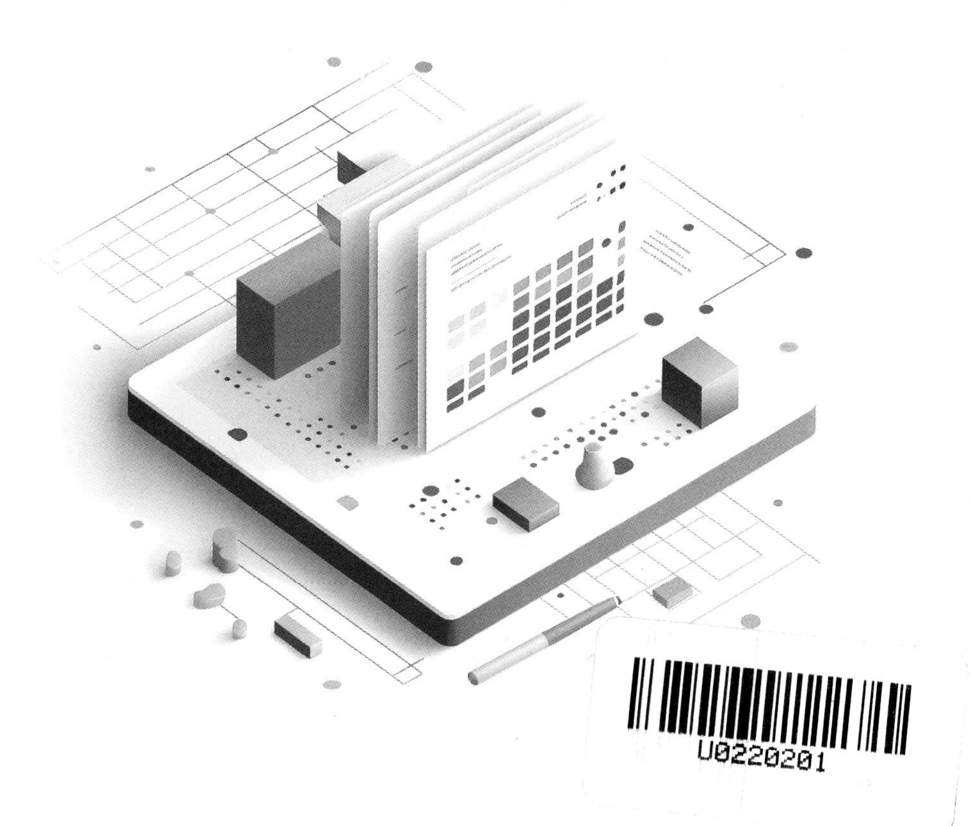

时序大数据平台

TDengine核心原理与实战

TDengine团队◎著

人 民 邮 电 出 版 社
北 京

图书在版编目（CIP）数据

时序大数据平台 TDengine 核心原理与实战 / TDengine 团队著. -- 北京 : 人民邮电出版社, 2024.
ISBN 978-7-115-64858-7

Ⅰ. TP274

中国国家版本馆 CIP 数据核字第 2024D9Z657 号

内 容 提 要

本书由浅入深地阐述了时序大数据平台 TDengine 的核心原理与实战案例。首先，本书为读者提供了时序数据的基础知识和 TDengine 的核心特性概览，包括数据模型、数据写入、数据查询、数据订阅和流计算等；其次，详细介绍了 TDengine 的日常运维管理，包括安装部署、资源规划、图形化管理、数据安全等关键内容；然后，深入讲解了如何利用 TDengine 进行应用开发，涵盖多种编程语言的连接器使用、订阅数据，以及自定义函数的开发等高级功能；接下来，为数据库研发爱好者揭秘 TDengine 的内核设计，从分布式架构到存储引擎、查询引擎、数据订阅，再到流计算引擎的详细阐述；最后，通过分析典型应用场景案例，展示 TDengine 如何在实际业务中发挥作用。

本书架构清晰，内容丰富，理论与实践相结合，适合作为需要使用 TDengine 进行大数据处理的开发者、架构师和产品经理的技术参考与培训资料。

◆ 著　　　TDengine 团队
责任编辑　秦　健
责任印制　焦志炜

◆ 人民邮电出版社出版发行　　北京市丰台区成寿寺路 11 号
邮编　100164　　电子邮件　315@ptpress.com.cn
网址　https://www.ptpress.com.cn
北京天宇星印刷厂印刷

◆ 开本：800×1000　1/16
印张：16.75　　　2024 年 7 月第 1 版
字数：314 千字　　　2024 年 7 月北京第 1 次印刷

定价：69.80 元

读者服务热线：(010)81055410　印装质量热线：(010)81055316
反盗版热线：(010)81055315
广告经营许可证：京东市监广登字 20170147 号

序言

5 年前，我做出了一个艰难的决定：将我投入两年多心血开发的时序大数据平台 TDengine 的核心代码开源。出乎意料的是，TDengine 开源后迅速吸引了开发者的广泛关注，并在 GitHub 网站全球趋势排行榜上多次荣登榜首。至今，TDengine 在 GitHub 网站上已积累近 2.3 万颗星，Fork 超过 4800 次，安装实例超过 53 万个，覆盖 60 多个国家和地区。

这些数字让我这个拥有 40 多年码龄的开发者感到无比激动，因为人们标的每一颗星和每一次使用，都证明了研发团队不分昼夜开发的代码为人们带来了实实在在的价值。庞大的用户群体，是对开发者工作的最高奖赏。在 TDengine 开源 5 周年之际，我借此机会回顾了 Dengine 的发展历程，希望与广大开发者共享这一旅程。

选择时序大数据这个细分领域

2016 年 3 月，科技界迎来了一件具有深远影响的事情：谷歌的 AlphaGo 与世界顶尖棋手李世石进行了一场对决，并以 4：1 的比分获胜。AlphaGo 的胜利迅速点燃了全球对人工智能（Artificial Intelligence，AI）的热情。那么，AI 如何实际应用于日常生活呢？自动驾驶是其重要的应用领域之一。实现自动驾驶的关键在于对汽车采集的各类数据进行实时处理和决策制定。这些数据具有一个显著特点：它们都带有时间戳，并且采集频率极高。因此，我认为自动驾驶将引发数据量的爆炸式增长。

回顾 2016 年，我们可以看到各种交通工具，如自行车、汽车等，已经或正准备联网，共享出行日益流行。这些交通工具持续采集数据，而它们采集的数据具有明显的时序特征。可以说，随着出行行业步入移动互联网和 AI 时代，数据量正在经历指数级增长。

另外，技术创新和政府推动使得光伏、风力等新能源逐渐流行，电网的供电设备数量呈指数级增长。然而，这些新能源通常无法提供稳定且可预测的发电量，这对电网调度构成了重大的技术挑战。应对这一挑战的关键在于实时采集发电、输电、配电、用电各环节的数据，随后进行实时计算和决策，而这些数据无疑都是时序数据。

同时，传统的用电单位现在可以自行安装光伏等新能源设备。当用电单位的自产电力超出自身需求时，可以将剩余电力出售给电网。这使得用电单位同时具备了发电能力，催生出电力实时交易系统。整个电网转变为一个分布式能源系统，依赖实时采集的数据来支撑其运营。

2016 年，我退出了一家创业公司，这让我有了空闲时间来分析行业的重大变化。我观察到，无论是出行行业还是更广义的运输行业，以及分布式能源系统，都将产生海量的时序数据。这些数据的规模超出了传统数据库或大数据平台的高效处理能力，迫切需要专用的时序数据处理工具。

自 2016 年 9 月起，我开始深入研究时序数据处理技术。不久后，我接触到 InfluxDB、OpenTSDB、Prometheus 等时序数据库软件。经过研究，我发现这些工具在处理效率、水平扩展性或易用性方面仍有不足。凭借之前两次创业的经验以及直觉，我坚信这个细分市场潜力巨大，机会尚存，且非常适合我投身其中。

因此，2016 年 10 月，我全身心投入到时序数据库的研究之中。同年 12 月 17 日，在溪山天使投资年会上，我编写了 TDengine 的第一行代码，这标志着我的第三次创业之旅正式开启。

技术创新是产品的根本

时序数据库作为一种基础软件，要从产品众多的市场中脱颖而出，关键在于技术创新。通过分析电力、汽车等行业场景，我注意到时序数据具有明显的特征。例如，每台传感器或设备生成的数据都是结构化的，形成连续的数据流，类似于摄像头捕获的图像流。这些数据通常不需要更新或删除操作，仅需要在数据过期时进行清理。用户更关注的是时序数据变化的趋势，而非某一特定时间点的数值等细节。如果我们能够充分利用这些特征，就能够开发出极为高效的时序数据处理引擎。

鉴于每台传感器或设备都产生独立的数据流，我坚信最理想的建模方式是“一个数据采集点一张表”。例如，如果有 1000 万块智能电表，就需要建立 1000 万张表。这种方式将数据写入简化为直接的数据追加操作，并采用列式存储。由于同一传感器的数据变化通常较为缓慢，这可以显著提高数据压缩率。此外，将一个数据采集点的数据集中存储，不仅能优化预计算效率，还能在读取单个采集点的数据时实现极高的读取性能。

然而，这种数据模型也带来了挑战：表的数量可能非常庞大，这使得表的管理以及表间的聚合变得复杂。为了解决这个问题，我提出了“超级表”的概念。对于同类设备，可以创建一张超级表作为模板，为每台具体设备应用这张超级表，并附加各种标签。标签数据与时序数据分别存储，将数据分析中的维度数据与事实数据的概念完全应用到时序数据处理中，从而高效地解决表数量过多的问题。

TDengine 通过独特的“一个数据采集点一张表”和“超级表”的设计策略，在读写和压缩性能上显著超越了市场上流行的 InfluxDB 和 TimescaleDB 等。根据全球公认的时序数据标准测试集，无论是仅 CPU 还是物联网场景，TDengine 都表现出显著的优势（更多详细测试报告，请访问 TDengine 官方网站）。

在性能上超越竞争对手，我认为这还不够，还应在产品功能上进行创新。在深入研究时序数据的应用场景后，我意识到需要将缓存、数据订阅、流计算等功能整合进来，与时序数据库结合，形成一个全栈的时序大数据平台。这样的整合可以大幅降低系统架构的复杂性和运维成本。我们选择将产品命名为 TDengine，而非简单的 DB，这是有其根本原因的。TDengine 代表的是 Time-Series Data Engine，即时序数据引擎。由于我们充分利用了时序数据的特征，这些功能在性能上超越通用的 Redis、Kafka、Spark 等软件，同时资源消耗更少，进一步降低了运营成本。

软件的易用性也极为关键。自编写第 1 行代码之初，我就决定采用 SQL 作为标准查询语言，而不是像 InfluxDB、Prometheus、OpenTSDB 等软件那样，使用它们自己定义的查询语言。在安装部署方面也追求极致的便捷性，确保从下载、安装到启动，整个过程能在 60s 内完成。示例代码都是即拷即用的。所有这些努力，旨在降低用户的学习成本。

开源就是要把核心代码开源

在数据库这类基础软件领域，用户的迁移成本极高。没有充分的理由，很难说服开发者转向新的数据库系统。因此，自创业之初，我们就深入思考并得出结论：开源是关键。尽管我自己和团队都缺乏开源经验，但我们在发布第一个正式版本并签约 3 个重要客户后，从 2019 年 3 月开始，便全力以赴地准备开源工作。

2019 年 7 月 12 日，在全球架构师峰会深圳站上，我正式宣布 TDengine 单机版开源。由于我们的产品精准定位于物联网、工业互联网数据平台的核心需求，加之核心代码的开源，以及其卓越的性能和用户体验，我们的产品迅速走红。GitHub 网站上的星数和 Fork 次数持续攀升，连续多日在全球趋势排行榜上占据首位，TDengine 官方网站的访问量也急剧增加。开源 3 个月后，GitHub 网站上的星数已突破 1 万。这一切成绩远超我们的预期。我们 6 人的小团队竟然点燃了整个市场的热情。

在决定开源时，我坚信必须将最核心的代码开源，因为只有真正为用户提供价值，将自己的技术创新和优势完全展示出来，才能赢得开发者的青睐。然而，由于担心开源可能不会成功，我们最初并没有将一个核心功能——集群功能开源。但在单机版开源后，我们看到市场的热烈反响，以及大量用户对集群功能的迫切需求，这促使我们决定将集群版也开源。经过充分准备，2020 年 8 月，我们正式发布集群版的开源代码。事实证明，这一决策同样正确。集群版开源后，再次受到开发者社区的热烈欢迎，GitHub 网站上的星数持续上升，实例的安装数量迅速增长至每天超过 200，每日克隆代码的人数超过 1000。

认识到云原生技术是未来发展的关键，我们积极开发了云原生版，并在 2021 年 8 月将其开源，同样赢得了众多开发者的喜爱。

TDengine 产品仍在不断演进之中，未来我们计划开源更多模块。我们对开源的承诺始终如一，那就是**将用户最喜爱的、最核心的功能开源**。

商业化成功是开源持续成功的保障

企业的生存和发展需要盈利作为支撑。我们不能仅依赖研发团队的热情，而不考虑经济回报地持续推进开源项目。因此，在开源项目取得成功的同时，我们正积极探索实现商业成功的途径。经过一系列的市场调研，我们决定遵循开源软件的常见模式，推出付费的企业版。

TDengine 的核心代码，包括集群版和云原生版，已经全面开源。那么，企业版与之相比有何独特之处呢？我们决定将企业特别关注的功能，如数据备份、容灾、权限控制、安全、多级存储及各种数据源的无缝接入等辅助功能，全部集成到企业版中。即便没有这些辅助功能，TDengine 作为一个时序数据库，在功能和性能上也已经十分完备，并且与其他开源时序数据库相比，其优势依然显著。然而，这些辅助功能对企业的日常运营至关重要。

TDengine 广泛应用于物联网、工业互联网等场景，这些场景涉及多种数据源，例如 MQTT、OPC-UA、OPC-DA 等。在工业场景中，也存在许多传统的实时数据库，如 AVEVA PI System、Wonderware 等。TDengine 企业版包含一个专门的组件，通过简单配置，无须编写任何代码，即可通过该组件实时读取这些数据源的数据并保存到 TDengine 中。鉴于不同数据源在命名规则、测量单位、时区等方面存在差异，TDengine 企业版还具备数据转换、过滤和清洗的功能，确保入库数据的质量。这大大简化了系统部署的复杂性。

在企业级应用中，数据库的备份与恢复、异地容灾、实时同步等功能至关重要。缺少这些功能，数据安全将无法得到保障，企业也不敢轻易投入运营。因此，TDengine 企业版提供了这些关键功能。此外，随着边缘计算的兴起，众多企业期望将边缘侧的数据汇集至云端。为此，TDengine 企业版还提供了边云协同功能，仅须简单配置，即可实现边缘侧数据向私有云或公有云实时同步。

在企业级应用中，确保数据访问安全同样至关重要。因此，TDengine 企业版提供了数据传输加密、数据库存储加密，并设置了数据库访问权限、IP 白名单和操作审计等功能。此外，TDengine 还支持视图功能，并对视图实施了精细的权限控制，允许数据访问控制精确到具体的表、列和时间段等。通过 SQL 定义的数据订阅能够指定可访问的表、列和时间段，甚至可以对原始数据执行加工或聚合操作，并结合权限进行控制。这一切都是为了最大程度地保证数据访问的安全性。

在数据量呈指数级增长的当下，存储成本始终是企业运营中必须考量的因素。因此，TDengine 企业版引入了多级存储机制，根据数据的访问频率，即冷热程度进行分层存储。最常访问的热数据存储在内存中，较热的数据则存放于固定硬盘上。对于访问频率较低的冷数据，存储在普通的机械硬盘上，而最不常访问的冷数据则可以存储在 S3 等更经济的存储服务上，从而最大程度地降低存储成本。

除了提供企业版以外，自 2023 年 3 月起，TDengine 还推出了全托管云服务，并已在阿里云、AWS、Azure、GCP 四大云平台上部署。对于中小企业来说，云服务是实现快速部署、享受高标准专业服务的同时，有效控制和降低运营成本的优选方案。我们深信，开源软件的发展前景与云服务紧密相连。通过开源模式，我们能够快速建立市场品牌和开发者社区，进而促使大量用户转化为云服务的使用者。

将数据价值最大化

TDengine 的核心是一个时序数据库，它致力于高效地采集、清洗、加工和存储时序数据，并通过 SQL 提供强大的数据查询、分析以及实时数据分发服务。无论应用场景如何，用户采集并存储数据的根本目的是挖掘其内在价值，如实现运营的实时监控、异常检测及时报警、未来趋势预测，以及设备预测性维护等。因此，TDengine 的核心目标是助力用户最大化数据的价值。

TDengine 的查询计算引擎本身已具备强大的数据分析功能，支持标准 SQL、嵌套查询、用户自定义函数，以及众多专为时序数据设计的扩展函数。为了助力用户最大程度地挖掘数据价值，TDengine 通过标准的 JDBC 和 ODBC 接口，实现了与多种 BI、AI 及可视化工具的无缝集成，如 Power BI、Tableau、Grafana 等。用户可以根据自己的偏好选择最合适的工具来分析和处理存储在 TDengine 中的数据。

实时数据分析的重要性日益凸显。TDengine 内置实时流计算功能，支持多样化的窗口触发机制，如时间窗口、状态窗口、会话窗口、事件窗口、计数窗口等。为了帮助用户最大程度地执行各类实时计算，TDengine 还提供灵活且安全的实时数据订阅功能。一旦订阅的数据发生更新，第三方工具将即刻收到通知，从而能够对数据进行及时处理。

为了简化各类应用的开发流程，TDengine 提供了支持 C/C++、Java、Python、Rust、Go、Node.js 等多种主流编程语言的连接器，并为各种功能提供了即拷即用的示例代码。

随着人类社会步入 AI 时代，新的算法和模型层出不穷，数据分析和处理工具也在不断更新。面对这一趋势，没有单一厂商能够提供全部所需工具。TDengine 致力于通过其开放接口，确保与这些新兴工具和平台的无缝集成，助力用户充分挖掘数据的潜在价值。

写在最后

自我写下 TDengine 的第 1 行代码以来，已经过去了 7 年。当年 49 岁的我，现在已经 56 岁。尽管开发之路充满挑战，但令人鼓舞的是，TDengine 的日均安装量持续增长，产品正被越来越多的用户接受并喜爱。TDengine 的商业化进程也进展顺利，我们已拥有 200 多个付费客户，他们来自电力、新能源、汽车、石油、化工、矿山、智能制造等多个行业。我们的客户群体不仅遍布中国，而且已经扩展到全球各地。

为了帮助广大用户快速掌握并有效使用 TDengine，我们团队决定编写这本《时序大数据平台 TDengine 核心原理与实战》。在本书的编写过程中，有十余名研发团队成员参与。在编辑的指导下，我们努力确保内容的全面性和准确性。书中不仅介绍了 TDengine 的数据模型、数据写入、数据查询、数据订阅、流计算等一系列核心功能，还包括运营和维护 TDengine 所必需的知识。

作为开源承诺的一部分，我们对 TDengine 的内核设计进行了详尽的阐述，从分布式架构到存储、查询计算、流计算、数据订阅等。研发爱好者可以通过这些章节与我们发布在 GitHub 网站上的源代码对照学习，深入理解 TDengine 的设计和工程实现。此外，我们还精选了一些典型的应用场景并对其进行了深入介绍。

继 2016 年 AlphaGo 的突破之后，2023 年 ChatGPT 再次将 AI 推向了崭新的高度。AI 的飞速发展使人们更加意识到数据的价值，数据基础设施的重要性随之日益凸显，且数据量将持续呈指数级增长。由于这些增长的数据大多来自机器、设备和传感器采集的时序数据，因此我们坚信时序数据处理这一细分市场必将不断扩大。当传统数据库和大数据处理工具在性能、水平扩展性和运维成本方面越来越难以满足需求时，TDengine 将迎来其发展的黄金时期。

我深感庆幸自己在 2016 年做出的决定，选择研发一款既有迫切市场需求和技术壁垒，又须长期投入且具有巨大发展潜力的产品。我同样庆幸我们选择将核心代码开源。现在，我们所能做的是继续在开源的道路上奋力前行，力争使 TDengine 成为时序大数据平台的业界标准。坚持做难而正确的事情，这是我一生中永不后悔的选择。

Leave a dent in the world!（为世界留痕！）

陶建辉

涛思数据 TDengine 创始人

2024 年 7 月 12 日，写于 TDengine 开源 5 周年之际

前言

为什么要写这本书

TDengine，一个广受开发者欢迎的全球开源时序大数据平台，专注海量时序数据的存储、分析、计算和分发。凭借其卓越的性能和独特的功能，TDengine 在 GitHub 网站上已积累近 2.3 万颗星，安装实例超过 53 万个，遍布全球 60 多个国家和地区，成为物联网、工业互联网、金融和 IT 运维等领域的重要基础软件，推动行业向信息化和智能化转型。

TDengine 团队始终秉承“让用户成功，让开发者成功”的理念，现推出本书。本书旨在为广大的 TDengine 用户提供快速入门、深入应用的参考资源，也为有志于数据库基础软件开发的爱好者打开一扇大门。通过阅读本书，读者将能全面掌握 TDengine 的核心原理，熟练运用其各项功能，并在实践中不断提升技能，共同书写 TDengine 的成功故事。

本书特色

在本书的编撰过程中，我们集结了 TDengine 团队十余位资深软件开发工程师与系统架构师的专业知识和实践经验。我们致力于创作一本内容翔实、准确无误的教程，确保每一章节都能为读者提供切实可行的指导。

本书秉承开源精神，不仅通俗易懂地讲解了 TDengine 的使用、管理和维护，还深入剖析了其内核设计的思想精髓。从分布式架构设计到存储、查询、流计算引擎，再到数据订阅功能，每一环节都融入了最新的设计理念和技术创新。我们热忱邀请技术爱好者参照 GitHub 网站上的源代码，对书中的内容进行深入研读，从而更全面地理解 TDengine 的技术细节，并成为 TDengine 开源社区的一员。

此外，为了更好地展示时序数据在实际工作中的应用，本书精选了一系列典型案例进行解析。同时，针对开发者群体，我们配备了丰富的示例代码，助其迅速掌握 TDengine 的使用技巧，加速产品开发周期。通过学习本书，读者不仅能够成为 TDengine 的专家用户，还能在技术探索的道路上更进一步。

如何阅读本书

本书分为五大部分，每一部分都针对不同层次的读者需求，提供相应的知识和指导。

第一部分 基础知识：为读者提供了时序数据的基础知识和 TDengine 的核心特性概览，包括数据模型、数据写入、数据查询、数据订阅和流计算等。这部分的内容适合所有希望了解时序数据及其在 TDengine 中应用的非技术人员和初学者。

第二部分 运维管理：详细介绍了 TDengine 的日常运维管理，包括安装部署、资源规划、图形化管理、数据安全等关键内容。这部分的内容为 TDengine 数据库管理人员及负责 TDengine 运行维护的相关人员量身定制。

第三部分 应用开发：深入讲解了如何利用 TDengine 进行应用开发，涵盖多种编程语言的连接器使用、订阅数据，以及自定义函数的开发等高级功能。这部分的内容面向所有使用 TDengine 进行应用开发的技术人员。

第四部分 技术内幕：为数据库研发爱好者揭秘 TDengine 的内核设计，从分布式架构到存储引擎、查询引擎、数据订阅，再到流计算引擎的详细阐述。建议读者结合 GitHub 网站上的源代码进行深入探索。

第五部分 实践案例：通过一系列精心挑选的典型应用场景案例，展示了 TDengine 如何在实际业务中发挥作用。这部分的内容旨在帮助面临技术选型挑战的用户，快速了解 TDengine 如何与自身业务相结合。

书中提及的 taosd、taosc、dnode、mnode、vnode、vgroup、qnode 等术语，在第 7 章和第 15 章中有详尽的解释。若在阅读过程中遇到任何障碍，建议读者先查阅这些章节。

技术支持

对于在使用过程中遇到技术难题的读者，本书提供了如下便捷的技术支持和信息咨询渠道。

- 官方微信：关注“ tdengine”微信公众号，你可以直接与我们的客服团队取得联系，获取即时的在线支持。
- 官网客服：访问 TDengine 官方网站（https://docs.taosdata.com/)，你可以在网站上留言，我们的客服团队会及时回复并提供必要的协助。
- GitHub 社区：加入 TDengine 的 GitHub 社区（https://github.com/taosdata/TDengine/issues)，你可以通过提交议题（issue）的方式提出问题，社区成员和研发团队会定期响应并提供帮助。

致谢

尊敬的 TDengine 用户及开发者朋友，TDengine 团队向你致以最诚挚的感谢。

自 1.6 版本至 3.0 版本，TDengine 团队的每一次代码优化、功能创新和社区互动，不仅凝聚了我们的努力和热忱，也回应了用户和开发者的热切期待。我们欣喜地看到，TDengine 已在物联网、工业互联网、金融和 IT 运维等多个关键领域生根发芽，结出累累硕果。这一切成就都离不开你的坚定支持与深厚信任。

我们衷心期望这本书能成为你日常工作与学习的得力助手，助你在时序数据处理的世界里游刃有余。让我们携手共进，共创美好未来！

最后，感谢 TDengine 团队的陈浩然、陈玉、程洪泽、董洪奎、段宽军、关胜亮、贾晨阳、李亚强、刘溢清、余彦杰、王婧、王明明、王旭、肖波、杨志宇、翟坤、张玮绚等在本书编写及出版过程中做出的巨大贡献。

TDengine 团队

资源与支持

资源获取

本书提供如下资源：

- 书中图片文件；
- 本书思维导图；
- 异步社区 7 天 VIP 会员。

要获得以上资源，您可以扫描下方二维码，根据指引领取。

提交勘误信息

作者和编辑尽最大努力来确保书中内容的准确性，但难免会存在疏漏。欢迎您将发现的问题反馈给我们，帮助我们提升图书的质量。

当您发现错误时，请登录异步社区（https://www.epubit.com），按书名搜索，进入本书页面，点击“发表勘误”，输入勘误信息，点击“提交勘误”按钮即可（见下页图）。本书的作者和编辑会对您提交的勘误信息进行审核，确认并接受后，您将获赠异步社区的 100 积分。积分可用于在异步社区兑换优惠券、样书或奖品。

图书勘误 发表勘误

页码：1 页内位置（行数）：1 勘误印次：1

图书类型：纸书 电子书

添加勘误图片（最多可上传4张图片）

提交勘误

与我们联系

我们的联系邮箱是 contact@epubit.com.cn。

如果您对本书有任何疑问或建议，请您发邮件给我们，并请在邮件标题中注明本书书名，以便我们更高效地做出反馈。

如果您有兴趣出版图书、录制教学视频，或者参与图书翻译、技术审校等工作，可以发邮件给我们。

如果您所在的学校、培训机构或企业，想批量购买本书或异步社区出版的其他图书，也可以发邮件给我们。

如果您在网上发现有针对异步社区出品图书的各种形式的盗版行为，包括对图书全部或部分内容的非授权传播，请您将怀疑有侵权行为的链接发邮件给我们。您的这一举动是对作者权益的保护，也是我们持续为您提供有价值的内容的动力之源。

关于异步社区和异步图书

“异步社区”是由人民邮电出版社创办的 IT 专业图书社区，于 2015 年 8 月上线运营，致力于优质内容的出版和分享，为读者提供高品质的学习内容，为作译者提供专业的出版服务，实现作者与读者在线交流互动，以及传统出版与数字出版的融合发展。

“异步图书”是异步社区策划出版的精品 IT 图书的品牌，依托于人民邮电出版社在计算机图书领域四十余年的发展与积淀。异步图书面向各行业信息技术的用户。

目录

第一部分　基础知识

第二部分 运维管理

第三部分 应用开发

第四部分 技术内幕

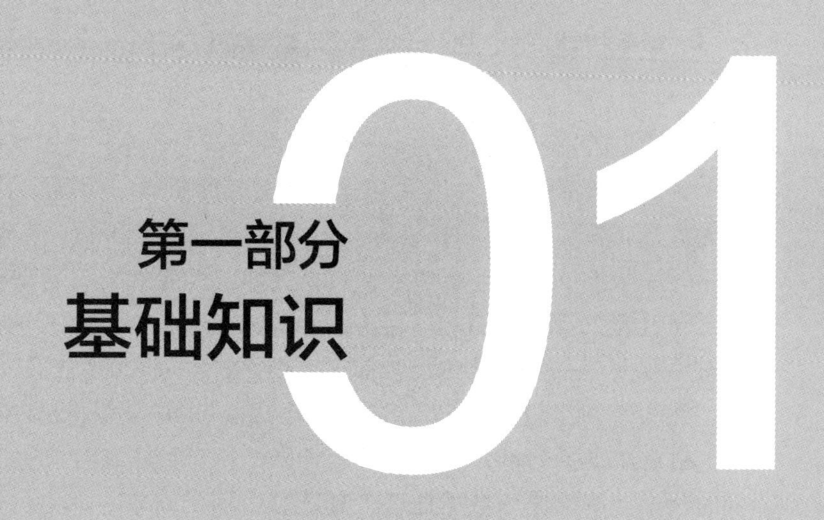

第一部分 基础知识

第 1 章　时序数据

1.1　什么是时序数据

时序数据，即时间序列数据（time-series data），是一组按照时间顺序排列的数据。在日常生活中，设备、传感器收集的数据以及证券交易记录都属于时序数据。因此，许多人对时序数据的处理并不陌生，尤其是在工业自动化和证券金融领域，专业的时序数据处理软件已经存在，例如工业领域的 AVEVA PI System 和金融行业的 KDB+。

这些时序数据可能是周期性、准周期性产生，或者由事件触发产生。它们的采集频率可能高也可能低，随后会被发送到服务器进行汇总、实时分析和处理。这些数据可以用于实时监测或预警工业互联网、物联网系统的运行状态，或者预测股市行情等。此外，这些数据还可以长期保存，以便进行离线数据分析。例如，统计设备在一定时间内的运行节奏和产出，分析如何优化配置以提高生产效率；统计生产过程中的成本分布，分析如何降低生产成本；统计设备在一定时间内的异常值，结合业务分析潜在的安全隐患，以减少故障时间等。

在过去的 20 年里，随着数据通信成本的急剧下降，以及各种传感技术和智能设备的出现，工业互联网和物联网企业为了监测设备、环境、生产线及整个系统的运行状态，在各个关键场景都配备了大量传感器来采集实时数据。从智能手环、共享出行、智能电表、环境监测设备到电梯、数控机床、挖掘机、工业生产线等，都在不断产生海量的实时数据，使得时序数据的体量呈指数级增长。例如，智能电表每隔 15min 采集一条时序数据，每天自动生成 96 条时序数据。目前，全国已有超过 10 亿块智能电表，每天产生高达 960 亿条时序数据。一辆联网汽车通常每隔 15s 采集一条时序数据，每天会产生 5760 条时序数据。假设有两亿辆联网汽车，它们每天产生的时序数据将超过 10 000 亿条。

由于数据量的指数级增长以及对分析和实时计算需求的不断增加，特别是在人工智能时代，传统的时序数据处理工具已难以满足需求。如何对每天高达 10TB 级别的海量时序大数据进行实时存储、分析和计算，已成为一个巨大的技术挑战。因此，在过去的 10 年里，高效处理海量时序大数据的问题受到全球工业界的高度关注。

1.2 时序数据的十大特征

相对于传统的互联网应用数据，时序数据具有许多独有的特征。涛思数据的创始人陶建辉先生在 2017 年就已经对这些特征进行了深入的归纳和分析，并总结出时序数据及其应用的十大特征。

- 数据具有时序性，必须带有时间戳：联网设备按照设定的周期或在外部事件触发下不断产生数据，每条记录都是在特定时间点生成的，其时间戳对于记录的价值至关重要。
- 数据结构化：工业互联网和物联网设备产生的数据以及证券交易数据通常是结构化的，且大多数是数值型的。例如，智能电表采集的电流、电压值可以用 4B 的标准化浮点数表示。
- 一个数据采集点就是一个数据流：一台设备采集的数据和一只股票的交易数据与另一台设备或股票的数据完全独立。设备产生的数据或股票的交易数据只有一个生产者，即数据源是唯一的。
- 数据较少更新或删除：对于一个典型的信息化或互联网应用，它们产生的数据可能是经常需要被修改或删除的。但对于设备或交易产生的数据，正常情况下不会被更新 / 删除。
- 数据不依赖事务：在设备产生的数据中，单条数据的相对价值较低，数据的完整性和一致性不如传统关系型数据库严格。由于人们关注的是数据趋势，因此无须引入复杂的事务机制。

- 相对于互联网应用，写操作多，读操作少：互联网应用中的数据记录通常是一次写入，多次读取。例如，一条微博或一篇微信公众号文章，一次写，但有可能上百万人读。然而，工业互联网和物联网设备产生的数据主要由计算和分析程序自动读取，且读取次数有限，仅在发生事故时，人们才会主动读取原始数据。
- 用户关注一段时间内的趋势：对于银行交易记录、微博或微信消息等，每条记录对用户都很重要。然而，在工业互联网和物联网时序数据中，单个数据点的价值相对较小，人们更关注一段时间内的数据变化趋势，而非单一时间点。
- 数据具有保留期限：采集的数据通常基于时间长度设定保留策略，如仅保留一天、一周、一个月、一年，甚至更长时间。由于数据的价值往往取决于时间段，因此对于不在重要时间段内的数据，可以被视为过期数据并整块删除。
- 需要实时分析计算：对于大多数互联网大数据应用，离线分析更为常见，即使有实时分析，要求也不高。比如用户画像场景，我们可以积累一定的用户行为数据后再进行分析，早一点或晚一点对最终结果的影响并不大。然而，在工业互联网、物联网平台应用和交易系统中，对数据的实时计算要求较高。因为我们需要根据计算结果进行实时报警、监控，以避免事故发生和错过决策时机。
- 流量平稳且可预测：根据工业互联网和物联网设备的数量与数据采集频次，可以较为准确地估算所需带宽、流量、存储等资源，以及每天新生成的数据量。这与电商在双 11 期间流量激增，或 12306 网站在春节期间流量暴增的情况形成鲜明对比。

这些特征为时序数据的处理带来了独特的需求和挑战。然而，一个高效的时序大数据平台也将充分利用这些特征来提高自身的处理能力。

1.3　时序数据的典型应用场景

时序数据应用的细分场景有很多，这里简单列举一些。

1. 电力能源

电力能源领域涵盖广泛，包括发电、输电、配电、用电等环节。在这些环节中，各种电力设备都会产生大量时序数据。在发电环节，以风力发电为例，风电机作为大型设备，由于拥有数百个数据采集点，因此每天产生的时序数据量非常庞大。对这些数据的监控和分析对于确保发电环节的准确性至关重要。在用电环节，通过对智能电表实时采集的电流、电压等数据进行快速计算，可以实时了解最新的用电总量以及尖峰平谷用电量，从而判断设备是否正常工作。有时，电力系统可能需要获取历史上某年的全量数据，利用机器学习等技术分析用户的用电习惯、进行负荷预测、设计节能方案，以帮助电力公司合理规划电力供应。或者，提取上个月的尖峰平谷用电量，根据不同价格进行周期性电费结算，这些都是时序数据在电力能源领域的典型应用。

2. 车联网 / 轨道交通

车辆的 GPS、速度、油耗、故障信息等都是典型的时序数据。通过对这些数据进行科学合理的分析，可以为车辆管理和优化提供有力支持。然而，不同车型的采集点从数百个到数千个不等，随着车辆数量的增加，如何上传、存储、查询和分析这些海量时序数据已成为行业亟须解决的问题。对于交通工具本身，科学处理时序数据可以实现车辆轨迹追踪、无人驾驶、故障预警等功能。对于交通工具的整体配套服务，也可以提供良好的支持。例如，在新一代智能地铁管理系统中，通过对地铁站中各种传感器的时序数据进行采集和分析，可以实时展示各车厢的拥挤度、温度、舒适度等数据，让用户可以选择最佳出行方案，同时帮助地铁运营商更好地进行乘客流量调度管理。

3. 智能制造

在过去的十几年里，许多传统工业企业的数字化取得了显著进展。单座工厂的数据采集点从传统的几千个发展到如今的数十万个、上百万个，甚至千万个，这些海量数据采集点产生的都是典型的时序数据。在整个工业大数据系统中，时序数据的处理相当复杂。以烟草行业的数据采集为例，设备的工业互联网数据协议多种多样，数据采集单元随设备类型而异。随着数据采集点的持续增加，实时处理能力难以跟上，同时还须兼顾高性能、高可用、可扩展性等多种特性。然而，如果大数据平台能够克服这些困难，满足企业对时序数据存储分析的需求，将有助于实现更智能化、自动化的生产模式，从而提升企业竞争力。

4. 智慧油田

在长期油田建设和探索过程中，钻井、录井、测井、开发生产等勘探开发业务产生了大量来自油井、水井、气井等设备的时序数据。为实现以油气生产指挥中心为核心的油气生产信息化智能管控模式，满足科学高效智能的油气生产管理需求，相关系统须确保油田数万口油气水井、阀组、加热炉等设备的实时数据处理，实现高效写入和查询、节省存储空间、基于业务灵活水平扩展、系统简单易用、数据安全可靠。部分大型智慧油田项目还将全国各地区油田的生产数据实时同步汇总到总部的云平台，采用“边云协同”方式实现“数据入湖”的统一筹划管理。

5. IT 运维

在 IT 领域，基础设施（如服务器、网络设备、存储设备等）和应用运行过程中会产生大量时序数据。通过对这些时序数据的监控，可以迅速发现基础设施 / 应用的运行状态和服务可用性，包括系统是否在线、服务是否正常响应等。同时，还可以查看具体到某个点位的性能指标，如 CPU 利用率、内存利用率、磁盘空间利用率、网络带宽利用率等。此外，还可以监控系统产生的错误日志和异常事件，包括入侵检测、安全事件日志、权限控制等。最终，通过设置报警规则，及时通知管理员或运维人员具体情况，从而及时发现并解决问题、预防故障，优化系统性能，确保系统稳定可靠运行。

6. 金融

金融领域正经历一场数据管理的革命，其中行情数据是典型的时序数据。由于行情数据的存储期限通常长达 5 至 10 年，甚至超过 30 年，且全球各地区主流金融市场的交易数据都需要全量保存，因此行情数据的总量庞大，容易达到 TB 级别，导致存储、查询等方面的瓶颈。在金融领域，量化交易平台是突显时序数据处理重要性的革命性应用之一。通过对大量行情数据的读取和分析，可以及时响应市场变化，帮助交易者把握投资机会，同时规避风险，实现资产稳健增长。量化交易平台可以实现资产管理、情绪监控、股票回测、交易信号模拟、报表自动生成等多种功能。

1.4 处理时序数据所需要的核心模块

为了高效处理时序数据，一个完善的时序大数据平台应具备以下核心模块。

1. 数据库

数据库负责高效存储和读取时序数据。在工业互联网和物联网场景中，设备产生的时序数据量庞大。数据库需要将这些数据持久化存储在硬盘上，并尽可能地进行压缩，以降低存储成本。同时，数据库还须确保实时查询和历史数据查询的效率。常见的存储方案包括关系型数据库（如 MySQL、Oracle）和 Hadoop 体系的 HBase，以及专用时序数据库（如 InfluxDB、OpenTSDB、Prom-etheus）。

2. 数据订阅

许多时序数据应用需要实时订阅业务所需的数据，以便及时了解被监测对象的最新状态，并利用 AI 或其他工具进行实时数据分析。同时，出于数据隐私和安全考虑，平台应仅允许应用订阅其权限范围内的数据。因此，一个高效的时序大数据平台应具备强大的数据订阅功能，既帮助应用实时获取最新数据，又确保数据权限得到妥善控制。

3. ETL

在工业互联网和物联网场景中，时序数据的采集需要通过专门的 ETL（Extract，Transform，Load，提取、转换和加载）工具进行数据提取、清洗和转换，以便将数据写入数据库并确保数据质量。由于不同数据采集系统可能使用不同的标准，如测量单位的不同、时区的不一致或命名规范的不一致，因此需要对汇聚的数据进行转换。

4. 流计算

物联网、工业互联网和金融应用需要对时序数据流进行高效、快速计算，以满足实时业务需求。例如，对于实时采集的智能电表电流和电压数据，需要立即计算出各电表的有功功率和无功功率。因此，时序大数据平台通常会采用流处理框架，如 Apache Spark 和 Apache Flink。

5. 缓存

由于物联网、工业互联网和金融应用需要实时展示设备或股票的最新状态，因此需要缓存技术提供快速的数据访问。由于时序数据量巨大，若不使用缓存技术，而采用常规的读取和筛选方法，将难以实现设备最新状态的实时监控，从而导致较大的延迟，失去“实时”的意义。因此，缓存技术 / 工具（如 Redis）是时序大数据平台不可或缺的一部分。

处理时序数据需要多个模块的协同工作，从数据采集到存储、计算、分析与可视化，再到专用的时序数据分析算法库，每个环节都需要相应的工具支持。合理选择和搭配这些工具，才能高效处理各种类型的时序数据，挖掘数据背后的价值。

1.5 专用时序数据处理工具的必要性

1.2 节提到，一个优秀的时序大数据平台需要具备处理时序数据十大特征的能力。在 1.4 节中，我们介绍了时序大数据平台处理时序数据所需的核心模块。结合这两节内容与实际情况，我们可以发现：处理海量时序数据的背后，实际上是一个庞大且复杂的系统。

早些年，为了应对日益增长的互联网数据，众多工具应运而生，其中 Hadoop 体系最受欢迎。除了使用大家熟知的 Hadoop 组件，如 HDFS、MapReduce、HBase 和 Hive 以外，通用的大数据平台还常常使用 Kafka 等消息队列工具、Redis 等缓存软件、Flink 等实时流式数据处理软件。在存储方面，人们也会选择 MongoDB、Cassandra 或其他 NoSQL 数据库。这样一个典型的大数据平台基本上能够很好地处理互联网行业的应用，如用户画像、舆情分析等。

因此，当工业互联网和物联网大数据兴起时，人们自然而然地想到使用这套通用的大数据平台来处理时序数据。目前市场上流行的物联网、车联网等大数据平台几乎都采用了这种架构。虽然这套方法已被证明是可行的，但仍然存在许多不足之处。

- 开发效率低：通用的大数据平台并非单一软件，至少需要集成 4 个模块，这些模块可能不遵循标准的 POSIX 或 SQL 接口，拥有独立的开发工具、编程语言和配置方法，学习成本较高。此外，数据在模块间传输时，一致性易受损。加之这些模块多为开源软件，常会遇到 bug，即便有技术论坛和社区支持，解决技术问题仍需要耗费工程师大量时间。总的来说，搭建一个能顺利应用这些模块的团队需要投入相当多的人力资源。

- 运行效率低：现有开源软件主要针对互联网上的非结构化数据（如文本、视频、图像等），而物联网收集的数据则是时序的、结构化的。使用非结构化数据处理技术处理结构化数据，无论是存储还是计算，所需的系统资源都要多得多。
- 运维成本高：每个模块（如 Kafka、HBase、HDFS、Redis）都有自己的独立管理后台。在传统信息系统中，数据库管理员只须掌握 MySQL 或 Oracle 的管理，而现在则需要学会管理、配置和优化众多模块，工作量大幅增加。模块数量过多使得定位问题变得更加复杂。例如，用户发现丢失了某条时序数据，但无法迅速判断是 Kafka、HBase、Spark 还是应用层的问题，通常需要花费较长时间，通过关联各模块的日志才能找到原因。模块越多，系统的整体稳定性越低。
- 产品推出慢、利润低：鉴于大数据处理平台开发应用功能的研发效率低和运维成本高，产品上市时间延长，使企业错失商机。此外，这些不断演化的开源软件需要同步更新至最新版本，同样需要投入人力资源。除了互联网领域的领头羊以外，中小型企业通常在通用大数据处理平台上的投入远超过购买专业公司产品或服务的成本。
- 对于小数据量场景，私有化部署过于笨重：在物联网和车联网领域，考虑到生产经营数据的安全性，许多系统选择私有化部署。然而，私有化部署所处理的数据量差异巨大，从数百台到数千万台设备不等。因此，对于数据量较小的场景，通用的数据处理方案显得过于庞大，投入与产出不成比例。有些平台提供商提供两套解决方案，一套用于大数据场景，采用通用大数据处理平台；另一套针对小数据量场景，使用 MySQL 或其他数据库来应对。但随着历史数据的积累或接入设备数量的增加，关系型数据库的性能不足、运维复杂性高、扩展性差等问题将逐渐显现，这并非长期可行的策略。

由于存在这些根本性缺陷，高速增长的时序大数据市场一直缺乏一个既简单又高效易用的工具。近年来，一些专注于时序数据处理的公司进入了这一领域，例如美国的 InfluxData，其产品 InfluxDB 在 IT 运维监测领域占据相当的市场份额。开源社区的时序数据产品也非常活跃，如基于 HBase 开发的 OpenTSDB 具有广泛的影响力，阿里巴巴、百度、华为等企业也开发了基于该技术的解决方案。此外，还有一些后起之秀，如涛思数据研发的开源时序大数据平台 TDengine。

由于数据量庞大且应用场景独特，时序数据处理面临着巨大的技术挑战，这就需要使用专业的大数据平台。实时高效地处理时序数据能够帮助企业实时监控生产和经营活动，而对历史时序数据的分析则有助于科学地决策资源利用和生产配置。

1.6 选择时序数据处理工具的标准

毫无疑问，为了应对设备和交易产生的海量时序数据，我们需要一个优秀的时序大数据平台。那么，这个平台应具备哪些能力和特征呢？与通用大数据平台相比，它又有何不同之处？

- 必须是分布式系统：由于工业互联网和物联网设备产生的数据量巨大，单台服务器无法处理，因此时序大数据平台必须是分布式且可水平扩展的。设计层面须高效处理高基数问题，例如智能电表数据模型中的设备 ID、城市 ID、厂商 ID 和模型 ID 等标签。一个真正的时序大数据平台应能通过分布式架构解决高基数难题，支持业务增长。
- 必须是高性能的：高性能是相对的，描述的是产品之间的性能差异。优秀的大数据平台不应依赖大型硬件，而应具备强大的单点工作能力，以更少的资源实现更好的性能，从而实现降本增效。
- 必须是满足实时计算的系统：与互联网大数据处理场景不同，物联网场景需要实时预警和决策，延迟须控制在秒级以内。计算实时性对物联网商业价值至关重要。
- 必须拥有运营商级别的高可靠服务：工业互联网和物联网系统关乎生产与经营，数据处理系统故障可能导致停产和经济损失。时序大数据平台必须具备高可靠性，支持数据实时备份、异地容灾、软硬件在线升级和在线 IDC（Internet Date Center，互联网数据中心）机房迁移等功能。
- 必须拥有高效的缓存功能：为快速获取设备状态或其他信息，时序大数据平台须提供高效机制，让用户获取全部或符合条件的部分设备的最新状态。
- 必须拥有实时流计算：实时预警或预测须基于数据流实时聚合计算，而非单一时间点。平台应支持用户自定义函数进行复杂实时计算。
- 必须支持数据订阅：多个应用可能需要同一组数据，系统应提供订阅功能，实时提醒应用数据更新，同时保障数据隐私和安全。
- 必须保证数据能持续稳定写入：数据写入所需要的资源可估算，但查询和分析可能耗费大量资源。时序大数据平台必须分配足够资源以确保数据不丢失，且为写优先系统。

- 必须保证实时数据和历史数据的处理合二为一：平台应隐藏存储细节，为用户提供统一接口和界面，确保访问新数据和旧数据的体验一致。
- 必须支持灵活的多维度分析：平台须支持各种维度统计分析，如地域、设备型号、供应商和使用人员等，且分析维度可根据业务发展需求定制。
- 需要支持即席分析和查询：为提高分析师工作效率，平台应允许用户通过 SQL 查询，结果可导出为图表。
- 必须支持数据降频、插值、特殊函数计算等操作：平台须支持高效数据降频、多种插值策略和特殊函数计算，以满足分析需求。
- 必须提供灵活的数据管理策略：平台应提供多种数据管理策略，让用户根据特点选择和配置，实现策略并存。
- 必须是开放的：平台须支持标准 SQL、多种编程语言开发接口和工具，以便集成机器学习、人工智能算法等，实现平台扩展。
- 必须支持异构环境：平台须支持与不同档次和配置的服务器与存储设备并存。
- 必须支持边云协同：平台须建立灵活机制，实现边缘计算节点数据上传至云端，并根据需求同步数据。
- 需要统一的后台管理系统：便于查看平台运行状态、管理集群、用户和资源等，并能与第三方 IT 运维监测平台无缝集成。
- 需要支持私有化部署：为满足企业安全和私密性需求，平台须在安装、部署、运维等方面做到简单、快捷且可维护性强。

总之，时序大数据平台应具备高效、可扩展、实时、可靠、灵活、开放、简单、易维护等特点。近年来，众多企业纷纷将时序数据从传统大数据平台或关系型数据库迁移到专用时序大数据平台，以保障海量时序数据得到快速和有效处理，支撑相关业务的持续增长 。

第2章 TDengine 入门

在2016年底，涛思数据创始人陶建辉先生凭借多年的技术研发经验，敏锐地捕捉到时序数据呈指数级增长的态势，发现时序大数据处理领域缺乏一个高效、开放且易于使用的工具，并意识到时序大数据的处理是一个巨大的技术挑战与商业机遇。因此，在2017年，他创办了涛思数据，并亲自主导研发了TDengine，专注于时序数据处理。至今他仍致力于此领域的研究与发展。

TDengine作为涛思数据的旗舰产品，其核心是一个高性能、分布式的时序数据库。通过集成的缓存、数据订阅、流计算和数据清洗与转换等功能，TDengine已经发展成为一个专为物联网、工业互联网、金融和IT运维等关键行业量身定制的时序大数据平台。该平台能够高效地汇聚、存储、分析、计算和分发来自海量数据采集点的大规模数据流，每日处理能力可达TB乃至PB级别。借助TDengine，企业可以实现实时的业务监控和预警，进而发掘有价值的商业洞察。

自2019年7月以来，涛思数据陆续将TDengine的不同版本开源，包括单机版（2019年7月）、集群版（2020年8月）以及云原生版（2022年8月）。开源之后，TDengine迅速获得了全球开发者的关注，多次在GitHub网站全球趋势排行榜上位居榜首。截至编写本书时，TDengine在GitHub网站上已积累近2.3万颗星，安装实例超过53万个，覆盖60多个国家和地区，广泛应用于电力、石油、化工、新能源、智能制造、汽车、环境监测等行业或领域，赢得了全球开发者的广泛认可。

2.1 TDengine 产品

为迎合广泛用户需求和各种应用场景，涛思数据推出了TDengine系列产品，包括开源版TDengine OSS、企业版TDengine Enterprise以及云服务TDengine Cloud。

TDengine OSS是一个开源的高性能时序数据库，相较于其他同类产品，其核心优势在于集群开源、卓越性能和云原生架构。除了基本的写入、查询和存储功能以外，

TDengine OSS 还整合了缓存、流计算和数据订阅等高级功能，这些功能不仅大幅简化了系统设计，还显著降低了企业的研发和运营成本。

在 TDengine OSS 的基础上，企业版 TDengine Enterprise 进一步提供了众多增强辅助功能，如数据备份恢复、异地容灾、多级存储、视图、权限控制、安全加密、IP 白名单，以及支持 MQTT、OPC、AVEVA PI System、Wonderware、Kafka 等多种数据源。这些功能为企业带来更为全面、安全、可靠且高效的时序数据管理解决方案。

TDengine Cloud 作为一种全托管的云服务，实现了存储与计算的分离，并采用存储与计算分开计费的模式。它提供了企业级的工具和服务，解决了运维难题，特别适合中小数据规模的用户使用。

2.2 TDengine 主要功能与特性

TDengine 引入了多种创新的模型，包括“一个数据采集点一张表”和“超级表”，这些模型背后依托于一个创新的存储引擎，可以显著提高数据在写入、查询和存储方面的效率。接下来我们逐一深入了解 TDengine 的众多功能，全方位认识这个时序大数据平台。

- 写入数据：TDengine 支持多样化的数据写入方式。它完全兼容 SQL，使用户能够利用标准的 SQL 语法便捷地进行数据写入。此外，TDengine 还支持无模式写入，包括 InfluxDB Line 协议、OpenTSDB 的 Telnet 和 JSON 协议等，提高了数据导入的灵活性和效率。TDengine 还与众多第三方工具实现了无缝集成，如 Telegraf、Prometheus、EMQX、StatsD、collectd 和 HiveMQ 等。
- 查询数据：TDengine 提供标准的 SQL 查询语法，并针对时序数据和业务特点进行了优化和新增，如降采样、插值、累计求和、时间加权平均、状态窗口、时间窗口、会话窗口、滑动窗口等。同时，TDengine 支持用户自定义函数（User Defined Function，UDF），进一步扩展了查询功能。
- 缓存：TDengine 采用时间驱动的缓存管理策略，将最新到达的数据（当前状态）保存在缓存中，便于快速获取监测对象的实时状态，无须额外使用 Redis 等缓存工具，从而简化了系统架构并降低了运营成本。
- 流计算：TDengine 的流计算引擎能够实时处理写入的数据流，支持连续查询和事件驱动的流计算。它提供了一个轻量级的解决方案，替代复杂的流处理系统，并在高吞吐数据写入的情况下，保持毫秒级的计算结果延迟。
- 数据订阅：TDengine 不仅提供了类似 Kafka 的数据订阅功能，而且方便用户通过 SQL 灵活控制订阅的数据内容。TDengine 支持订阅整张表、一组表、全部列或部分列，甚至整个数据库的数据。TDengine 可替代集成消息队列产品的场景，简化系统设计，降低运营维护成本。

- 可视化 /BI：TDengine 不仅提供了内置的可视化工具 taosExplorer，还支持通过 RESTful API、标准的 JDBC、ODBC 接口与 Grafana、Google Data Studio、Power BI、Tableau 等国内外 BI 工具无缝集成。
- 集群：TDengine 支持集群部署，能够随着业务数据量的增长，通过增加节点线性提升系统处理能力，实现水平扩展。同时，通过多副本技术提供高可用性，并支持 Kubernetes 部署。
- 数据迁移：TDengine 提供了多种便捷的数据导入导出功能，包括脚本文件导入导出、数据文件导入导出、taosdump 工具导入导出等。企业版还支持边云协同、数据同步等场景，兼容多种数据源，如 AVEVA PI System 等。
- 数据安全共享：TDengine 通过数据库视图功能和权限管理，确保数据访问的安全性。数据订阅功能可将数据实时分发给应用，订阅主题可通过 SQL 定义，实现灵活精细的数据分发控制，保护数据安全和隐私。
- 编程连接器：TDengine 提供了丰富的编程语言连接器，包括 C/C++、Java、Go、Node.js、Rust、Python、C#、R、PHP 等，并支持 RESTful 接口，方便应用通过 HTTP POST 请求操作数据库。
- 常用工具：TDengine 还提供了交互式命令行程序，用于管理集群、检查系统状态和即时查询。压力测试工具 taosBenchmark 可用于评估 TDengine 的性能。此外，TDengine 还提供了图形化管理界面，简化了操作和管理过程。

2.3 TDengine 与典型时序数据库的区别

得益于对时序数据特点的深入理解和独特的创新数据模型，TDengine 相较于其他典型时序数据库具有以下显著特点。

- 高性能：TDengine 通过创新的存储引擎设计，实现了数据写入和查询性能的超群，速度比通用数据库快 10 倍以上，也远超过其他时序数据库。同时，其存储空间需求仅为通用数据库的 1/10，极大地提高了资源利用效率。
- 云原生：TDengine 采用原生分布式设计，充分利用云平台的优势，提供了水平扩展能力。它具备弹性、韧性和可观测性，支持 Kubernetes 部署，并可在公有云、私有云和混合云上灵活运行。
- 极简的时序数据平台：TDengine 内置了消息队列、缓存、流计算等丰富功能，避免了应用额外集成 Kafka、Redis、HBase、Spark 等工具的复杂性，从而大幅降低系统的复杂度和应用开发及运营成本。

- 强大的分析能力：TDengine 不仅支持标准 SQL 查询，还为时序数据特有的分析提供了 SQL 扩展。通过超级表、存储计算分离、分区分片、预计算、UDF 等先进技术，TDengine 展现出强大的数据分析能力。
- 简单易用：TDengine 安装无依赖，集群部署仅需几秒即可完成。它提供了 RESTful 接口和多种编程语言的连接器，与众多第三方工具无缝集成。此外，命令行程序和丰富的运维工具也极大地方便了用户的管理和即时查询需求。
- 核心开源：TDengine 的核心代码，包括集群功能，均在开源协议下公开发布。它在 GitHub 网站全球趋势排行榜上多次位居榜首，显示出其受欢迎程度。同时，TDengine 拥有一个活跃的开发者社区，为技术的持续发展和创新提供了有力支持。

采用 TDengine，企业可以在物联网、车联网、工业互联网等典型场景中显著降低大数据平台的总拥有成本，主要体现在以下几个方面。

- 高性能带来的成本节约：TDengine 卓越的写入、查询和存储性能意味着系统所需的计算资源和存储资源可以大幅度减少。这不仅降低了硬件成本，还减少了能源消耗和维护费用。
- 标准化与兼容性带来的成本效益：由于 TDengine 支持标准 SQL，并与众多第三方软件实现了无缝集成，用户可以轻松地将现有系统迁移到 TDengine 上，无须重写大量代码。这种标准化和兼容性大大降低了学习和迁移成本，缩短了项目周期。
- 简化系统架构带来的成本降低：作为一个极简的时序数据平台，TDengine 集成了消息队列、缓存、流计算等必要功能，避免了额外集成众多其他组件的需要。这种简化的系统架构显著降低了系统的复杂度，从而减少了研发和运营成本，提高了整体运营效率。

2.4 TDengine 安装和启动

TDengine 的安装包包含了多个关键组件，包括服务端（taosd）、应用驱动（taosc）、用于与第三方系统对接并提供 RESTful 接口的 taosAdapter、命令行程序（taos）以及一些实用工具软件。

为了适应不同用户的操作系统偏好，TDengine 在 Linux 平台上提供了多种格式的安装包，包括 tar.gz、deb 和 rpm。此外，用户还可以选择使用 apt-get 方式进行安装，这种方式简便快捷，适合熟悉 Linux 包管理的用户。

除了 Linux 平台以外，TDengine 还支持在 Windows X64 平台和 macOS X64/M1 平台上安装，扩大了其适用性，满足了跨平台的需求。

对于希望进行虚拟化安装的用户，TDengine 同样提供了 Docker 镜像，使得用户可以快速搭建和体验 TDengine 环境，不需要烦琐的手动配置过程。

本节将详细指导如何在 Linux 操作系统中高效地安装和启动 TDengine 3.3.0.0 版本。同时，为了迎合不同用户的多样化需求，本节还将介绍 TDengine 在 Docker 容器中的安装和启动步骤，为用户提供更多灵活性和便利性选项。

2.4.1 在 Linux 操作系统中安装和启动

在 Linux 操作系统中安装和启动 TDengine 的步骤如下。

第 1 步，访问 TDengine 的官方版本发布页面：docs.taosdata.com/releases/tdengine/。你可以下载到 TDengine 安装包，如 TDengine-server-3.3.0.0-Linux-x64.tar.gz。（如果需要了解其他类型安装包的安装方式，请参阅 TDengine 的官方文档。）

第 2 步，进入安装包所在目录，使用 tar 解压安装包。

```
tar -zxvf TDengine-server-3.3.0.0-Linux-x64.tar.gz
```

第 3 步，解压后，进入子目录 TDengine-server-3.3.0.0，执行其中的 install.sh 安装脚本。

```
sudo ./install.sh
```

第 4 步，安装后，请使用 systemctl 命令启动 TDengine 的服务进程。

```
sudo systemctl start taosd
```

第 5 步，检查服务进程是否正常工作。

```
sudo systemctl status taosd
```

第 6 步，如果服务进程处于活动状态，则执行 status 指令后会显示如下的相关信息。

```
Active: active (running)
```

第 7 步，如果服务进程处于停止状态，则执行 status 指令后会显示如下的相关信息。

```
Active: inactive (dead)
```

如果 TDengine 服务进程正常工作，那么你可以通过 TDengine 的命令行程序 taos 来访问并体验 TDengine。如下 systemctl 命令可以帮助你管理 TDengine 服务。

- 启动服务进程的命令是 sudo systemctl start taosd。
- 停止服务进程的命令是 sudo systemctl stop taosd。

- 重启服务进程的命令是 sudo systemctl restart taosd。
- 查看服务状态的命令是 sudo systemctl status taosd。

当执行 systemctl stop taosd 命令时，TDengine 服务并不会立即终止，而是会等待必要的数据成功落盘，确保数据的完整性。在处理大量数据的情况下，这一过程可能会花费较长的时间。

如果操作系统不支持 systemctl，可以通过手动运行 /usr/local/taos/bin/taosd 命令来启动 TDengine 服务。

2.4.2 Docker 方式安装和启动

如果机器上已经安装了 Docker，首先拉取最新的 TDengine 容器镜像。

```
dockerpull tdengine/tdengine:latest
```

或者指定版本的容器镜像。

```
docker pull tdengine/tdengine:3.3.0.0
```

然后只须执行下面的命令。

```
docker run -d -p 6030:6030 -p 6041:6041 -p 6043-6049:6043-6049 -p
6043-6049:6043-6049/udp tdengine/tdengine
```

注 意

TDengine 3.x 版本服务仅使用 TCP 6030 端口（2.x 版本须使用 UDP 端口）。

6041 是 taosAdapter 提供 RESTful 接口的端口。

6043~6049 是 taosAdapter 为第三方应用提供服务的端口，可按需打开。

如果需要将数据持久化到本地机器的某个文件夹，则执行如下命令。

```
docker run -d
-v ~/data/taos/dnode/data:/var/lib/taos \
-v ~/data/taos/dnode/log:/var/log/taos  \
-p 6030:6030 -p 6041:6041  \
-p 6043-6049:6043-6049 \
-p 6043-6049:6043-6049/udp tdengine/tdengine
```

执行如下命令以确定该容器已经启动并且正常运行。

```
docker ps
```

进入该容器并执行 bash 命令。

```
docker exec -it <container name> bash
```

之后可以执行相关的 Linux 操作系统命令操作和访问 TDengine。

2.4.3 故障排查

如果启动 TDengine 服务时出现异常，请查看数据库日志以获取更多信息。你也可以参考 TDengine 的官方文档中的故障排除部分，或者在 TDengine 开源社区中寻求帮助。更多帮助方式，请参考前言中的技术支持。

2.5 TDengine 云服务

TDengine Cloud 作为一个全托管的时序大数据云服务平台，致力于让用户迅速领略 TDengine 的强大功能。该平台不仅继承了 TDengine Enterprise 的核心功能特性，还充分发挥了 TDengine 的云原生优势。TDengine Cloud 以其极致的资源弹性伸缩、高可用性、容器化部署以及按需付费等特点，灵活满足各类用户需求，为用户打造高效、可靠且经济的时序大数据处理解决方案。

TDengine Cloud 大幅减轻了用户在部署、运维等方面的人力负担，同时提供了全方位的企业级服务。这些服务涵盖多角色、多层次的用户管理、数据共享功能，以适应各种异构网络环境。此外，TDengine Cloud 还提供私有链接服务和极简的数据备份与恢复功能，确保数据安全无忧。

对于中小型企业，选择 TDengine Cloud 不仅能有效降低成本，还能享受到专业的服务支持。而对于大型企业，TDengine Cloud 则可作为强大的概念验证和测试平台，助力加速项目的上线周期。在项目成熟后，企业还可根据自身需求选择私有化部署，以实现更高级别的定制化需求。综上所述，TDengine Cloud 为不同规模的企业提供了灵活、高效且经济的时序大数据解决方案。

2.5.1 新用户注册

要在 TDengine Cloud 中注册新用户，请遵循以下简易步骤完成注册流程。

第 1 步，打开浏览器，访问 TDengine Cloud 首页。首先在页面右侧的“注册”区域输入姓名和企业邮箱地址，然后点击“获取验证码”按钮。

第 2 步，检查企业邮箱，找到主题为“你的 TDengine Cloud 注册账户验证码”的邮件。从邮件内容中复制 6 位验证码，并将其粘贴到注册页面上的“验证码”输入框中。接着，点击“注册 TDengine Cloud”按钮，进入客户信息补全页面。

第 3 步，在客户信息补全页面的“手机号”输入框中输入有效的手机号码，并点击“验证”按钮完成验证。验证通过后，设置一个符合要求的密码，然后点击“继续”按钮，将进入“创建实例”部分。

2.5.2　创建实例

要在 TDengine Cloud 中创建 TDengine 实例，只须遵循以下 3 个简单步骤。

第 1 步，选择公共数据库。在此步骤中，TDengine Cloud 提供了可供公共访问的智能电表等数据库。通过浏览和查询这些数据库，你可以立即体验 TDengine 的各种功能和高性能。你可以根据需求在此步骤启动数据库访问，或在后续使用过程中再进行启动。若不需要此步骤，可直接点击“下一步”按钮跳过。

第 2 步，创建组织。在此步骤中，请输入一个具有意义的名称，代表你的公司或组织，这将有助于你和平台更好地管理云上资源。

第 3 步，创建实例。在此步骤中，你需要填写实例的区域、名称、是否选择高可用选项以及计费方案等必填信息。确认无误后，点击“创建”按钮。大约等待 1min，新的 TDengine 实例便会创建完成。随后，你可以在控制台中对该实例进行各种操作，如查询数据、创建订阅、创建流等。

TDengine Cloud 提供多种级别的计费方案，包括入门版、基础版、标准版、专业版和旗舰版，以满足不同客户的需求。如果你觉得现有计费方案无法满足自己的特定需求，请联系 TDengine Cloud 的客户支持团队，他们将为你量身定制计费方案。注册后，你将获得一定的免费额度，以便体验服务。

2.6　通过 taosBenchmark 体验写入速度

taosBenchmark 是一个专为测试 TDengine 性能而设计的工具，它能够全面评估 TDengine 在写入、查询和订阅等方面的功能表现。该工具能够模拟大量设备产生的数据，并允许用户灵活控制数据库、超级表、标签列的数量和类型、数据列的数量和类型、子表数量、每张子表的数据量、写入数据的时间间隔、工作线程数量以及是否写入乱序数据等策略。

在终端中执行 taosBenchmark -y 命令，系统将自动在数据库 test 下创建一张名为 meters 的超级表。这张超级表将包含 10 000 张子表，表名从 d0 到 d9999，每张表包含 10 000 条记录。每条记录包含 ts（时间戳）、current（电流）、voltage（电压）和 phase（相位）4 个字段。时间戳范围从“2017-07-14 10:40:00 000”到“2017-07-14 10:40:09 999”。每张表还带有 location 和 groupId 两个标签，其中，groupId 设置为 1 到 10，而 location 则设置为 California.Campbell、California.Cupertino 等城市信息。

执行该命令后，系统将迅速完成 1 亿条记录的写入过程。实际所需时间取决于硬件性能，但即便在普通 PC 服务器上，这个过程通常也只需要十几秒。

taosBenchmark 提供了丰富的选项，允许用户自定义测试参数，如表的数目、记录条数等。要查看详细的参数列表，请在终端中输入 taosBenchmark --help 命令。有关 taosBenchmark 的详细使用方法，请参考 TDengine 的官方文档。

2.7 通过 TDengine CLI 体验查询速度

使用 2.6 节介绍的 taosBenchmark 写入数据后，可以在 TDengine CLI（taos）中输入查询命令，体验查询速度。

查询超级表 meters 下的记录总条数。

```
select count(*) from test.meters
```

查询 1 亿条记录的平均值、最大值、最小值。

```
select avg(current), max(voltage), min(phase) from test.meters
```

查询 location= "California.SanFrancisco" 的记录总条数。

```
select count(*) from test.meters where location = "California.
SanFrancisco"
```

查询 groupId=10 的所有记录的平均值、最大值、最小值。

```
select avg(current), max(voltage), min(phase) from test.meters where
groupId = 10
```

对表 d1001 按每 10s 进行平均值、最大值和最小值聚合统计。

```
select _wstart, avg(current), max(voltage), min(phase) from test.d1001
interval(10s)
```

在上面的查询中，使用伪列 _wstart 给出每个窗口的开始时间。如果希望了解更多的关于查询的内容，可以参考 TDengine 的官方文档。

第 3 章　TDengine 数据模型

为了清晰地阐述时序数据的基本概念，并为示例程序的编写提供便利，本书将以智能电表为例，探讨时序数据的典型应用场景。设想有一种型号的智能电表，它能够采集电流、电压和相位这 3 个模拟量。此外，每块智能电表还具有位置和分组等静态属性。这些智能电表采集的数据示例如表 3-1 所示。

表 3-1　智能电表采集的数据示例

Device ID	timestamp	collected metrics			tags	
		current	voltage	phase	location	Group ID
d1001	1538548685000	10.3	219	0.31	California.SanFrancisco	2
d1002	1538548684000	10.2	220	0.23	California.SanFrancisco	3
d1003	1538548686500	11.5	221	0.35	California.LosAngeles	3
d1004	1538548685500	13.4	223	0.29	California.LosAngeles	2
d1001	1538548695000	12.6	218	0.33	California.SanFrancisco	2
d1004	1538548696600	11.8	221	0.28	California.LosAngeles	2
d1002	1538548696650	10.3	218	0.25	California.SanFrancisco	3
d1001	1538548696800	12.3	221	0.31	California.SanFrancisco	2

表 3-1 详细展示了各设备 ID（Device ID）对应的智能电表在特定时刻采集的物理量数据，涵盖电流（current）、电压（voltage）和相位（phase）等重要信息。除了动态采集的数据以外，每块智能电表还配备了一组静态标签（tag），例如位置（location）和分组 ID（Group ID）等。这些设备能够根据外部触发事件或预设的周期进行数据采集，确保数据的连续性和时序性，从而构成一个持续更新的数据流。

3.1 基本概念

3.1.1 采集量

采集量是指通过各种传感器、设备或其他类型的采集点所获取的物理量，如电流、电压、温度、压力、GPS 等。由于这些物理量随时间不断变化，因此采集的数据类型多样，包括整型、浮点型、布尔型以及字符串等。随着时间的积累，存储的数据将持续增长。以智能电表为例，其中的 current（电流）、voltage（电压）和 phase（相位）便是典型的采集量。

3.1.2 标签

标签是指附着在传感器、设备或其他类型采集点上的静态属性，这些属性不会随时间发生变化，例如设备型号、颜色、设备所在地等。标签的数据类型可以是任意类型。尽管标签本身是静态的，但在实际应用中，用户可能需要对标签进行修改、删除或添加。与采集量不同，随着时间的推移，存储的标签数据量保持相对稳定，不会呈现明显的增长趋势。在智能电表的示例中，location（位置）和 Group ID（分组 ID）就是典型的标签。

3.1.3 数据采集点

数据采集点是指在一定的预设时间周期内或受到特定事件触发时，负责采集物理量的硬件或软件设备。一个数据采集点可以同时采集一个或多个采集量，但这些采集量都是在同一时刻获取的，并拥有相同的时间戳。对于结构复杂的设备，通常会有多个数据采集点，每个数据采集点的采集周期可能各不相同，它们之间完全独立，互不干扰。

以一辆汽车为例，可能有专门的数据采集点用于采集 GPS，有的数据采集点负责监控发动机状态，还有的数据采集点则专注于车内环境的监测。这样，一辆汽车就包含了 3 个不同类型的数据采集点。在智能电表的示例中，d1001、d1002、d1003、d1004 等标识符即代表了不同的数据采集点。

3.1.4 表

鉴于采集的数据通常是结构化数据，为了降低用户的学习难度，TDengine 采用传统的关系型数据库模型来管理数据。同时，为了充分发挥时序数据的特性，TDengine 采取了“一个数据采集点一张表”的设计策略，即要求为每个数据采集点单独建立一张表。例如，若有千万块智能电表，则在 TDengine 中需要创建相应数量的表。在智能电表的示例数据中，设备 ID 为 d1001 的智能电表对应着 TDengine 中的一张表，该电表采集的所有时序数据均存储于此表中。这种设计方式既保留了关系型数据库的易用性，又充分利用了时序数据的独特优势。

“一个数据采集点一张表”的设计具有以下优点。

- 由于不同数据采集点产生数据的过程完全独立，每个数据采集点的数据源唯一，因此每张表只有一个写入者，可实现无锁写入，显著提高数据写入速度。
- 对于一个数据采集点，由于其产生的数据是按时间顺序递增的，因此写入操作可采用追加方式实现，进一步大幅提高数据写入速度。
- 一个数据采集点的数据以块为单位连续存储，从而在每次读取一个时间段的数据时，能显著减少随机读取操作，成倍提高数据读取和查询速度。
- 在数据块内部采用列式存储，针对不同数据类型可采用不同压缩算法以提高压缩率。由于采集量的变化通常缓慢，因此压缩效果更佳。

若采用传统方式，将多个数据采集点的数据写入同一张表，由于网络延迟不可控，不同数据采集点的数据到达服务器的顺序无法保证，写入操作须加锁保护，且难以保证一个数据采集点的数据连续存储。采用“一个数据采集点一张表”的方式，能最大程度地确保单个数据采集点的写入和查询性能达到最优，而且数据压缩率最高。

在 TDengine 中，通常使用数据采集点的名称（如 d1001）作为表名，每个数据采集点可包含多个采集量（如 current、voltage、phase 等），每个采集量对应表中的一列。采集的数据类型可以是整型、浮点型、字符串等。

此外，表的第 1 列必须是时间戳，数据类型为 Timestamp。对于每个采集量，TDengine 将使用第 1 列的时间戳建立索引，并采用列式存储。对于复杂的设备，如汽车，包含多个数据采集点，则需要为这辆汽车建立多张表。

3.1.5 超级表

采用“一个数据采集点一张表”的设计虽然有助于针对性地管理每个采集点，但随着设备数量不断增加，表的数量也会急剧增加，这给数据库管理和数据分析带来了挑战。在进行跨数据采集点的聚合操作时，用户需要面对大量的表，工作变得异常繁重。

为了解决这一问题，TDengine 引入了超级表（Super Table，简称 STable）的概念。超级表是一种数据结构，它能够将某一特定类型的数据采集点聚集在一起，形成一张逻辑上的统一表。这些数据采集点具有相同的表结构，但各自的静态属性（如标签）可能不同。创建超级表时，除了定义采集量以外，还需定义超级表的标签。一张超级表至少包含一个时间戳列、一个或多个采集量列以及一个或多个标签列。此外，超级表的标签可以灵活地进行增加、修改或删除操作。

在 TDengine 中，表代表具体的数据采集点，而超级表则代表一组具有相同属性的数据采集点集合。以智能电表为例，我们可以为该类型的电表创建一张超级表，其中包含了所有智能电表的共有属性和采集量。这种设计不仅简化了表的管理，还便于进行跨数据采集点的聚合操作，从而提高数据处理的效率。

3.1.6 子表

子表是数据采集点在逻辑上的一种抽象表示，它是隶属于某张超级表的具体表。用户可以将超级表的定义作为模板，并通过指定子表的标签值来创建子表。这样，通过超级表生成的表便被称为子表。超级表与子表之间的关系主要体现在以下几个方面。

- 一张超级表包含多张子表，这些子表具有相同的表结构，但标签值各异。
- 子表的表结构不能直接修改，但可以修改超级表的列和标签，且修改对所有子表立即生效。
- 超级表定义了一个模板，自身并不存储任何数据或标签信息。

在 TDengine 中，查询操作既可以在子表上进行，也可以在超级表上进行。针对超级表的查询，TDengine 将所有子表中的数据视为一个整体，首先通过标签筛选出满足查询条件的表，然后在这些子表上分别查询时序数据，最终将各张子表的查询结果合并。本质上，TDengine 通过对超级表查询的支持，实现了多个同类数据采集点的高效聚合。

为了更好地理解采集量、标签、超级表与子表之间的关系，这里以智能电表的数据模型为例进行说明。可以参考图 3-1 的数据模型，以便更直观地了解这些概念。

3.1.7 库

库是 TDengine 中用于管理一组表的集合。TDengine 允许一个运行实例包含多个库，并且每个库都可以配置不同的存储策略。由于不同类型的数据采集点通常具有不同的数据特征，如数据采集频率、数据保留期限、副本数量、数据块大小等。为了在各种场景下确保 TDengine 能够发挥最大效率，建议将具有不同数据特征的超级表创建在不同的库中。

Super Table: meters

Metrics – ts timestamp, current float, voltage int, phase float

Tags – location binary(64), groupId int

Table Name: d1001
Tags: California.SanFrancisco, 2

timestamp	current	voltage	phase
1538548685000	10.3	219	0.31
1538548695000	12.6	218	0.33
1538548696800	12.3	221	0.31
⋮	⋮	⋮	⋮

Table Name: d1002
Tags: California.SanFrancisco, 3

timestamp	current	voltage	phase
1538548684000	10.2	220	0.23
1538548696650	10.3	218	0.25
⋮	⋮	⋮	⋮

Table Name: d1004
Tags: California.LosAngeles, 2

timestamp	current	voltage	phase
1538548685500	13.4	223	0.29
1538548696600	11.8	221	0.28
⋮	⋮	⋮	⋮

……

图 3-1　智能电表的数据模型

在一个库中，可以包含一到多张超级表，但每张超级表只能属于一个库。同时，一张超级表所拥有的所有子表也都将存储在该库中。这种设计有助于实现更细粒度的数据管理和优化，确保 TDengine 能够根据不同数据特征提供最佳的处理性能。

3.1.8　时间戳

时间戳在时序数据处理中扮演着至关重要的角色，特别是在应用程序需要从多个不同时区访问数据库时，这一问题变得更加复杂。在深入了解 TDengine 如何处理时间戳与时区之前，我们先介绍以下几个基本概念。

- 本地日期时间：指特定地区的当地时间，通常表示为 yyyy-MM-dd hh:mm:ss.SSS 格式的字符串。这种时间表示不包含任何时区信息，如“2021-07-21 12:00:00.000”。
- 时区：地球上不同地理位置的标准时间。协调世界时（Universal Time Coordinated，UTC）或格林尼治时间是国际时间标准，其他时区通常表示为相对于 UTC 的偏移量，如“UTC+8”代表东八区时间。

- UTC 时间戳：表示自 UNIX 纪元（即 UTC 时间 1970 年 1 月 1 日 0 点）起经过的毫秒数。例如，“1700000000000”对应的日期时间是“2023-11-14 22:13:20（UTC+0）”。

在 TDengine 中保存时序数据时，实际上保存的是 UTC 时间戳。TDengine 在写入数据时，时间戳的处理分为如下两种情况。

- RFC-3339 格式：当使用这种格式时，TDengine 能够正确解析带有时区信息的时间字符串为 UTC 时间戳。例如，“2018-10-03T14:38:05.000+08:00”会被转换为 UTC 时间戳。
- 非 RFC-3339 格式：如果时间字符串不包含时区信息，TDengine 将使用应用程序所在的时区设置自动将时间转换为 UTC 时间戳。

在查询数据时，TDengine 客户端会根据应用程序当前的时区设置，自动将保存的 UTC 时间戳转换成本地时间进行显示，确保用户在不同时区下都能看到正确的时间信息。

3.2 数据建模

本节以智能电表为例介绍在 TDengine 中使用 SQL 创建数据库、超级表、表的基本操作。更多详细的 SQL 规则，请参考 TDengine 的官方文档。

3.2.1 创建数据库

创建一个数据库以存储电表数据的 SQL 如下。

```
create database power precision 'ms' keep 3650 duration 10 buffer 16
```

该 SQL 将创建一个名为 power 的数据库。各参数的说明如下。

- precision'ms'：数据库的时序数据使用毫秒（ms）精度的时间戳。
- keep 365：数据库的数据将保留 3650 天，超过 3650 天的数据将被自动删除。
- duration 10：每 10 天的数据放在一个数据文件中。
- buffer 16：写入操作将使用大小为 16MB 的内存池。

在创建 power 数据库后，可以执行如下 SQL 来切换数据库。

```
use power
```

上面的 SQL 将当前数据库切换为 power，表示之后的写入、查询等操作都在当前的 power 数据库中进行。

3.2.2 创建超级表

创建一张名为 meters 的超级表的 SQL 如下。

```
create stable meters (
    ts timestamp,
    current float,
    voltage int,
    phase float
) tags (
    location varchar(64),
    group_id int
)
```

在 TDengine 中，创建超级表的 SQL 与关系型数据库中的 SQL 类似。例如，在上面的 SQL 中，create stable 为关键字，表示创建超级表；meters 是超级表的名称。在表名后面的括号中，定义超级表的列（列名、数据类型等）。具体规则如下。

第 1 列必须为时间戳列。例如，ts timestamp 表示，时间戳列名是 ts，数据类型为 timestamp。

从第 2 列开始是采集量列。采集的数据类型可以为整型、浮点型、字符串等。例如，current float 表示采集量 current 的数据类型为 float。

tags 是关键字，表示标签，在 tags 后面的括号中，定义超级表的标签（标签名、数据类型等）。

- 标签的数据类型可以为整型、浮点型、字符串等。例如，location varchar(64) 表示标签 location 的数据类型为 varchar(64)。
- 标签的名称不能与采集量列的名称相同。

3.2.3 创建表

通过超级表创建子表 d1001 的 SQL 如下。

```
create table d1001
using meters (
    location,
    group_id
) tags (
     "California.SanFrancisco",
    2
)
```

在上面的 SQL 中，create table 为关键字，表示创建表；d1001 是子表的名称；using

是关键字，表示要使用超级表作为模板；meters 是超级表的名称。在超级表名后的括号中，location, group_id 表示，是超级表的标签列名列表；tags 是关键字，在后面的括号中指定子表的标签列的值。tags("California.SanFrancisco", 2) 表示，子表 d1001 的 location 为 California.SanFrancisco，group-id 为 2。

当对超级表进行写入或查询操作时，用户可以使用伪列 tbname 来指定或输出对应操作的子表名。

3.2.4 自动建表

在 TDengine 中，为了简化用户操作并确保数据的顺利写入，即使子表尚不存在，用户也可以使用带有 using 关键字的自动建表 SQL 进行数据写入。这种机制允许系统在遇到不存在的子表时，自动创建该子表，然后再执行数据写入操作。如果子表已经存在，系统则会直接写入数据，不需要任何额外的步骤。

在写入数据的同时自动建表的 SQL 如下。

```
insert into d1002
using meters
tags (
    "California.SanFrancisco",
    2
) values (
    now,
    10.2,
    219,
    0.32
)
```

在上面的 SQL 中，insert into d1002 表示向子表 d1002 中写入数据；using meters 表示将超级表 meters 作为模板；tags("California.SanFrancisco", 2) 表示子表 d1002 的标签值分别为 California.SanFrancisco 和 2；values (now, 10.2, 219, 0.32) 表示向子表 d1002 写入一条记录，值分别为 now（当前时间戳）、10.2（电流）、219（电压）、0.32（相位）。在 TDengine 执行这条 SQL 时，如果子表 d1002 已经存在，则直接写入数据；如果子表 d1002 不存在，则会先自动创建子表，再写入数据。

3.2.5 创建普通表

在 TDengine 中，除了具有标签的子表以外，还存在一种不带任何标签的普通表。这类表与普通关系型数据库中的表相似，用户可以使用 SQL 创建它们。

普通表与子表的主要区别如下。

- 标签扩展性：子表在普通表的基础上增加了静态标签，这使得子表能够携带更多的元数据信息。此外，子表的标签是可变的，用户可以根据需要增加、删除或修改标签。
- 表归属：子表总是隶属于某张超级表，它们是超级表的一部分。而普通表则独立存在，不属于任何超级表。
- 转换限制：在 TDengine 中，普通表无法直接转换为子表，同样，子表也无法转换为普通表。这两种表类型在创建时就确定了它们的结构和属性，后期无法更改。

总结来说，普通表提供了类似于传统关系型数据库的表功能，而子表则通过引入标签机制，为时序数据提供了更丰富的描述能力和更灵活的管理方式。用户可以根据实际需求选择创建普通表还是子表。

创建不带任何标签的普通表的 SQL 如下。

```
create table d1003 (
    ts timestamp,
    current float,
    voltage int,
    phase float,
    location varchar(64),
    group_id int
)
```

上面的 SQL 表示创建普通表 d1003，表结构包括 ts、current、voltage、phase、location、group_id，共 6 列。这样的数据模型与关系型数据库完全一致。

采用普通表作为数据模型意味着静态标签数据（如 location 和 group_id）会重复存储在表的每一行中。这种做法不仅增加了存储空间的消耗，而且在进行查询时，由于无法直接利用标签数据进行过滤，查询性能会显著低于使用超级表的数据模型。

3.2.6 多列模型与单列模型

TDengine 支持灵活的数据模型设计，包括多列模型和单列模型。多列模型允许将多个由同一数据采集点同时采集且时间戳一致的物理量作为不同列存储在同一张超级表中。然而，在某些极端情况下，可能会采用单列模型，即每个采集的物理量都单独建立一张表。例如，对于电流、电压和相位这 3 种物理量，可能会分别建立 3 张超级表。

尽管 TDengine 推荐使用多列模型，因为这种模型在写入效率和存储效率方面通常更优，但在某些特定场景下，单列模型可能更为适用。例如，当一个数据采集点的采集量种类经常发生变化时，如果采用多列模型，就需要频繁修改超级表的结构定义，这会增加应用程序的复杂性。在这种情况下，采用单列模型可以简化应用程序的设计和管理，因为它允许独立地管理和扩展每个物理量的超级表。

总之，TDengine 提供了灵活的数据模型选项，用户可以根据实际需求和场景选择最适合的模型，以优化性能和管理复杂性。

第 4 章　TDengine 数据写入

本章以智能电表的数据模型为例介绍如何在 TDengine 中使用 SQL 来写入、更新、删除时序数据。

4.1　写入

在 TDengine 中，用户可以使用 SQL 的 insert 语句写入时序数据。

4.1.1　一次写入一条

假设设备 ID 为 d1001 的智能电表在 2018 年 10 月 3 日 14:38:05 采集到数据：电流 10.3A，电压 219V，相位 0.31。在第 3 章中，我们已经在 TDengine 的 power 数据库中创建了属于超级表 meters 的子表 d1001。接下来可以通过下面的 insert 语句在子表 d1001 中写入时序数据。

```
insert into d1001 (ts,  current,  voltage,  phase) values
    ("2018-10-03 14:38:05",  10.3,  219,  0.31)
```

上面的 SQL 向子表 d1001 的 ts、current、voltage、phase 分别写入“2018-10-03 14:38:05”、10.3、219、0.31。

当 insert 语句中的 values 部分包含表的所有列时，可以省略 values 前的字段列表。如下 SQL 与前面指定列的 insert 语句的效果完全一样。

```
insert into d1001 values
    ("2018-10-03 14:38:05",  10.3,  219,  0.31)
```

对于表的时间戳列（第 1 列），也可以直接使用数据库精度的时间戳。如下 SQL 与前面的 insert 语句的效果完全一样。

```
insert into d1001 values
```

```
    (1538548685000, 10.3, 219, 0.31)
```

4.1.2 一次写入多条

假设设备 ID 为 d1001 的智能电表每 10s 采集一次数据，每 30s 上报一次数据，即每 30s 需要写入 3 条数据。用户可以在一条 insert 语句中写入多条记录。如下 SQL 一共写入了 3 条数据。

```
insert into d1001 values
    ("2018-10-03 14:38:05", 10.2, 220, 0.23),
    ("2018-10-03 14:38:15", 12.6, 218, 0.33),
    ("2018-10-03 14:38:25", 12.3, 221, 0.31)
```

4.1.3 一次写入多表

假设设备 ID 为 d1001、d1002、d1003 的 3 块智能电表都是每 30s 需要写入 3 条数据。对于这种情况，支持一次向多张表写入多条数据。如下 SQL 一共写入了 9 条数据。

```
insert into d1001 values
    ("2018-10-03 14:38:05", 10.2, 220, 0.23),
    ("2018-10-03 14:38:15", 12.6, 218, 0.33),
    ("2018-10-03 14:38:25", 12.3, 221, 0.31)
d1002 values
    ("2018-10-03 14:38:04", 10.2, 220, 0.23),
    ("2018-10-03 14:38:14", 10.3, 218, 0.25),
    ("2018-10-03 14:38:24", 10.1, 220, 0.22)
d1003 values
    ("2018-10-03 14:38:06", 11.5, 221, 0.35),
    ("2018-10-03 14:38:16", 10.4, 220, 0.36),
    ("2018-10-03 14:38:26", 10.3, 220, 0.33)
```

4.1.4 指定列写入

可以通过指定列向表的部分列写入数据。SQL 中没有出现的列，数据库将自动填充为空值（NULL）。注意，时间戳列必须存在，且值不能为空。如下 SQL 向子表 d1004 写入了一条数据。这条数据只包含电压和相位，电流值为 NULL。

```
insert into d1004 (ts, voltage, phase) values
    ("2018-10-04 14:38:06", 223, 0.29)
```

4.1.5 写入记录时自动建表

用户可以使用带有 using 关键字的自动建表语句进行写入。当子表不存在时，先触发自动建表，再写入数据；当子表已经存在时，则直接写入。使用自动建表的 insert 语句，也可以通过指定部分标签列进行写入，未被指定的标签列的值为空值（NULL）。

如下 SQL 写入一条数据。当子表 d1005 不存在时，先自动建表，标签 group_id 的值为 NULL，再写入数据。

```
insert into d1005
using meters (location)
tags ("beijing.chaoyang")
values ("2018-10-04 14:38:07", 10.15, 217, 0.33)
```

自动建表的 insert 语句也支持在一条语句中向多张表写入数据。如下 SQL 使用自动建表的 insert 语句共写入 9 条数据。

```
insert into d1001 using meters tags ("California.SanFrancisco", 2) values
    ("2018-10-03 14:38:05", 10.2, 220, 0.23),
    ("2018-10-03 14:38:15", 12.6, 218, 0.33),
    ("2018-10-03 14:38:25", 12.3, 221, 0.31)
d1002 using meters tags ("California.SanFrancisco", 3) values
    ("2018-10-03 14:38:04", 10.2, 220, 0.23),
    ("2018-10-03 14:38:14", 10.3, 218, 0.25),
    ("2018-10-03 14:38:24", 10.1, 220, 0.22)
d1003 using meters tags ("California.LosAngeles", 2) values
    ("2018-10-03 14:38:06", 11.5, 221, 0.35),
    ("2018-10-03 14:38:16", 10.4, 220, 0.36),
    ("2018-10-03 14:38:26", 10.3, 220, 0.33)
```

4.1.6　通过超级表写入

TDengine 还支持直接向超级表写入数据。需要注意的是，超级表是一个模板，本身不存储数据，写入的数据是存储在对应的子表中。如下 SQL 通过指定 tbname 列向子表 d1001 写入一条数据。

```
insert into meters (tbname, ts, current, voltage, phase, location, group_id)
values("d1001v,  "2018-10-03 14:38:05",  10.2,  220,  0.23,  "California.
SanFrancisco", 2)
```

4.1.7　零代码方式写入

为了方便用户轻松写入数据，TDengine 已与众多知名第三方工具实现无缝集成，包括 Telegraf、Prometheus、EMQX、StatsD、collectd 和 HiveMQ 等。用户只须对这些工具进行简单的配置，便可轻松将数据导入 TDengine。此外，TDengine Enterprise 还提供了丰富的连接器，如 MQTT、OPC、AVEVA PI System、Wonderware、Kafka、MySQL、Oracle 等。通过在 TDengine 端配置相应的连接信息，用户无须编写任何代码，即可高效地将来自不同数据源的数据写入 TDengine。

4.2 更新

可以通过写入重复时间戳的一条数据来更新时序数据，新写入的数据会替换旧值。SQL 如下。

```
insert into d1001 (ts, current) values ("2018-10-03 14:38:05", 22)
```

上面的 SQL 通过指定列的方式向子表 d1001 中写入一条数据。当子表 d1001 中已经存在日期时间为 2018-10-03 14:38:05 的数据时，current 的旧值会被替换为新值 22。

4.3 删除

为方便用户清理设备故障等原因产生的异常数据，TDengine 支持根据时间戳删除时序数据。SQL 如下。

```
delete from meters where ts < '2021-10-01 10:40:00.100'
```

上面的 SQL 将超级表 meters 中所有时间戳早于 2021-10-01 10:40:00.100 的数据删除。数据删除后不可恢复，请慎重使用。

第 5 章　TDengine 数据查询

相较于其他众多时序数据库和实时数据库，TDengine 的一个独特优势在于，自其首个版本发布之初便支持标准的 SQL 查询功能。这一特性极大地降低了用户在使用过程中的学习难度。本章将以智能电表的数据模型为例介绍如何在 TDengine 中运用 SQL 查询来处理时序数据。如果需要进一步了解 SQL 语法的细节和功能，建议参阅 TDengine 的官方文档。通过本章的学习，你将能够熟练掌握 TDengine 的 SQL 查询技巧，进而高效地对时序数据进行操作和分析。

5.1　基本查询

为了更好地介绍 TDengine 数据查询，使用 2.6 节提到的 taosBenchmark 生成本章需要的时序数据。

```
    taosBenchmark --start-timestamp=1600000000000 --tables=100
--records=10000000 --time-step=10000
```

上面的命令可以让 taosBenchmark 在 TDengine 中生成一个用于测试的数据库，产生共 10 亿条时序数据。时序数据的时间戳从 1600000000000（2017-09-13T20:26:40+08:00）开始，包含 100 台设备（子表），每台设备有 1000 万条数据，时序数据的采集周期是每台设备 10 秒 / 条。

在 TDengine 中，用户可以通过 where 语句指定条件，查询时序数据。SQL 如下。

```
select * from meters
where voltage > 10
order by ts desc
limit 5
```

上面的 SQL 从超级表 meters 中查询 voltage 大于 10 的记录，并按时间降序排列，且仅输出前 5 行。查询结果如下。

```
          ts            |  current  |voltage|  phase   |groupId|          location          |
===============================================================================================
2023-11-14 22:13:10.000 | 1.1294620 |     18 | 0.3531540 |      8 | California.MountainView |
2023-11-14 22:13:10.000 | 1.0294620 |     12 | 0.3631540 |      2 |     California.Campbell |
2023-11-14 22:13:10.000 | 1.0294620 |     16 | 0.3531540 |      1 |     California.Campbell |
2023-11-14 22:13:10.000 | 1.1294620 |     18 | 0.3531540 |      2 |     California.Campbell |
2023-11-14 22:13:10.000 | 1.1294620 |     16 | 0.3431540 |      7 |     California.PaloAlto |
```

5.2 聚合查询

TDengine 支持通过 group by 子句对数据进行聚合查询。当 SQL 包含 group by 子句时，select 列表支持如下表达式。

- 常量。
- 聚集函数。
- 与 group by 表达式相同的表达式。

group by 子句用于对数据进行分组，并为每个分组返回一行汇总信息。在 group by 子句中，可以使用表或视图中的任何列作为分组依据，这些列不需要出现在 select 列表中。此外，用户可以直接在超级表上执行聚合查询，无须预先创建子表。

以智能电表的数据模型为例，使用 group by 子句的 SQL 如下。

```
select groupId, avg(voltage)
from meters
where ts >=  "2022-01-01T00:00:00+08:00" and ts <  "2023-01-01T00:00:00+
08:00"
group by groupId
```

上面的 SQL 查询超级表 meters 中时间戳大于等于 2022-01-01T00:00:00+08:00 且时间戳小于 2023-01-01T00:00:00+08:00 的数据，并按照 groupId 进行分组，求每组的平均电压。查询结果如下。

```
 groupId |     avg(voltage)    |
================================
       8 |    9.104040404040404|
       5 |    9.078333333333333|
       1 |    9.087037037037037|
       7 |    8.991414141414142|
       9 |    8.789814814814815|
       6 |    9.051010101010101|
       4 |    9.135353535353536|
      10 |    9.213131313131314|
       2 |    9.008888888888889|
       3 |    8.783888888888889|
```

group by 子句在聚合数据时，并不保证结果集按照特定顺序排列。为了获得有序的结果集，可以使用 order by 子句对结果进行排序。这样，可以根据需要调整输出结果的顺序，以满足特定的业务需求或报告要求。

TDengine 提供了多种内置的聚合函数，如表 5-1 所示。

表 5-1 聚合函数

序号	聚合函数	功能说明
1	apercentile	统计表 / 超级表中指定列的值的近似百分比分位数，与 percentile 函数相似，但是返回近似结果
2	avg	统计指定字段的平均值
3	count	统计指定字段的记录行数
4	elapsed	统计周期内连续的时间长度，并与 twa 函数配合使用，以计算统计曲线下的面积。当使用 interval 子句指定窗口时，elapsed 函数会返回给定时间范围内每个窗口内有数据覆盖的时间范围。如果没有使用 interval 子句，elapsed 函数将返回整个给定时间范围内的有数据覆盖的时间范围。需要注意的是，elapsed 函数返回的并不是时间范围的绝对值，而是将绝对值除以 time_unit 所得到的单位个数
5	leastsquares	统计表中某列值的拟合直线方程。start_val 是自变量初始值，step_val 是自变量的步长值
6	spread	统计表中某列的最大值和最小值之差
7	stddev	统计表中某列的均方差
8	sum	统计表 / 超级表中某列的和
9	hyperloglog	返回某列的基数，即该列中唯一值的数量。这种算法在处理大量数据时具有显著的优势，因为它可以显著降低内存占用。需要注意的是，hyperloglog 函数返回的基数是一个估算值，其标准误差约为 0.81%，这意味着在多次实验中，平均数的标准差相对较小。然而，在数据量较小的情况下，hyperloglog 函数的准确性可能会有所下降，可以使用 select count(data) from (select unique(col) as data from table) 进行替代
10	histogram	统计数据按照用户指定区间的分布
11	percentile	统计表中某列的值的百分比分位数

5.3 数据切分查询

TDengine 支持 partition by 子句。当需要先按一定的维度对数据进行切分，然后在切分出的数据空间内再进行一系列的计算时，可以使用 partition by 子句进行查询，语法如下。

```
partition by part_list
```

part_list 可以是任意的标量表达式，包括列、常量、标量函数及其组合。在使用 partition by 子句时，应注意以下原则。

- 数据切分子句位于 where 子句之后。这意味着在执行数据切分操作之前，会先应用 where 子句中的筛选条件。
- 数据切分子句将表数据按照指定的维度进行切分，每个切分的分片将进行指定的计算。这些计算由后面的子句定义，例如窗口子句、group by 子句或 select 子句。
- 数据切分子句可以与窗口切分子句或 group by 子句一起使用。在这种情况下，后面的子句将作用于每个切分的分片上。这允许你在每个分片上执行更复杂的计算和聚合操作。

数据切分的 SQL 如下。

```
select location, avg(voltage)
from meters
partition by location
```

上面的 SQL 查询超级表 meters，将数据按标签 location 进行分组，每个分组计算 voltage 的平均值。查询结果如下。

```
        location         |     avg(voltage)       |
=====================================================
   California.SantaClara |    8.793334320000000 |
 California.SanFrancisco |    9.017645882352941 |
      California.SanJose |    9.156112940000000 |
   California.LosAngles |    9.036753507692307 |
     California.SanDiego |    8.967037053333334 |
   California.Sunnyvale |    8.978572085714285 |
     California.PaloAlto |    8.936665800000000 |
   California.Cupertino |    8.987654066666666 |
 California.MountainView |    9.046297266666667 |
     California.Campbell |    9.149999028571429 |
```

5.4 窗口切分查询

在 TDengine 中，你可以使用窗口子句来实现按时间窗口切分方式进行聚合结果查询。这种查询方式特别适用于需要对大量时间序列数据进行分析的场景，例如智能电表每 10s 采集一次数据，但需要查询每隔 1min 的温度平均值。

窗口子句允许你针对查询的数据集合按照窗口进行切分，并对每个窗口内的数据进行聚合，包含时间窗口（time window）、状态窗口（status window）、会话窗口（session window）、事件窗口（event window）、计数窗口（count window）。窗口划分逻辑如图 5-1 所示。需要注意的是，由于事件窗口的逻辑稍微复杂些，因此在图 5-1 中无法直接展示。更多关于事件窗口的详细信息，请参考 5.4.5 节。

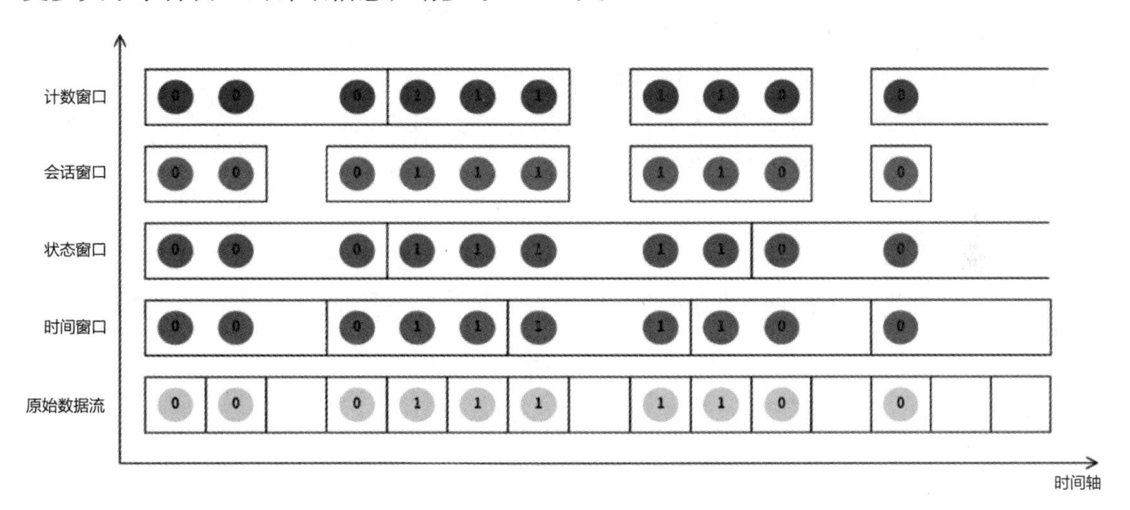

图 5-1 常用窗口划分逻辑

窗口子句语法如下。

```
window_clause: {
    session (ts_col, tol_val)
  | state_window (col)
  | interval (interval_val [, interval_offset]) [sliding (sliding_val)] [fill
(fill_mod_and_val)]
  | event_window start with start_trigger_condition end with
end_trigger_condition
}
```

在使用窗口子句时应注意以下规则。

- 窗口子句位于数据切分子句之后，不可以和 group by 子句一起使用。
- 窗口子句将数据按窗口进行切分，对每个窗口进行 select 列表中的表达式的计算，select 列表中的表达式只能包含：常量；伪列，如 _wstart、_wend 和 _wduration；聚集函数，如选择函数和可以由参数确定输出行数的时序特有函数。

- where 语句可以指定查询的起止时间和其他过滤条件。

5.4.1 时间戳伪列

在窗口聚合查询结果中，如果 SQL 中没有指定输出查询结果中的时间戳列，那么最终结果中将不会自动包含窗口的时间列信息。然而，如果你需要在结果中输出聚合查询结果所对应的时间窗口信息，可以在 select 子句中使用与时间戳相关的伪列，如时间窗口起始时间（_wstart)、时间窗口结束时间（_wend)、时间窗口持续时间（_wduration)，以及与查询整体窗口相关的伪列，如查询窗口起始时间（_qstart）和查询窗口结束时间（_qend)。需要注意的是，时间窗口起始时间和结束时间均是闭区间，时间窗口持续时间是数据当前时间分辨率下的数值。例如，如果当前数据库的时间精度是毫秒（ms)，那么结果中的 500 表示当前时间窗口的持续时间是 500ms。

5.4.2 时间窗口

时间窗口可分为滑动窗口和翻转窗口。时间窗口子句的语法如下。

```
interval (interval_val [, interval_offset])
[sliding (sliding_val)]
[fill (fill_mod_and_val)]
```

时间窗口子句包括如下 3 个子句。

- interval 子句：用于产生相等时间周期的窗口，interval_val 指定每个时间窗口的大小，interval_offset 指定时间窗口的起始偏移量，可用于调整时间窗口的起始时间 。
- sliding 子句：用于指定窗口向前滑动的时间。
- fill 子句：用于指定窗口区间数据缺失的情况下数据的填充模式。

对于时间窗口，interval_val 和 sliding_val 都表示时间段。在语法上，时间窗口支持如下 3 种使用方式。

- interval(1s, 500a) sliding(1s)：这是带时间单位的形式，其中的时间单位采用单字符表示，分别为 a（毫秒)、b（纳秒)、d（天)、h（小时)、m（分钟)、n（月)、s（秒)、u（微妙)、w（周）和 y（年)。
- interval(1000, 500) sliding(1000)：这是不带时间单位的形式，将查询库的时间精度作为默认时间单位，当存在多个库时，默认采用时间精度更高的库。
- interval('1s', '500a') sliding('1s')：这是带时间单位的字符串形式，字符串内部不能有任何空格等其他字符。

SQL 如下。

```
select tbname, _wstart, _wend, avg(voltage)
from meters
where ts >= "2022-01-01T00:00:00+08:00" and ts < "2022-01-01T00:05:00+08:00"
partition by tbname
interval(1m, 5s)
slimit 2
```

上面的 SQL 查询超级表 meters 中时间戳大于等于 2022-01-01T00:00:00+08:00 且时间戳小于 2022-01-01T00:05:00+08:00 的数据。首先按照子表名 tbname 对数据进行切分；然后按照 1min 的时间窗口进行切分，每个时间窗口向后偏移 5s；最后仅取前两个分片的数据作为结果。查询结果如下。

```
tbname |         _wstart          |          _wend           |      avg(voltage)     |
======================================================================================
   d40 | 2021-12-31 15:59:05.000 | 2021-12-31 16:00:05.000 |     4.000000000000000 |
   d40 | 2021-12-31 16:00:05.000 | 2021-12-31 16:01:05.000 |     5.000000000000000 |
   d40 | 2021-12-31 16:01:05.000 | 2021-12-31 16:02:05.000 |     8.000000000000000 |
   d40 | 2021-12-31 16:02:05.000 | 2021-12-31 16:03:05.000 |     7.666666666666667 |
   d40 | 2021-12-31 16:03:05.000 | 2021-12-31 16:04:05.000 |     9.666666666666666 |
   d40 | 2021-12-31 16:04:05.000 | 2021-12-31 16:05:05.000 |    15.199999999999999 |
   d41 | 2021-12-31 15:59:05.000 | 2021-12-31 16:00:05.000 |     4.000000000000000 |
   d41 | 2021-12-31 16:00:05.000 | 2021-12-31 16:01:05.000 |     7.000000000000000 |
   d41 | 2021-12-31 16:01:05.000 | 2021-12-31 16:02:05.000 |     9.000000000000000 |
   d41 | 2021-12-31 16:02:05.000 | 2021-12-31 16:03:05.000 |    10.666666666666666 |
   d41 | 2021-12-31 16:03:05.000 | 2021-12-31 16:04:05.000 |     8.333333333333334 |
   d41 | 2021-12-31 16:04:05.000 | 2021-12-31 16:05:05.000 |     9.600000000000000 |
```

1. 滑动窗口

每次执行的查询是一个时间窗口，时间窗口随着时间流动向前滑动。在定义连续查询时需要指定时间窗口大小和前向滑动时间（forward sliding time）。如图 5-2 所示，$[t_0^s, t_0^e]$、$[t_1^s, t_1^e]$、$[t_2^s, t_2^e]$ 是分别执行 3 次连续查询的时间窗口范围，窗口的前向滑动的时间范围由滑动时间标识。查询过滤、聚合等操作基于时间窗口独立执行。

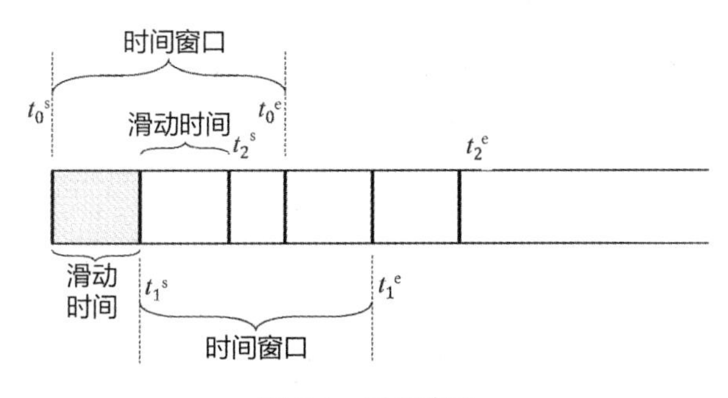

图 5-2　时间窗口

注 意

由于 interval 和 sliding 子句需要配合聚合和选择函数来使用，因此，下面的 SQL 是非法的。

```
select * from temp_tb_1 interval(1m)
```

由于 sliding 子句中向前滑动的时间范围不能超过一个窗口的时间范围，因此，下面的 SQL 也是非法的。

```
select count(*) from temp_tb_1 interval(1m) sliding(2m)
```

在使用时间窗口时，需要注意以下几点。

- 聚合时间段的窗口宽度由关键词 interval 指定，最短时间间隔为 10ms（10a）。同时，支持偏移（偏移必须小于间隔），即时间窗口划分与“UTC 时刻 0”相比的偏移量。sliding 子句用于指定聚合时间段的前向增量，即每次窗口向前滑动的时长。
- 使用 interval 子句时，除非极特殊的情况，否则建议将数据库客户端和服务器的配置参数 timezone 设置为相同的值，以避免时间处理函数频繁进行跨时区转换而导致的严重性能影响。
- 返回的结果中时间序列严格单调递增。这意味着查询结果中的时间戳将按照升序排列，便于进一步分析和处理。

SQL 如下。

```
select tbname, _wstart, avg(voltage)
from meters
where ts >= "2022-01-01T00:00:00+08:00" and ts < "2022-01-01T00:05:00+08:00"
partition by tbname
interval(1m) sliding(30s)
slimit 1
```

上面的 SQL 查询超级表 meters 中时间戳大于等于 2022-01-01T00:00:00+08:00 且时间戳小于 2022-01-01T00:05:00+08:00 的数据。首先按照子表名 tbname 对数据进行切分；然后按照 1min 的时间窗口进行切分，且时间窗口按照 30s 进行滑动；最后仅取第 1 个分片的数据作为结果。查询结果如下。

```
tbname |          _wstart          |      avg(voltage)      |
==============================================================
     d40 | 2021-12-31 15:59:30.000 |       4.000000000000000 |
     d40 | 2021-12-31 16:00:00.000 |       5.666666666666667 |
     d40 | 2021-12-31 16:00:30.000 |       4.333333333333333 |
     d40 | 2021-12-31 16:01:00.000 |       5.000000000000000 |
     d40 | 2021-12-31 16:01:30.000 |       9.333333333333334 |
     d40 | 2021-12-31 16:02:00.000 |       9.666666666666666 |
     d40 | 2021-12-31 16:02:30.000 |      10.000000000000000 |
     d40 | 2021-12-31 16:03:00.000 |      10.333333333333334 |
     d40 | 2021-12-31 16:03:30.000 |      10.333333333333334 |
     d40 | 2021-12-31 16:04:00.000 |      13.000000000000000 |
     d40 | 2021-12-31 16:04:30.000 |      15.333333333333334 |
```

2. 翻转窗口

当 sliding 与 interval 相等时，滑动窗口即翻转窗口。翻转窗口和滑动窗口的区别在于，滑动窗口的不同时间窗口之间会存在数据重叠，而翻转窗口则不存在数据重叠。本质上，翻转窗口就是按照 interval_val 进行时间窗口划分，interval(1m) 和 interval(1m) 。sliding(1m) 是等效的。

SQL 如下。

```
select tbname, _wstart, _wend, avg(voltage)
from meters
where ts >= "2022-01-01T00:00:00+08:00" and ts < "2022-01-01T00:05:00+
08:00"
partition by tbname
interval(1m) sliding(1m)
slimit 1
```

上面的 SQL 查询超级表 meters 中时间戳大于等于 2022-01-01T00:00:00+08:00 且时间戳小于 2022-01-01T00:05:00+08:00 的数据。首先按照子表名 tbname 对数据进行切分；然后按照 1min 的时间窗口进行切分，且时间窗口按照 1min 进行切分；最后仅取前 1 个分片的数据作为结果。查询结果如下。

```
tbname |         _wstart         |          _wend          |      avg(voltage)      |
========================================================================================
   d28 | 2021-12-31 16:00:00.000 | 2021-12-31 16:01:00.000 |       7.333333333333333 |
   d28 | 2021-12-31 16:01:00.000 | 2021-12-31 16:02:00.000 |       8.000000000000000 |
   d28 | 2021-12-31 16:02:00.000 | 2021-12-31 16:03:00.000 |      11.000000000000000 |
   d28 | 2021-12-31 16:03:00.000 | 2021-12-31 16:04:00.000 |       6.666666666666667 |
   d28 | 2021-12-31 16:04:00.000 | 2021-12-31 16:05:00.000 |      10.000000000000000 |
```

3. fill 子句

fill 子句用于指定某一窗口区间数据缺失的情况下的填充模式。填充模式包括以下几种。

- 不进行填充：none（默认填充模式）。
- value 填充：固定值填充，此时需要指定填充的数值，如 fill(value,1.23)。需要注意的是，最终填充的值由相应列的类型决定，如 fill(value,1.23)，相应列为 int 类型，则填充值为 1。
- prev 填充：使用前一个非 NULL 值填充数据，如 fill(prev)。
- null 填充：使用 NULL 填充数据，如 fill(null)。
- linear 填充：根据前后距离最近的非 NULL 值做线性插值填充，如 fill(linear)。
- next 填充：使用下一个非 NULL 值填充数据，如 fill(next)。

在以上填充模式中，除了 none 模式默认不填充值以外，其他模式在查询的整个时间范围内如果没有数据，将忽略 fill 子句，即不产生填充数据，查询结果为空。这种行为在部分模式（prev、linear、next）下具有合理性，因为在这些模式下没有数据意味着无法产生填充数值。

对另外一些模式（value、null）来说，理论上是可以产生填充数值的，至于需不需要输出填充数值，则取决于应用程序的需求。所以，为了满足这类需要强制填充数据或 NULL 的应用程序的需求，同时不破坏现有填充模式的行为兼容性，TDengine 还支持如下两种新的填充模式。

- null_f：强制填充 NULL 值。
- value_f：强制填充 value 值。

null、null_f、value_f、value 这几种填充模式所针对的场景的区别如下。

- interval 子句：null_f、value_f 为强制填充模式；null、value 为非强制填充模式。在这种模式下各自的语义与名称相符。
- 流计算中的 interval 子句：null_f 与 null 行为相同，均为非强制填充模式；value_f 与 value 行为相同，均为非强制填充模式。即流计算中的 interval 没有强制填充模式。
- interp 子句：null 与 null_f 行为相同，均为强制填充模式；value 与 value 行为相同，均为强制填充模式。即 interp 中没有非强制填充模式。

注 意

由于 fill 子句可能会生成大量的填充输出，因此在执行查询时，请务必指定查询的时间区间。

对于每次查询，TDengine 返回不超过 1000 万条具有插值的数据。

在时间维度聚合中，返回结果将按照时间序列严格单调递增。

如果查询对象是超级表，聚合函数将作用于该超级表下满足值过滤条件的所有数据。在这种情况下，如果查询中没有使用 partition by 子句，则返回结果将按照时间序列严格单调递增；如果查询中使用 partition by 子句进行分组，则返回结果中每个分区将按照时间序列严格单调递增。

SQL 如下。

```
    select tbname, _wstart, _wend, avg(voltage)
    from meters
    where ts >= "2022-01-01T00:00:00+08:00" and ts < "2022-01-01T00:05:00+
08:00"
    partition by tbname
    interval(1m) fill(prev)
    slimit 2
```

上面的 SQL 查询超级表 meters 中时间戳大于等于 2022-01-01T00:00:00+08:00 且时间戳小于 2022-01-01T00:05:00+08:00 的数据。首先按照子表名 tbname 对数据进行切分；然后按照 1min 的时间窗口进行切分，如果窗口内的数据出现缺失，则使用前一个非 NULL 值填充数据；最后仅取前两个分片的数据作为结果。查询结果如下。

```
tbname |          _wstart          |           _wend           |     avg(voltage)     |
=====================================================================================
   d40 | 2021-12-31 16:00:00.000 | 2021-12-31 16:01:00.000 |    5.666666666666667 |
   d40 | 2021-12-31 16:01:00.000 | 2021-12-31 16:02:00.000 |    5.000000000000000 |
   d40 | 2021-12-31 16:02:00.000 | 2021-12-31 16:03:00.000 |    9.666666666666666 |
   d40 | 2021-12-31 16:03:00.000 | 2021-12-31 16:04:00.000 |   10.333333333333334 |
   d40 | 2021-12-31 16:04:00.000 | 2021-12-31 16:05:00.000 |   13.000000000000000 |
   d41 | 2021-12-31 16:00:00.000 | 2021-12-31 16:01:00.000 |    5.666666666666667 |
   d41 | 2021-12-31 16:01:00.000 | 2021-12-31 16:02:00.000 |    9.333333333333334 |
   d41 | 2021-12-31 16:02:00.000 | 2021-12-31 16:03:00.000 |   11.000000000000000 |
   d41 | 2021-12-31 16:03:00.000 | 2021-12-31 16:04:00.000 |    7.666666666666667 |
   d41 | 2021-12-31 16:04:00.000 | 2021-12-31 16:05:00.000 |   10.000000000000000 |
```

5.4.3 状态窗口

在 TDengine 中，可以使用整数（布尔值）或字符串来标识产生记录时设备的状态量。如果生成的记录具有相同的状态量数值，它们将归属于同一个状态窗口。当状态量数值发生变化时，当前窗口将关闭，并开始一个新的状态窗口。

此外，TDengine 还支持在状态量中使用 case 表达式。这允许你表达某个状态的开始是由满足某个条件而触发的，而状态的结束是由另一个条件满足而触发的语义。这种方式可以让你更灵活地处理设备状态变化的情况。

由于电压的正常范围是 205V 到 235V，因此可以通过监控电压来判断电路是否正常。SQL 如下。

```
select tbname, _wstart, _wend,_wduration, case when voltage between 205 and 235 then 1 else 0 end status
from meters
where ts >= "2022-01-01T00:00:00+08:00" and ts < "2022-01-01T00:05:00+08:00"
partition by tbname
state_window (
    case when voltage >= 205 and voltage <= 235 then 1 else 0 end
)
slimit 10
```

上面的 SQL 查询超级表 meters 中时间戳大于等于 2022-01-01T00:00:00+08:00 且时间戳小于 2022-01-01T00:05:00+08:00 的数据。首先按照子表名 tbname 对数据进行切分；然后根据电压是否在正常范围内进行状态窗口的切分；最后取前 10 个分片的数据作为结果。查询结果如下。

```
 tbname |         _wstart         |          _wend          | _wduration | statu |
===================================================================================
    d76 | 2021-12-31 16:00:00.000 | 2021-12-31 16:04:50.000 |     290000 |     0 |
    d47 | 2021-12-31 16:00:00.000 | 2021-12-31 16:04:50.000 |     290000 |     0 |
    d37 | 2021-12-31 16:00:00.000 | 2021-12-31 16:04:50.000 |     290000 |     0 |
    d87 | 2021-12-31 16:00:00.000 | 2021-12-31 16:04:50.000 |     290000 |     0 |
    d64 | 2021-12-31 16:00:00.000 | 2021-12-31 16:04:50.000 |     290000 |     0 |
    d35 | 2021-12-31 16:00:00.000 | 2021-12-31 16:04:50.000 |     290000 |     0 |
    d83 | 2021-12-31 16:00:00.000 | 2021-12-31 16:04:50.000 |     290000 |     0 |
    d51 | 2021-12-31 16:00:00.000 | 2021-12-31 16:04:50.000 |     290000 |     0 |
    d63 | 2021-12-31 16:00:00.000 | 2021-12-31 16:04:50.000 |     290000 |     0 |
     d0 | 2021-12-31 16:00:00.000 | 2021-12-31 16:04:50.000 |     290000 |     0 |
```

5.4.4 会话窗口

会话窗口根据记录的时间戳主键的值来确定是否属于同一个会话。如图 5-3 所示，如果设置时间戳的连续时间间隔小于等于 12s，则以下 6 条记录构成两个会话窗口，分别 是 [2019-04-28 14:22:10, 2019-04-28 14:22:30] 和 [2019-04-28 14:23:10, 2019-04-28 14:23:30]。这样分割窗口的原因是 2019-04-28 14:22:30 与 2019-04-28 14:23:10 之间的时间间隔是 40s，超过了连续时间间隔（12s）。

```
              ts              |      temperature       |humidity|status|
 ========================================================================
 2019-04-28 14:22:10.000|               20.00000|      34|      1|
 2019-04-28 14:22:20.000|               21.50000|      38|      1|
 2019-04-28 14:22:30.000|               21.30000|      38|      1|
 2019-04-28 14:23:10.000|               21.20000|      38|      1|
 2019-04-28 14:23:20.000|               21.30000|      35|      0|
 2019-04-28 14:23:30.000|               22.00000|      34|      0|
```

图 5-3　会话窗口

在 tol_val 时间间隔范围内的数据都属于同一个窗口，如果连续的两条记录的时间间隔超过 tol_val，则自动开启下一个窗口。

```
select count(*), first(ts) from temp_tb_1 session(ts, tol_val)
```

SQL 如下。

```
select tbname, _wstart, _wend, _wduration, count(*)
from meters
where ts >= "2022-01-01T00:00:00+08:00" and ts < "2022-01-01T00:10:00+
08:00"
partition by tbname
session (ts, 10m)
slimit 10
```

上面的 SQL 查询超级表 meters 中时间戳大于等于 2022-01-01T00:00:00+08:00 且时间戳小于 2022-01-01T00:10:00+08:00 的数据。首先按照子表名 tbname 对数据进行切分；然后根据 10min 的会话窗口进行切分；最后取前 10 个分片的数据作为结果，返回子表名、窗口开始时间、窗口结束时间、窗口宽度、窗口内数据条数。查询结果如下。

```
 tbname |         _wstart         |          _wend          | _wduration | count(*) |
=====================================================================================
    d76 | 2021-12-31 16:00:00.000 | 2021-12-31 16:09:50.000 |     590000 |       60 |
    d47 | 2021-12-31 16:00:00.000 | 2021-12-31 16:09:50.000 |     590000 |       60 |
    d37 | 2021-12-31 16:00:00.000 | 2021-12-31 16:09:50.000 |     590000 |       60 |
    d87 | 2021-12-31 16:00:00.000 | 2021-12-31 16:09:50.000 |     590000 |       60 |
    d64 | 2021-12-31 16:00:00.000 | 2021-12-31 16:09:50.000 |     590000 |       60 |
    d35 | 2021-12-31 16:00:00.000 | 2021-12-31 16:09:50.000 |     590000 |       60 |
    d83 | 2021-12-31 16:00:00.000 | 2021-12-31 16:09:50.000 |     590000 |       60 |
    d51 | 2021-12-31 16:00:00.000 | 2021-12-31 16:09:50.000 |     590000 |       60 |
    d63 | 2021-12-31 16:00:00.000 | 2021-12-31 16:09:50.000 |     590000 |       60 |
     d0 | 2021-12-31 16:00:00.000 | 2021-12-31 16:09:50.000 |     590000 |       60 |
```

5.4.5 事件窗口

事件窗口是根据开始条件和结束条件来划定窗口范围的。当满足 start_trigger_condition（将在 6.3 节中介绍）时，窗口将开始；当满足 end_trigger_condition 时，窗口将关闭。start_trigger_condition 和 end_trigger_condition 可以是 TDengine 支持的任意条件表达式，并且可以包含不同的列。

事件窗口可以仅包含一条数据。当一条数据同时满足 start_trigger_condition 和 end_trigger_condition，且当前不在任何窗口内时，这条数据将单独构成一个窗口。

如果事件窗口无法关闭，它将不构成一个有效的窗口，也不会被输出。

当直接在超级表上进行事件窗口查询时，TDengine 会首先将超级表的数据汇总成一条时间线，然后基于这条时间线进行事件窗口的计算。如果需要对 subquery 的结果集进行事件窗口查询，那么 subquery 的结果集需要满足按时间线输出的要求，并且可以输出有效的时间戳列。

以下面的 SQL 为例，事件窗口切分如图 5-4 所示。

```
select _wstart, _wend, count(*)
from t
event_window start with c1 > 0 end with c2 < 10
```

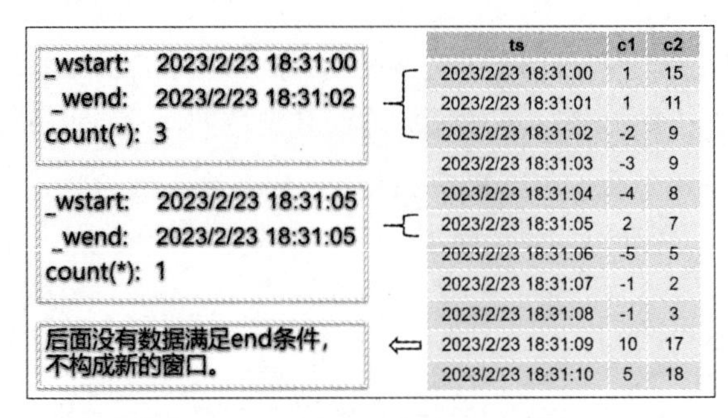

图 5-4 事件窗口

SQL 如下。

```
select tbname, _wstart, _wend, _wduration, count(*)
from meters
where ts >= "2022-01-01T00:00:00+08:00" and ts < "2022-01-01T00:10:00+
08:00"
partition by tbname
event_window start with voltage >= 10 end with voltage < 20
limit 10
```

上面的 SQL 查询超级表 meters 中时间戳大于等于 2022-01-01T00:00:00+08:00 且时

间戳小于 2022-01-01T00:10:00+08:00 的数据。首先按照子表名 tbname 对数据进行切分；然后根据事件窗口条件“电压大于等于 10V，且小于 20V”进行切分；最后取前 10 行的数据作为结果，返回子表名、窗口开始时间、窗口结束时间、窗口宽度、窗口内数据条数。查询结果如下。

```
tbname |          _wstart          |           _wend           |  _wduration |count(*)|
=========================================================================================
    d0 | 2021-12-31 16:00:00.000 | 2021-12-31 16:00:00.000 |          0 |       1 |
    d0 | 2021-12-31 16:00:30.000 | 2021-12-31 16:00:30.000 |          0 |       1 |
    d0 | 2021-12-31 16:00:40.000 | 2021-12-31 16:00:40.000 |          0 |       1 |
    d0 | 2021-12-31 16:01:20.000 | 2021-12-31 16:01:20.000 |          0 |       1 |
    d0 | 2021-12-31 16:02:20.000 | 2021-12-31 16:02:20.000 |          0 |       1 |
    d0 | 2021-12-31 16:02:30.000 | 2021-12-31 16:02:30.000 |          0 |       1 |
    d0 | 2021-12-31 16:03:10.000 | 2021-12-31 16:03:10.000 |          0 |       1 |
    d0 | 2021-12-31 16:03:30.000 | 2021-12-31 16:03:30.000 |          0 |       1 |
    d0 | 2021-12-31 16:03:40.000 | 2021-12-31 16:03:40.000 |          0 |       1 |
    d0 | 2021-12-31 16:03:50.000 | 2021-12-31 16:03:50.000 |          0 |       1 |
```

5.4.6 计数窗口

计数窗口是一种基于固定数据行数来划分窗口的方法。默认情况下，计数窗口首先将数据按照时间戳进行排序，然后根据 count_val 的值将数据划分为多个窗口，最后进行聚合计算。

count_val 表示每个计数窗口包含的最大数据行数。当总数据行数不能被 count_val 整除时，最后一个窗口的行数将小于 count_val。

sliding_val 是一个常量，表示窗口滑动的数量，类似于 interval 的滑动功能。通过调整 sliding_val，你可以控制窗口之间重叠的程度，从而实现对数据的细致分析。

以智能电表的数据模型为例，使用的查询 SQL 如下。

```
    select _wstart, _wend, count(*)
    from meters
    where ts >= "2022-01-01T00:00:00+08:00" and ts < "2022-01-01T00:30:00+
08:00"
    count_window(10);
```

上面的 SQL 查询超级表 meters 中时间戳大于等于 2022-01-01T00:00:00+08:00 且时间戳小于 2022-01-01T00:10:00+08:00 的数据。以每 10 条数据为一组，返回每组的开始时间、结束时间和分组条数。查询结果如下。

```
         _wstart          |           _wend          | count(*) |
=================================================================
2021-12-31 16:00:00.000 | 2021-12-31 16:10:00.000 |       10 |
2021-12-31 16:10:00.000 | 2021-12-31 16:20:00.000 |       10 |
2021-12-31 16:20:00.000 | 2021-12-31 16:30:00.000 |       10 |
```

5.5 时序数据特有函数

时序数据特有函数是 TDengine 针对时序数据查询场景专门设计的一组函数。在通用数据库中，要实现类似的功能通常需要编写复杂的查询语句，而且效率较低。为了降低用户的使用成本和简化查询过程，TDengine 将这些功能以内置函数的形式提供，从而实现了高效且易于使用的时序数据处理能力。时序数据特有函数如表 5-2 所示。

表 5-2 时序数据特有函数

序号	函数	功能说明
1	cum	累加和（cumulative sum），忽略 NULL 值
2	derivative	统计表中某列数值的单位变化率。其中单位时间区间的长度可以通过 time_interval 参数指定，最小可以是 1s；ignore_negative 参数的值可以是 0 或 1，为 1 时表示忽略负值
3	diff	统计表中某列的值与前一行对应值的差。ignore_negative 取值为 0 或 1，可以不填，默认值为 0。不忽略负值。ignore_negative 为 1 时表示忽略负数
4	irate	计算瞬时增长率。使用时间区间中最后两个样本数据来计算瞬时增长率。如果这两个值呈递减关系，那么只取最后一个数用于计算，而不是使用二者差值
5	mavg	计算连续 k 个值的移动平均数（moving average）。如果输入行数小于 k，则无结果输出。参数 k 的合法输入范围是 $1 \leqslant k \leqslant 1000$
6	statecount	返回满足某个条件的连续记录的条数，结果作为新的一列追加在每行后面。条件根据参数计算：如果条件为 true 则加 1；如果条件为 false 则重置为 –1；如果数据为 NULL，则跳过该条数据
7	stateduration	返回满足某个条件的连续记录的时间长度，结果作为新的一列追加在每行后面。条件根据参数计算：如果条件为 true 则加上两条记录之间的时间长度（第 1 个满足条件的记录时间长度记为 0）；如果条件为 false 则重置为 –1；如果数据为 NULL，则跳过该条数据
8	twa	时间加权平均函数。统计表中某列在一段时间内的时间加权平均值

5.6 嵌套查询

嵌套查询，也称为 subquery（子查询），是指在一个 SQL 中，内层查询的计算结果可以作为外层查询的计算对象来使用。TDengine 支持在 from 子句中使用非关联 subquery。非关联是指 subquery 不会用到父查询中的参数。

在 select 查询的 from 子句之后，可以接一个独立的 select 语句，这个 select 语句被包含在英文圆括号内。通过使用嵌套查询，你可以在一个查询中引用另一个查询的结果，从而实现更复杂的数据处理和分析。

以智能电表为例进行说明，SQL 如下。

```
select max(voltage), *
from (
    select tbname, last_row(ts), voltage, current, phase, groupId, location
    from meters
    partition by tbname
)
group by groupId
```

上面的 SQL 在内层查询中查询超级表 meters，按照子表名进行分组，每张子表查询最新一条数据；外层查询将内层查询的结果作为输入，按照 groupId 进行聚合，查询每组中的最大电压。

在 TDengine 中，嵌套查询遵循以下规则。

- 内层查询的返回结果将作为虚拟表供外层查询使用，建议为虚拟表起别名，以便在外层查询中引用。
- 外层查询支持直接通过列名或列名的形式引用内层查询的列或伪列。
- 不论内层查询还是外层查询，都支持普通的表间 / 超级表间 Join 操作。内层查询的计算结果也可以再参与数据子表的 Join 操作。
- 内层查询支持的功能特性与非嵌套的查询语句能力是一致的。内层查询的 order by 子句一般没有意义，建议避免这样的写法，以免无谓的资源消耗。

与非嵌套的查询语句相比，外层查询所能支持的功能特性存在如下限制。

- 如果内层查询的结果数据未提供时间戳，那么计算过程隐式依赖时间戳的函数在外层会无法正常工作，如 interp、derivative、irate、last_row、first、last、twa、stateduration、tail、unique。
- 如果内层查询的结果数据不是时间有序的，那么计算过程依赖数据按时间有序的函数在外层会无法正常工作，如 leastsquares、elapsed、interp、derivative、irate、twa、diff、statecount、stateduration、csum、mavg、tail、unique。

● 计算过程需要两遍扫描的函数，在外层查询中无法正常工作，如 percentile。

5.7 union 子句

TDengine 支持 union 操作符。这意味着，如果多个 select 语句返回的结果集结构完全相同（包括列名、列类型、列数和顺序），那么可以通过 union 子句将这些结果集合并成一个。

SQL 如下。

```
(select tbname, * from d1 limit 1)
union all
(select tbname, * from d11 limit 2)
union all
(select tbname, * from d21 limit 3)
```

上面的 SQL 分别查询子表 d1 的 1 条数据、子表 d11 的 2 条数据、子表 d21 的 3 条数据，并将结果合并。返回的结果如下。

```
tbname |             ts             |    current    | voltage |     phase    |
==============================================================================
   d11 | 2017-09-13 12:26:40.000 |     1.0260611 |       6 |     0.3620200 |
   d11 | 2017-09-13 12:26:50.000 |     2.9544230 |       8 |     1.0048079 |
   d21 | 2017-09-13 12:26:40.000 |     1.0260611 |       2 |     0.3520200 |
   d21 | 2017-09-13 12:26:50.000 |     2.9544230 |       2 |     0.9948080 |
   d21 | 2017-09-13 12:27:00.000 |    -0.0000430 |      12 |     0.0099860 |
    d1 | 2017-09-13 12:26:40.000 |     1.0260611 |      10 |     0.3520200 |
```

在同一个 SQL 中，最多支持 100 个 union 子句。

5.8 关联查询

5.8.1 Join 概念

1. 驱动表

在关联查询中，驱动表的角色取决于所使用的连接类型：在 Left Join 系列中，左表作为驱动表；而在 Right Join 系列中，右表作为驱动表。

2. 连接条件

在 TDengine 中，连接条件是指进行表关联所指定的条件。对于所有关联查询（除了

ASOF Join 和 Window Join 以外），都需要指定连接条件，通常出现在 on 之后。在 ASOF Join 中，出现在 where 之后的条件也可以视作连接条件，而 Window Join 是通过 window_offset 来指定连接条件。

除了 ASOF Join 以外，TDengine 支持的所有 Join 类型都必须显式指定连接条件。ASOF Join 因为默认定义了隐式的连接条件，所以在默认条件可以满足需求的情况下，可以不必显式指定连接条件。

对于除了 ASOF Join 和 Window Join 以外的其他类型的连接，连接条件中除了包含主连接条件以外，还可以包含任意多个其他连接条件。主连接条件与其他连接条件之间必须是 and 关系，而其他连接条件之间则没有这个限制。其他连接条件中可以包含主键列、标签列、普通列、常量及其标量函数或运算的任意逻辑运算组合。

以智能电表为例，下面这几条 SQL 都包含合法的连接条件。

```
select a.* from meters a left join meters b on a.ts = b.ts and a.ts > '2023-10-18 10:00:00.000';

select a.* from meters a left join meters b on a.ts = b.ts and (a.ts > '2023-10-18 10:00:00.000' or a.ts < '2023-10-17 10:00:00.000');

select a.* from meters a left join meters b on timetruncate(a.ts, 1s) = timetruncate(b.ts, 1s) and (a.ts + 1s > '2023-10-18 10:00:00.000' or a.groupId > 0);

select a.* from meters a left asof join meters b on timetruncate(a.ts, 1s) < timetruncate(b.ts, 1s) and a.groupId = b.groupId;
```

3. 主连接条件

作为一个时序数据库，TDengine 的所有关联查询都围绕主键列进行。因此，对于除了 ASOF Join 和 Window Join 以外的所有关联查询，都必须包含主键列的等值连接条件。在连接条件中首次出现的主键列等值连接条件将被视为主连接条件。ASOF Join 的主连接条件可以包含非等值的连接条件，而 Window Join 的主连接条件则是通过 window_offset 来指定的。

除了 Window Join 以外，TDengine 支持在主连接条件中进行 timetruncate 函数操作，如 on timetruncate(a.ts, 1s) = timetruncate(b.ts, 1s)。除此以外，目前暂不支持其他函数及标量运算。

4. 分组条件

具有时序数据库特色的 ASOF Join、Window Join 支持先对关联查询的输入数据进行分组，然后每个分组进行关联操作。分组只对关联查询的输入进行，输出结果将不包含分组信息。ASOF Join、Window Join 中出现在 on 之后的等值条件（ASOF Join 的主连接条件除外）将被作为分组条件。

5. 主键时间线

作为时序数据库，TDengine 要求每张表（子表）中必须有主键时间戳列，它将作为该表的主键时间线进行很多跟时间相关的运算，而在 subquery 的结果或者 Join 运算的结果中也需要明确哪一列将被视作主键时间线参与后续的与时间相关的运算。在 subquery 中，查询结果中存在的有序的第 1 个出现的主键列（或其运算）或等同主键列的伪列（_wstart、_wend）将被视作该输出表的主键时间线。Join 输出结果中主键时间线的选择遵从以下规则。

- Left Join、Right Join 系列中驱动表（subquery）的主键列将被作为后续查询的主键时间线。此外，在 Window Join 窗口内，因为左右表同时有序，所以在窗口内可以把任意一张表的主键列作为主键时间线，优先选择本表的主键列为主键时间线。
- Inner Join 可以把任意一张表的主键列作为主键时间线，当存在类似分组条件（标签列的等值条件且与主连接条件是 and 关系）时将无法产生主键时间线。
- Full Join 因为无法产生任何一个有效的主键时间序列，所以没有主键时间线，这也就意味着 Full Join 中无法进行与时间线相关的运算。

5.8.2 语法说明

在接下来的内容中，我们将通过统一的方式并行介绍 Left Join 和 Right Join 系列。因此，在后续关于 Outer、Semi、Anti-Semi、ASOF、Window 等系列内容的介绍中，我们采用了“Left/Right”这种表述方式来同时涵盖 Left Join 和 Right Join 的相关知识。这里的“/”符号前的描述专指应用于 Left Join，而“/”符号后的描述则专指应用于 Right Join。通过这种表述方式，我们可以更加清晰地展示这两种 Join 操作的特点和用法。

例如，当我们提及“左 / 右表”时，对于 Left Join，它特指左表，而对于 Right Join，它则特指右表。同理，当我们提及“右 / 左表”时，对于 Left Join，它特指右表，而对于 Right Join，它则特指左表。

5.8.3 Join 功能

Join 的类型和定义如表 5-3 所示。

表 5-3　Join 的类型和定义

序号	关联查询	定义
1	Inner Join	内连接，只有左右表中同时符合连接条件的数据才会被返回，可以视为两张表符合连接条件的数据的交集
2	Left/Right Outer Join	左 / 右（外）连接，既包含左右表中同时符合连接条件的数据集合，也包括左 / 右表中不符合连接条件的数据集合
3	Left/Right Semi Join	左 / 右半连接，通常表达的是 in、exists 的含义，即对左 / 右表任意一条数据来说，只有当右 / 左表中存在任一符合连接条件的数据时才返回左 / 右表行数据
4	Left/Right Anti-Semi Join	左 / 右反连接，同左 / 右半连接的逻辑正好相反，通常表达的是 not in、not exists 的含义，即对左 / 右表任意一条数据来说，只有当右 / 左表中不存在任何符合连接条件的数据时才返回左 / 右表行数据
5	left/Right ASOF Join	左 / 右不完全匹配连接，不同于其他传统 Join 操作的完全匹配模式，ASOF Join 允许以指定的匹配模式进行不完全匹配，即按照主键时间戳最接近的方式进行匹配
6	Left/Right Window Join	左 / 右窗口连接，根据左 / 右表中每一行的主键时间戳和窗口边界构造窗口并据此进行窗口连接，支持在窗口内进行投影、标量和聚合操作
7	Full Outer Join	全（外）连接，既包含左右表中同时符合连接条件的数据集合，也包括左右表中不符合连接条件的数据集合

5.8.4　约束和限制

1. 输入时间线限制

目前，TDengine 中所有的 Join 操作都要求输入数据包含有效的主键时间线。对于所有表查询，这个要求通常可以满足。然而，对于 subquery，则需要注意输出数据是否包含有效的主键时间线。

2. 连接条件限制

连接条件的限制包括如下这些。

- 除了 ASOF Join 和 Window Join 以外，其他 Join 操作的连接条件中必须含主键列的主连接条件。
- 主连接条件与其他连接条件之间只支持 and 运算。
- 作为主连接条件的主键列只支持 timetruncate 函数运算，不支持其他函数和标量运算，作为其他连接条件时则无限制。

3. 分组条件限制

分组条件的限制包括如下这些。

- 只支持除了主键列以外的标签列、普通列的等值条件。
- 不支持标量运算。
- 支持多个分组条件，条件间只支持 and 运算。

4. 查询结果顺序限制

查询结果顺序的限制包括如下这些。

- 普通表、子表、subquery 且无分组条件无排序的场景下，查询结果会按照驱动表的主键列顺序输出。
- 由于超级表查询、Full Join 或有分组条件无排序的场景下，查询结果没有固定的输出顺序，因此，在有排序需求且输出无固定顺序的场景下，需要进行排序操作。部分依赖时间线的函数可能会因为没有有效的时间线输出而无法执行。

第 6 章　TDengine 高级功能

TDengine 不仅是一个高性能、分布式的时序数据库核心产品，而且集成了专为时序数据量身定制的一系列功能，包括数据订阅、缓存、流计算和 ETL 等。这些功能共同构成了一个完整的时序数据处理解决方案。因此，当你选择使用 TDengine 时，你的应用程序无须额外集成 Kafka、Redis、Spark 或 Flink 等第三方工具，从而极大地简化应用程序的设计复杂度，并显著降低运维成本。图 6-1 直观地展示了传统大数据平台架构与 TDengine 架构之间的异同点，突显了 TDengine 在时序数据处理领域的独特优势。

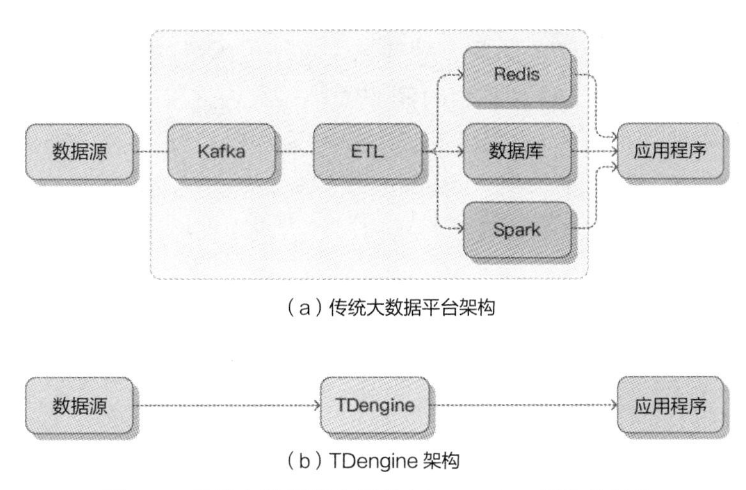

图 6-1　传统大数据平台架构与 TDengine 架构的对比

6.1　数据订阅

为了满足应用程序实时获取 TDengine 写入的数据的需求，或以事件到达顺序处理数据，TDengine 提供了类似于消息队列产品的数据订阅和消费接口。在许多场景中，采用 TDengine 的时序大数据平台，无须再集成消息队列产品，从而简化应用程序设计并降低运维成本。

与 Kafka 类似，用户需要在 TDengine 中定义主题（topic）。然而，TDengine 的主题可以是一个数据库、一张超级表，或者基于现有超级表、子表或普通表的查询条件，即一条查询语句。用户可以利用 SQL 对标签、表名、列、表达式等条件进行过滤，并对数据进行标量函数与 UDF 计算（不包括数据聚合）。与其他消息队列工具相比，这是 TDengine 数据订阅功能的最大优势。它提供了更强的灵活性，数据的粒度由定义主题的 SQL 决定，而且数据的过滤与预处理由 TDengine 自动完成，从而减少传输的数据量并降低应用程序的复杂度。

消费者订阅主题后，可以实时接收最新的数据。多个消费者可以组成一个消费组，共享消费进度，实现多线程、分布式地消费数据，提高消费速度。不同消费组的消费者即使消费同一个主题，也不共享消费进度。一个消费者可以订阅多个主题。如果主题对应的是超级表或库，数据可能会分布在多个不同的节点或数据分片上。当一个消费组中有多个消费者时，可以提高消费效率。TDengine 的消息队列提供了消息的 ACK（Acknowledgment，确认，也译作收到）机制，确保在宕机、重启等复杂环境下实现至少一次（at least once）消费。

为实现上述功能，TDengine 会为预写数据日志（Write-Ahead Logging，WAL）文件自动创建索引，以支持快速随机访问，并提供了灵活可配置的文件切换与保留机制。用户可以根据需求指定 WAL 文件的保留时间和大小。通过这些方法，WAL 被改造成一个保留事件到达顺序的、可持久化的存储引擎。对于以主题形式创建的查询，TDengine 将从 WAL 读取数据。在消费过程中，TDengine 根据当前消费进度从 WAL 直接读取数据，并使用统一的查询引擎实现过滤、变换等操作，然后将数据推送给消费者。

6.1.1 主题类型

TDengine 使用 SQL 创建的主题共有 3 种类型，下面分别介绍。

1. 查询主题

用于订阅一个 SQL 查询的结果，本质上是连续查询，每次查询仅返回最新值。语法如下。

```
create topic [if not exists] topic_name as subquery
```

上面的 SQL 通过 select 语句订阅，可以带条件过滤、标量函数计算，但不支持聚合函数、时间窗口聚合。在使用过程中，需要注意如下事项。

- 该类型主题一旦创建，则订阅数据的结构确定。
- 被订阅或用于计算的列或标签不可被删除、修改。
- 若发生表结构变更，则新增的列不会出现在结果中。

- 对于 select *，则订阅创建时所有的列，针对子表、普通表为数据列，针对超级表为数据列加标签列。

假设需要订阅所有智能电表中电压值大于 200 的数据，而且仅仅返回时间戳、电流、电压 3 个采集量（不返回相位），那么可以通过下面的 SQL 创建 power_topic 这个主题。

```
create topic power_topic as
select ts, current, voltage from power.meters where voltage > 200
```

2. 超级表主题

用于订阅一张超级表的所有数据。语法如下。

```
create topic [if not exists] topic_name [with meta] as stable stb_name
[where_condition]
```

与用 SQL 订阅超级表（select * from stb_name）相比，直接订阅超级表的特点如下。

- 不会限制用户的表结构变更。
- 返回的是非结构化的数据，即返回数据的结构会随着超级表的表结构变化而变化。
- with meta 参数为可选项，启用时将返回创建超级表、子表等的语句。这一参数主要用于 taosX 进行超级表迁移。
- where_condition 参数为可选项，启用时将用来筛选并订阅符合条件的子表。在此参数中，仅允许使用 tag 或 tbname 进行过滤，不支持普通列。同时可使用函数对 tag 进行过滤，但是不能使用聚合函数，因为子表的标签值无法进行聚合。此外还可以使用如 2>1（订阅所有子表）或者 false（不订阅任何子表）等常量表达式。
- 返回数据中不包含标签。

3. 数据库主题

用于订阅一个数据库中的所有数据。语法如下。

```
create topic [if not exists] topic_name [with meta] as database db_name
```

通过上述 SQL 可创建一个包含数据库所有表数据的订阅。相关的特点如下。

- with meta 参数为可选项，启用时将返回数据库中所有超级表、子表和普通表的元数据创建、删除、修改语句。
- 超级表订阅和库订阅属于高级订阅模式，容易出错，如果需要使用，请咨询技术支持人员。

6.1.2 删除主题

如果不再需要订阅数据，则可以删除主题。需要注意的是，只有当前未在订阅中的主题才能被删除。语法如下。

```
drop topic [if exists] topic_name
```

此时，如果该订阅主题上存在消费者，则会收到一条错误信息。

6.1.3 查看主题

如下 SQL 将显示当前数据库下所有主题的信息。

```
show topics
```

6.1.4 创建消费者

只能通过 TDengine 客户端驱动或者连接器所提供的 API 创建消费者。

6.1.5 查看消费者

如下 SQL 显示当前数据库下所有消费者的信息，如消费者的状态、创建时间等。

```
show consumers
```

6.1.6 删除消费组

当创建消费者时，TDengine 会给消费者指定一个消费组。如果消费组内没有消费者，则可以通过下面的 SQL 删除消费组。

```
drop consumer group [if exists] cgroup_name on topic_name
```

6.1.7 查看订阅信息

如下 SQL 显示主题在不同 vgroup 上的消费信息，可用于查看消费进度。

```
show subscriptions
```

6.1.8 订阅数据

TDengine 提供了全面且丰富的数据订阅 API，旨在满足不同编程语言和框架下的数据订阅需求。这些接口包括但不限于创建消费者、订阅主题、取消订阅、获取实时数据、提交消费进度以及获取和设置消费进度等功能。目前，TDengine 支持多种主流编程语言，包括 C、Java、Go、Rust、Python 和 C# 等，使得开发者能够轻松地在各种应用场景中使用 TDengine 的数据订阅功能。

值得一提的是，TDengine 的数据订阅 API 与业界流行的 Kafka 订阅 API 保持了高度的一致性，以便于开发者能够快速上手并利用现有的知识经验。为了方便用户了解和参考，TDengine 的官方文档详细介绍了各种 API 的使用方法和示例代码，具体内容可访问 TDengine 官方网站的连接器部分。通过这些 API，开发者可以高效地实现数据的实时订阅和处理，从而满足各种复杂场景下的数据处理需求。

6.1.9　回放功能

TDengine 的数据订阅功能支持回放（replay）功能，允许用户按照数据的实际写入时间顺序重新播放数据流。这一功能基于 TDengine 的高效 WAL 机制实现，确保了数据的一致性和可靠性。

要使用数据订阅的回放功能，用户可以在查询语句中指定时间范围，从而精确控制回放的起始时间和结束时间。这使得用户能够轻松地重放特定时间段内的数据，无论是为了故障排查、数据分析还是其他目的。

如果写入了如下 3 条数据，那么回放时则先返回第 1 条数据，5s 后返回第 2 条数据，在获取第 2 条数据 3s 后返回第 3 条数据。

```
2023/09/22 00:00:00.000
2023/09/22 00:00:05.000
2023/09/22 00:00:08.000
```

使用数据订阅的回放功能时需要注意如下几项。

- 数据订阅的回放功能仅查询订阅支持数据回放，超级表和库订阅不支持回放。
- 回放不支持进度保存。
- 因为数据回放本身需要处理时间，所以回放的精度存在几十毫秒的误差。

6.2　数据缓存

在工业互联网和物联网大数据应用场景中，时序数据库的性能表现尤为关键。这类应用程序不仅要求数据的实时写入能力，还需求能够迅速获取设备的最新状态或对最新数据进行实时计算。通常，大数据平台会通过部署 Redis 或类似的缓存技术来满足这些需求。然而，这种做法会增加系统的复杂性和运营成本。

为了解决这一问题，TDengine 采用了针对性的缓存优化策略。通过精心设计的缓存机制，TDengine 实现了数据的实时高效写入和快速查询，从而有效降低整个集群的复杂性和运营成本。这种优化不仅提升了性能，还为用户带来了更简洁、易用的解决方案，使他们能够更专注于核心业务的发展。

6.2.1 写缓存

TDengine 采用了一种创新的时间驱动缓存管理策略，亦称为写驱动的缓存管理机制。这一策略与传统的读驱动的缓存模式有所不同，其核心思想是将最新写入的数据优先保存在缓存中。当缓存容量达到预设的临界值时，系统会将最早存储的数据批量写入硬盘，从而实现缓存与硬盘之间的动态平衡。

在物联网数据应用中，用户往往最关注最近产生的数据，即设备的当前状态。TDengine 充分利用了这一业务特性，将最近到达的当前状态数据优先存储在缓存中，以便用户能够快速获取所需信息。

为了实现数据的分布式存储和高可用性，TDengine 引入了虚拟节点（vnode）的概念。每个 vnode 可以拥有多达 3 个副本，这些副本共同组成一个 vnode group，简称 vgroup。在创建数据库时，用户需要确定每个 vnode 的写入缓存大小，以确保数据的合理分配和高效存储。

创建数据库时的两个关键参数——vgroups 和 buffer——分别决定了数据库中的数据由多少个 vgroup 进行处理，以及为每个 vnode 分配多少写入缓存。通过合理配置这两个参数，用户可以根据实际需求调整数据库的性能和存储容量，从而实现最佳的性能和成本效益。

例如，下面的 SQL 创建了包含 10 个 vgroup，每个 vnode 占用 256MB 内存的数据库。

```
create database power vgroups 10 buffer 256 cachemodel 'none' pages 128
pagesize 16
```

缓存越大越好，但超过一定阈值后再增加缓存对写入性能提升并无帮助。

6.2.2 读缓存

在创建数据库时，用户可以选择是否启用缓存机制以存储该数据库中每张子表的最新数据。这一缓存机制由数据库创建参数 cachemodel 进行控制。参数 cachemodel 具有如下 4 种情况。

- none：不缓存。
- last_row：缓存子表最近一条数据，这将显著改善 last_row 函数的性能。
- last_value：缓存子表每一列最近的非 NULL 值，这将显著改善无特殊影响（如 where、order by、group by、interval 子句）时 last 函数的性能。

- both：同时缓存最近的行和列，等同于 cachemodel 值为 last_row 和 last_value 且同时生效。

当使用数据库读缓存时，可以使用参数 cachesize 来配置每个 vnode 的内存大小。

cachesize：表示每个 vnode 中用于缓存子表最近数据的内存大小。范围是 [1, 65536]，单位是 MB，默认值为 1。实际应用时需要根据机器内存合理配置。

6.2.3 元数据缓存

为了提升查询和写入操作的效率，每个 vnode 都配备了缓存机制，用于存储其曾经获取过的元数据。这一元数据缓存的大小由创建数据库时的两个参数——pages 和 pagesize——共同决定。其中，pagesize 参数的单位是 KB，用于指定每个缓存页的大小。如下 SQL 会为数据库 power 的每个 vnode 创建 128 个 page、每个 page 16KB 的元数据缓存。

```
create database power pages 128 pagesize 16
```

6.2.4 文件系统缓存

TDengine 采用 WAL 技术作为基本的数据可靠性保障手段。WAL 是一种先进的数据保护机制，旨在确保在发生故障时能够迅速恢复数据。其核心原理在于，在数据实际写入数据存储层之前，先将其变更记录到一个日志文件中。这样一来，即便集群遭遇崩溃或其他故障，也能确保数据安全无损。

TDengine 利用这些日志文件实现故障前的状态恢复。在写入 WAL 的过程中，数据是以顺序追加的方式写入硬盘文件的。因此，文件系统缓存在此过程中发挥着关键作用，对写入性能产生显著影响。为了确保数据真正落盘，系统会调用 fsync 函数，该函数负责将文件系统缓存中的数据强制写入硬盘。

数据库参数 wal_level 和 wal_fsync_period 共同决定了 WAL 的保存行为。

- wal_level：此参数控制 WAL 的保存级别。级别 1 表示仅将数据写入 WAL，但不立即执行 fsync 函数；级别 2 则表示在写入 WAL 的同时执行 fsync 函数。默认情况下，wal_level 设为 1。虽然执行 fsync 函数可以提高数据的持久性，但相应地也会降低写入性能。
- wal_fsync_period：当 wal_level 设置为 2 时，此参数用于控制执行 fsync 函数的频率。若 wal_level 设置为 0，则意味着每次写入后都会立即执行 fsync 函数，这样做可以确保数据的安全性，但可能会牺牲一定的性能。当 wal_level 设置为大于 0 的数值时，fsync 函数将按周期执行，默认周期为 3000ms，取值范围为 1 至 180 000ms。

在创建数据库时，用户可以根据实际需求自行设定相关参数的值，以便在性能与可靠性之间做出权衡。以下是一个 SQL 示例，展示了如何在创建数据库时进行这些设置。

```
create database power wal_level 1 wal_fsync_period 3000
```

6.2.5 实时数据查询的缓存实践

这里以 5.1 节生成的时序数据为例进行介绍。

查询任意一块智能电表的最新电流和时间戳数据的 SQL 如下。

```
taos> select last(ts,current) from meters;
        last(ts)          |      last(current)      |
===================================================
2017-09-15 00:13:10.000 |              1.1294620 |
Query OK, 1 row(s) in set (0.353815s)

taos> select last_row(ts,current) from meters;
      last_row(ts)        |  last_row(current)      |
===================================================
2017-09-15 00:13:10.000 |              1.1294620 |
Query OK, 1 row(s) in set (0.344070s)
```

如果希望使用缓存来查询任意一块智能电表的最新时间戳数据，可以执行如下 SQL，并检查数据库的缓存生效情况。

```
taos> alter database power cachemodel 'both' ;
taos> show create database power\G;
*************************** 1.row ***************************
       Database: power
Create Database: CREATE DATABASE `power` BUFFER 256 CACHESIZE 1 CACHEMODEL
'both' COMP 2 DURATION 14400m WAL_FSYNC_PERIOD 3000 MAXROWS 4096 MINROWS 100
STT_TRIGGER 2 KEEP 5256000m,5256000m,5256000m PAGES 256 PAGESIZE 4 PRECISION
'ms' REPLICA 1 WAL_LEVEL 1 VGROUPS 10 SINGLE_STABLE 0 TABLE_PREFIX 0 TABLE_
SUFFIX 0 TSDB_PAGESIZE 4 WAL_RETENTION_PERIOD 3600 WAL_RETENTION_SIZE 0 KEEP_
TIME_OFFSET 0
```

再次查询智能电表的最新实时数据，第 1 次查询会做缓存计算，后续的查询时延将大大缩减。SQL 如下。

```
taos> select last(ts,current) from meters;
        last(ts)          |      last(current)      |
===================================================
2017-09-15 00:13:10.000 |              1.1294620 |
Query OK, 1 row(s) in set (0.044021s)
```

```
taos> select last_row(ts,current) from meters;
     last_row(ts)        | last_row(current)  |
================================================
2017-09-15 00:13:10.000 |          1.1294620 |
Query OK, 1 row(s) in set (0.046682s)
```

6.3　流计算

在时序数据的处理中，不仅需要先对原始时序数据进行清洗、预处理，然后使用时序数据库进行长久储存，还需要使用原始时序数据进行计算，生成新的时序数据。在传统的时序数据解决方案中，常常需要部署 Kafka、Flink 等流处理系统，而流处理系统的复杂性带来了高昂的开发与运维成本。

TDengine 的流计算引擎提供了实时处理 TDengine 数据流的能力。通过使用 SQL 定义实时流的变换逻辑和触发模式，当数据被写入源表后，会以该变换逻辑自动处理，并根据触发模式向目的表推送结果。它提供了替代复杂流处理系统的轻量级解决方案，并能够在高吞吐的数据写入的情况下，提供毫秒级的计算结果延迟。

流计算包含数据过滤、标量函数计算（含 UDF）及窗口聚合（支持滑动窗口、会话窗口与状态窗口）功能，并且能够以超级表、子表、普通表为源表，写入目的超级表。在创建流时，将自动创建目的超级表，新写入的数据将会依据流定义的方式进行处理，并将结果写入该超级表。通过 partition by 子句，以表名或标签进行分区，不同的分区将写入目的超级表的不同子表。

TDengine 的流计算支持分布在多个节点中的数据聚合，而且能够处理乱序数据的写入，提供 watermark 机制以度量容忍数据乱序的程度，允许通过 ignore expired 配置项决定乱序数据的处理策略（丢弃或者重新计算）。下面详细介绍流计算的具体使用方法。

6.3.1　创建流计算

创建流计算的语法如下。

```
create stream [if not exists] stream_name [stream_options] into stb_name
[(field1_name, ...)] [tags (column_definition [, column_definition] ...)]
subtable(expression) as subquery

stream_options: {
 trigger           [at_once | window_close | max_delay time]
 watermark       time
 ignore expired  [0|1]
```

```
 delete_mark     time
 fill_history    [0|1]
 ignore_update   [0|1]
}

column_definition:
    col_name col_type [comment 'string_value']
```

其中，subquery 是 select 普通查询语法的子集，其语法定义如下。

```
subquery: select select_list
    from_clause
    [where condition]
    [partition by tag_list]
    [window_clause]

window_cluse: {
    session (ts_col, tol_val)
  | state_window (col)
  | interval (interval_val [, interval_offset]) [sliding(sliding_val)]
  | event_window start with start_trigger_condition end with
end_trigger_condition
  | count_window (count_val[, sliding_val])
}
```

subquery 支持会话窗口、状态窗口、时间窗口、计数窗口。会话窗口与状态窗口搭配超级表时必须与 partition by tbname 一起使用。

- session 是会话窗口，tol_val 是时间间隔的最大范围。在 tol_val 时间间隔范围内的数据都属于同一个窗口，如果连续的两条数据的时间间隔超过 tol_val，则自动开启下一个窗口。
- event_window 是事件窗口，根据开始条件和结束条件来划定窗口。当 start_trigger_condition 满足时则窗口开始，直到 end_trigger_condition 满足时窗口关闭。start_trigger_condition 和 end_trigger_condition 可以是任意 TDengine 支持的条件表达式，且可以包含不同的列。
- count_window 是计数窗口，按固定的数据行数来划分窗口。count_val 是一个常量，表示每个 count_window 包含的最大数据行数，必须是大于等于 2 且小于 2 147 483 648 的正整数。当总数据行数不能整除 count_val 时，最后一个窗口的行数会小于 count_val。sliding_val 是一个常量，表示窗口滑动的数量，类似于 interval 的 sliding。

窗口的定义与时序数据窗口查询中的定义完全相同，具体可参考 TDengine 的官方文档中窗口函数部分。如下 SQL 将创建一个流计算，执行后 TDengine 会自动创建名为 avg_vol 的超级表，此流计算以 1min 为时间窗口、30s 为前向增量统计这些智能电表的平均电压，并将来自 meters 的数据的计算结果写入 avg_vol，不同分区的数据会分别创建子表并写入不同子表。

```
create stream avg_vol_s into avg_vol as
select _wstart, count(*), avg(voltage) from power.meters
partition by tbname
interval(1m) sliding(30s)
```

本节涉及的相关参数的说明如下。

- stb_name 是保存计算结果的超级表的表名，如果该超级表不存在，则会自动创建；如果已存在，则检查列的 schema 信息。详见 6.3.8 节。
- tags 子句定义了流计算中创建标签的规则。通过 tags 字段可以为每个分区对应的子表生成自定义的标签值。

6.3.2 流计算的分区

在 TDengine 中，我们可以利用 partition by 子句结合 tbname、标签列、普通列或表达式，对一个流进行多分区的计算。每个分区都拥有独立的时间线和时间窗口，它们会分别进行数据聚合，并将结果写入目的表的不同子表中。如果不使用 partition by 子句，所有数据将默认写入同一张子表中。

特别地，partition by + tbname 是一种非常实用的操作，它表示对每张子表进行流计算。这样做的好处是可以针对每张子表的特点进行定制化处理，以提高计算效率。

在创建流时，如果不使用 substable 子句，流计算所创建的超级表将包含一个唯一的标签列 groupId。每个分区将被分配一个唯一的 groupId，并通过 MD5 算法计算相应的子表名称。TDengine 将自动创建这些子表，以便存储各个分区的计算结果。这种机制使得数据管理更加灵活和高效，同时也方便后续的数据查询和分析。

若创建流的语句中包含 substable 子句，用户可以为每个分区对应的子表生成自定义的表名。示例如下。

```
create stream avg_vol_s into avg_vol subtable(concat('new-', tname)) as
select _wstart, count(*), avg(voltage) from meters
partition by tbname tname
interval(1m)
```

在 partition by 子句中，我们为 tbname 定义了一个别名 tname。在 partition by 子句中别名可以用于 substable 子句中的表达式计算。在上述示例中，流新创建的子表规则为

new-+ 子表名 +_ 超级表名 +_groupId。

需要注意的是，如果子表名的长度若超过 TDengine 的限制，那么它将被截断。如果生成的子表名已经存在于另一张超级表，那么对应新子表的创建以及数据的写入将会由于表名唯一的原因而失败。

6.3.3 流计算读取历史数据

在正常情况下，流计算任务不会处理那些在流创建之前已经写入源表的数据。这是因为流计算的触发是基于新写入的数据，而非已有数据。然而，如果我们需要处理这些已有的历史数据，可以在创建流时设置 fill_history 选项为 1。

通过启用 fill_history 选项，创建的流计算任务将具备处理创建前、创建过程中以及创建后写入的数据的能力。这意味着，无论数据是在流创建之前还是之后写入的，都将纳入流计算的范围，从而确保数据的完整性和一致性。这一设置为用户提供了更强的灵活性，使其能够根据实际需求灵活处理历史数据和新数据。

比如，创建一个流，统计所有智能电表每 10s 产生的数据条数，并且计算历史数据。SQL 如下。

```
    create stream if not exists count_history_s fill_history 1 into
count_history as
    select count(*) from power.meters
    interval(10s)
```

结合 fill_history 1 选项，可以实现只处理特定历史时间范围的数据，例如只处理某历史时刻（2020 年 1 月 30 日）之后的数据，SQL 如下。

```
    create stream if not exists count_history_s fill_history 1 into
count_history  as
    select count(*) from power.meters where ts > '2017-01-30'
    interval(10s)
```

再如，仅处理某时间段内的数据，结束时间可以是未来时间。SQL 如下。

```
    create stream if not exists count_history_s fill_history 1 into
count_history as
    select count(*) from power.meters where ts > '2017-01-30' and ts <
'2023-01-01'
    interval(10s)
```

如果该流计算任务已经彻底过期，并且不再想让它检测或处理数据，可以手动删除，而计算得到的数据仍会被保留。

6.3.4 流计算的触发模式

在创建流时，可以通过 trigger 命令指定流计算的触发模式。对于非窗口计算，流计算的触发是实时的；对于窗口计算，提供如下 3 种触发模式。

- at_once：数据写入后立即触发。
- window_close：窗口关闭时触发（默认触发模式，窗口关闭由事件时间决定，可配合 watermark 使用）。
- max_delay：若窗口关闭则触发计算。若窗口未关闭，且未关闭时长超过 max delay 指定的时间，则触发计算。

窗口关闭是由事件时间决定的，如事件流中断或持续延迟，此时事件时间无法更新，这可能导致无法得到最新的计算结果。

因此，流计算提供了以事件时间结合处理时间计算的 max_delay 触发模式。max_delay 模式在窗口关闭时立即触发计算。此外，当数据写入后，若流计算触发的时间超过 max delay 指定的时间，则立即触发计算。

6.3.5 流计算的窗口关闭

流计算的核心在于以事件时间（即写入记录中的时间戳主键）为基准来计算窗口的关闭时间，而不是依赖于 TDengine 服务器的时间。采用事件时间作为基准可以有效地规避客户端与服务器时间不一致所带来的问题，并且能够妥善解决数据乱序写入等挑战。

为了进一步控制数据乱序的容忍程度，流计算引入了 watermark 机制。在创建流时，用户可以通过 stream_option 参数指定 watermark 的值，该值定义了数据乱序的容忍上界，默认情况下为 0。

假设 T= 最新事件时间 – watermark，那么每次写入新数据时，系统都会根据这个公式更新窗口的关闭时间。具体而言，系统会将窗口结束时间小于 T 的所有打开的窗口关闭。如果触发模式设置为 window_close 或 max_delay，则会推送窗口聚合的结果。图 6-2 展示了流计算的窗口关闭流程。

在图 6-2 中，纵轴表示时刻，横轴上的圆点表示已经收到的数据。相关流程说明如下。

- T1 时刻，第 7 个数据点到达，根据 T，算出的时间在第 2 个窗口内，此时第 2 个窗口没有关闭。
- T2 时刻，第 6 个和第 8 个数据点延迟到达 TDengine，由于此时的最新事件没变，T 也没变，乱序数据进入的第 2 个窗口还未被关闭，因此可以被正确处理。
- T3 时刻，第 10 个数据点到达，T 向后推移，超过了第 2 个窗口关闭的时间，该窗口被关闭，乱序数据被正确处理。

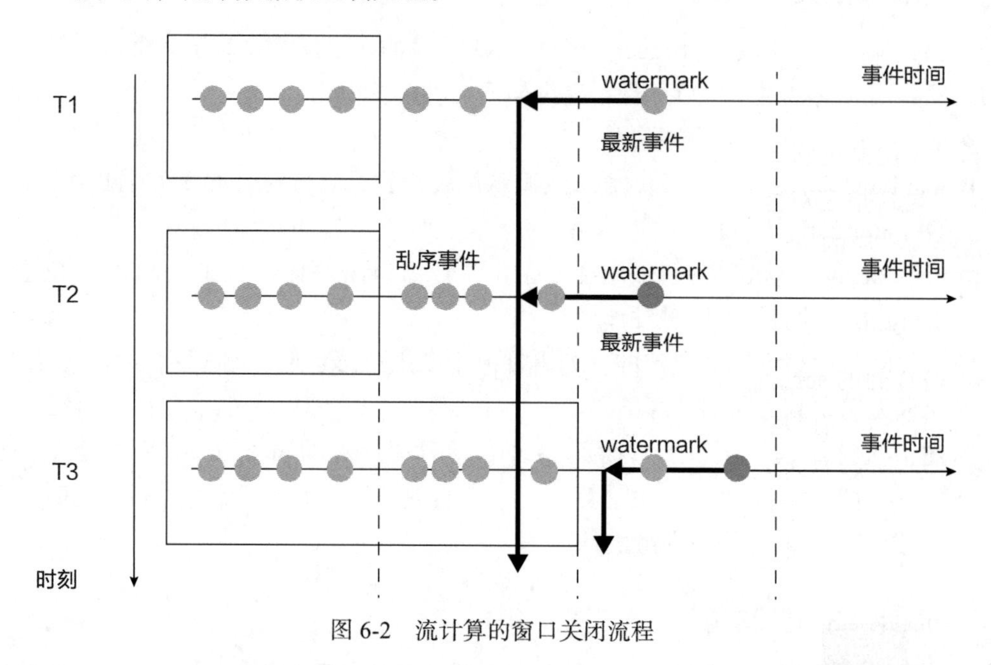

图 6-2 流计算的窗口关闭流程

在 window_close 或 max_delay 触发模式下，窗口关闭将直接影响推送结果。在 at_once 触发模式下，窗口关闭只与内存占用有关。

6.3.6 流计算对于过期数据的处理策略

对于已关闭的窗口，再次落入该窗口中的数据会被标记为过期数据。TDengine 对于过期数据提供两种处理模式，由 ignore expired 选项指定。

- 重新计算，即 ignore expired 0，表示从 TSDB 中重新查找对应窗口的所有数据并计算得到最新结果。
- 直接丢弃，即 ignore expired 1，默认配置，表示忽略过期数据。

无论采用哪种处理模式，watermark 都应该被妥善设置，以便得到正确结果（直接丢弃模式）或避免频繁触发重新计算带来的性能开销（重新计算模式）。

6.3.7 流计算对于修改数据的处理策略

TDengine 对于修改数据提供两种处理模式。具体处理方式由 ignore update 选项指定。

- 检查数据是否被修改，即 ignore update 0，默认配置，如果被修改，则重新计算对应窗口。
- 不检查数据是否被修改，全部按增量数据计算，即 ignore update 1。

6.3.8 流计算的其他策略

1. 写入已存在的超级表

当流计算结果需要写入已存在的超级表时，应确保 stb_name 列与 subquery 输出结果之间的对应关系正确。如果 stb_name 列与 subquery 输出结果的位置、数量完全匹配，那么不需要显式指定对应关系；如果数据类型不匹配，系统会自动将 subquery 输出结果的类型转换为对应的 stb_name 列的类型。

对于已经存在的超级表，系统会检查列的 schema 信息，确保它们与 subquery 输出结果相匹配。以下是一些关键点。

- 检查列的 schema 信息是否匹配：对于不匹配的情况，系统会自动进行类型转换。当前，只有数据长度大于 4096B 时才会报错，其他场景都能进行类型转换。
- 检查列数是否相同：如果列数不同，则需要显式指定超级表与 subquery 的列的对应关系，否则会报错；如果列数相同，则可以指定对应关系，也可以不指定，若不指定，系统会按照位置顺序进行对应。

 **提 示**

虽然流计算可以将结果写入已经存在的超级表，但不能让两个已经存在的流计算向同一张（超级）表中写入结果数据。这是为了避免数据冲突和不一致，确保数据的完整性和准确性。在实际应用中，应根据实际需求和数据结构合理设置列的对应关系，以实现高效、准确的数据处理。

2. 自定义目标表的 tag 值

用户可以为每个分区对应的子表生成自定义的 tag 值，如下为 SQL 示例。

```
    create stream output_tag trigger at_once into output_tag_s tags(alias_tag
varchar(100)) as select _wstart, count(*) from power.meters
    partition by concat("tag-", tbname) as alias_tag
    interval (10s)
```

在 partition by 子句中，为 concat("tag- ", tbname) 定义了一个别名 alias_tag，对应超级表 output_tag_s 的自定义 tag 的名字。在上述示例中，流新创建的子表的 tag 将以前缀 "tag- "连接原表名作为 tag 的值。操作过程中会对 tag 信息进行如下检查。

- 检查 tag 的 schema 信息是否匹配，如果不匹配，则自动进行数据类型转换。当前，只有数据长度大于 4096B 时才报错，其他场景都能进行类型转换。

- 检查 tag 的个数是否相同，如果个数不同，则需要显式指定超级表与 subquery 的 tag 的对应关系，否则会报错；如果个数相同，则可以指定对应关系，也可以不指定，若不指定，系统会按位置顺序进行对应。

3. 清理流计算的中间结果

delete mark 用于删除缓存的窗口状态，也就是删除流计算的中间结果。缓存的窗口状态主要用于过期数据导致的窗口结果更新操作。如果不设置，默认值是 10 年。语法如下。

```
delete mark time
```

6.3.9 流计算的相关操作

1. 删除流计算任务

仅删除流计算任务，由流计算写入的数据不会被删除，SQL 如下。

```
drop stream [if exists] stream_name
```

2. 查看流计算任务

查看流计算任务的 SQL 如下。

```
show streams
```

但如果需要展示更详细的信息，可以使用如下 SQL。

```
select * from information_schema.'ins_streams'
```

3. 暂停流计算任务

暂停流计算任务的 SQL 如下。

```
pause stream[if exists] stream_name;
```

4. 恢复流计算任务

恢复流计算任务的 SQL 如下。如果指定了 ignore expired，则恢复流计算任务时，忽略流计算任务暂停期间写入的数据。SQL 如下。

```
resume stream[if exists] [ignore expired] stream_name;
```

6.4 边云协同

6.4.1 为什么需要边云协同

在工业互联网领域，边缘设备的主要职责是处理局部数据，以便实时监控和告警。然而，仅凭边缘设备采集的信息，决策者难以形成对整个系统的全局认知。因此，在实际应用中，边缘设备需要将数据上报给云计算平台，实现数据的汇聚和信息融合，使决策者能够洞察全局数据。这种边云协同的架构正逐渐成为支撑工业互联网发展的关键支柱。

边缘设备主要负责监控和告警生产线上的特定数据，例如某个车间内的实时生产数据，并将这些边缘侧的生产数据同步到云端的大数据平台。边缘侧对实时性的要求较高，但由于其数据量相对较小，一个生产车间的监测点数量通常从几千到几万个不等。相比之下，中心侧拥有充足的计算资源，能够将边缘侧的数据汇聚起来进行分析计算。

为了实现这一目标，数据库或数据存储层需要满足以下条件：确保数据能够逐级上报，并根据需要选择性地上报。在某些场景中，由于整体数据量庞大，必须有选择地上报。例如，边缘侧每秒采集一次的原始记录，在上传至中心侧时可以降采样为每分钟一次。这种降采样操作大幅减少了数据量，同时保留了关键信息，适用于针对长期数据的分析和预测。通过这种方式，边云协同架构能够有效地处理和分析海量数据，为工业互联网提供有力支持。

6.4.2 TDengine 的边云协同解决方案

TDengine Enterprise 致力于提供强大的边云协同能力，具备以下显著特性。

- 高效数据同步：支持每秒百万条数据的同步效率，确保数据在边缘侧和云端之间快速、稳定地传输。
- 多数据源对接：兼容多种外部数据源，如 AVEVA PI System、OPC-UA、OPC-DA、MQTT 等，实现数据的广泛接入和整合。
- 灵活配置同步规则：提供可配置的同步规则，使用户能够根据实际需求自定义数据同步的策略和方式。
- 断线续传与重新订阅：支持断线续传和重新订阅功能，确保在网络不稳定或中断时数据同步的连续性和完整性。
- 历史数据迁移：支持历史数据的迁移，方便用户在升级或更换系统时，将历史数据无缝迁移到新系统中。

TDengine 的数据订阅功能为订阅方提供了极强的灵活性，允许用户根据需要配置订阅对象。用户可以订阅一个数据库、一张超级表，甚至是一个包含筛选条件的查询语句。这使得用户能够实现选择性的数据同步，将真正关心的数据（包括离线数据和乱序数据）从一个集群同步到另一个集群，以满足各种复杂场景下的数据需求。

图 6-3 以一个具体的生产车间的实例介绍了在 TDengine Enterprise 中实现边云协同架构。在生产车间，设备产生的实时数据存储至部署在边缘侧的 TDengine。部署在分厂的 TDengine 会去订阅生产车间的 TDengine 中的数据。为了更好地满足业务需求，需要由数据分析师设置一些订阅规则，例如将数据进行降采样，或者只同步超过指定阈值的数据。同理，部署在集团侧的 TDengine 再订阅来自各座分厂的数据，实现集团维度的数据汇聚后，即可进行下一步的分析和处理。

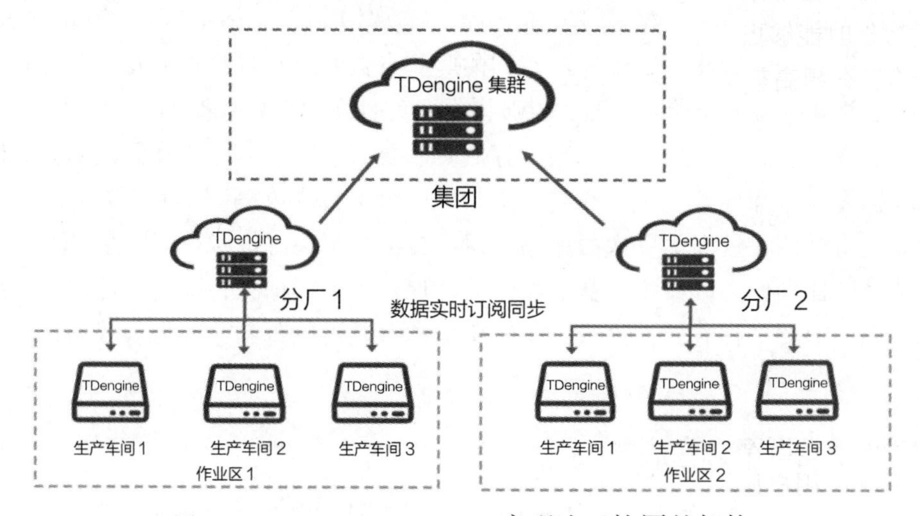

图 6-3　TDengine Enterprise 实现边云协同的架构

该实现思路主要有以下几点优势。

- 不需要一行代码，只须在边缘侧和云端进行简单配置即可。
- 数据跨区同步自动化程度大大提高，错误率降低。
- 数据无须缓存，减少批量发送，避免流量高峰阻塞带宽。
- 通过订阅方式同步数据，规则可配置，简单、灵活、实时性高。
- 边云均采用 TDengine，数据模型完全统一，降低数据治理难度。

制造业企业通常面临的一个痛点问题就是数据同步。很多企业目前采用离线方式来同步数据，但 TDengine Enterprise 实现了数据的实时同步，而且规则可配置。这种方式能够避免定期传输大数据量导致的资源浪费和带宽阻塞风险。

6.4.3 边云协同的优势

传统产业的 IT 和 OT（Operational Technology，运营技术）建设状况各异，相较于互联网行业，大多数企业在数字化方面的投入明显滞后。许多企业仍在使用过时的系统处理数据，而这些系统往往相互独立，形成了所谓的数据孤岛。

在这样的背景下，要让 AI 为传统产业注入新的活力，首要任务是整合分散在各个角落的系统及其采集的数据，打破数据孤岛的限制。然而，这一过程充满挑战，因为涉及多种系统和繁多的工业互联网协议，数据汇聚并非简单的合并工作。它要求对来自不同数据源的数据进行清洗、加工和处理，以便将其整合到一个统一的平台上。

当所有数据汇聚于一个系统时，访问和处理数据的效率将得到显著提高。企业在应对实时数据时能够更迅速地做出反应，更有效地解决问题。企业内外的工作人员也能实现高效合作，提高整体运营效率。

此外，数据汇聚之后，可以利用先进的第三方 AI 分析工具进行更优质的异常监测、实时告警，并为产能、成本、设备维护等方面提供更精准的预测。这将使决策者能够更好地把握整体宏观情况，为企业的发展提供有力支持，助力传统产业实现数字化转型和智能化升级。

6.5 零代码数据源接入

TDengine Enterprise 配备了一个强大的可视化数据管理工具——taosExplorer。借助 taosExplorer，用户只须在浏览器中简单配置，就能轻松地向 TDengine 提交任务，实现以零代码方式将来自不同数据源的数据无缝导入 TDengine。在导入过程中，TDengine 会对数据进行自动提取、过滤和转换，以保证导入的数据质量。

通过这种零代码数据源接入方式，TDengine 成功转型为一个卓越的时序大数据汇聚平台。用户无须部署额外的 ETL 工具，从而大大简化整体架构的设计，提高了数据处理效率。

6.5.1 支持的数据源

目前 TDengine 支持的数据源如下。

- AVEVA PI System：一个工业数据管理和分析平台，前身为 OSIsoft PI System，它能够实时采集、整合、分析和可视化工业数据，助力企业实现智能化决策和精细化管理。
- AVEVA Historian：一个工业大数据分析软件，前身为 Wonderware Historian，专为

工业环境设计，用于存储、管理和分析来自各种工业设备、传感器的实时和历史数据。

- OPC-UA、OPC-DA：OPC（Open Platform Communications，开放平台通信）是一种开放式、标准化的通信协议，用于不同厂商的自动化设备之间进行数据交换。它最初由微软公司开发，旨在解决工业控制领域中不同设备之间互操作性差的问题。OPC 协议于 1996 年发布，当时称为 OPC-DA（Data Access），主要用于实时数据采集和控制；2006 年，OPC 基金会发布了 OPC-UA（Unified Architecture）标准，它是一种基于服务的面向对象的协议，具有更强的灵活性和可扩展性，已成为 OPC 协议的主流版本。
- MQTT（Message Queuing Telemetry Transport，消息队列遥测传输）：一种基于发布 / 订阅模式的轻量级通信协议，专为低开销、低带宽占用的即时通信设计，广泛适用于物联网、移动应用等领域。
- Kafka：由 Apache 软件基金会开发的一个开源流处理平台，主要用于处理实时数据，并提供一个统一、高通量、低延迟的消息系统。它具备高速度、可伸缩性、持久性和分布式设计等特点，能够每秒处理数十万次的读写操作，支持上千个客户端，同时保持数据的可靠性和可用性。
- OpenTSDB：基于 HBase 的分布式、可伸缩的时序数据库。它主要用于存储、索引和提供从大规模集群（包括网络设备、操作系统、应用程序等）中收集的指标数据，使这些数据更易于访问和图形化展示。
- CSV（Comma Separated Values，逗号分隔值）：一种以逗号分隔的纯文本文件格式，通常用于电子表格或数据库。
- TDengine 2：泛指运行 TDengine 2.x 版本的 TDengine 实例。
- TDengine 3：泛指运行 TDengine 3.x 版本的 TDengine 实例。
- MySQL、PostgreSQL、Oracle 等关系型数据库。

6.5.2 数据提取、过滤和转换

因为数据源可以有多个，每个数据源的物理单位可能不一样，命名规则也不一样，时区也可能不同。为解决这个问题，TDengine 内置 ETL 功能，可以从数据源的数据包中解析、提取需要的数据，并进行过滤和转换，以保证写入数据的质量，提供统一的命名空间。具体的功能如下。

- 解析：使用 JSON Path 或正则表达式，从原始消息中解析字段。
- 从列中提取或拆分：使用 split 或正则表达式，从一个原始字段中提取多个字段。

- 过滤：只有表达式的值为 true 时，数据才会被写入 TDengine。
- 转换：建立解析后的字段和 TDengine 超级表字段之间的转换与映射关系。

6.5.3 任务的创建

下面以 MQTT 数据源为例，介绍如何创建一个 MQTT 类型的任务，从 MQTT Broker 消费数据，并写入 TDengine。具体步骤如下。

第 1 步，登录 taosExplorer 以后，点击左侧导航栏的“数据写入”按钮，即可进入任务列表页面。

第 2 步，在任务列表页面中点击“+ 新增数据源”按钮，即可进入任务创建页面。

第 3 步，输入任务名称后，选择类型为 MQTT，然后可以创建一个新的代理或者选择已创建的代理。

第 4 步，输入 MQTT Broker 的 IP 地址和端口，如 192.168.1.100:1883。

第 5 步，配置认证和 SSL 加密。

- 如果 MQTT Broker 开启了用户认证，则在认证部分输入 MQTT Broker 的用户名和密码。
- 如果 MQTT Broker 开启了 SSL 加密，则可以打开页面上的 SSL 证书开关，并上传 CA 证书，以及客户端的证书和私钥文件。

第 6 步，在“采集配置”部分，可选择 MQTT 协议的版本，目前支持 3.1、3.1.1、5.0 版本。配置 Client ID 时要注意，如果对同一个 MQTT Broker 创建了多个任务，Client ID 应不同，否则会造成 Client ID 冲突，导致任务无法正常运行。在对主题和 QoS 进行配置时，需要使用 <topic name>::<QoS> 的形式，即订阅的主题与 QoS 之间要使用两个英文状态的冒号进行分隔，其中 QoS 的取值为 0、1、2，分别代表 at most once、at leaset once、exactly once。配置完成以上信息后，可以点击“检查连通性”按钮，对以上配置进行检查，如果连通性检查失败，请按照页面上返回的具体错误提示进行修改。

第 7 步，在从 MQTT Broker 同步数据的过程中，taosX 还支持对消息体中的字段进行提取、过滤、映射等操作。在“ Payload 转换”下方的文本框中可以直接输入消息体样例，或以上传文件的方式导入。未来 TDengine 还会支持直接从所配置的服务器中检索样例消息。

第 8 步，针对消息体字段，目前支持两种提取方式——JSON 和正则表达式。对于简单的 key/value 格式的 JSON 数据，可以直接点击“提取”按钮，即可展示解析的字段名；对于复杂的 JSON 数据，可以使用 JSON Path 提取感兴趣的字段。当使用正则表达式提取字段时，要保证正则表达式的正确性。

第 9 步，消息体中的字段被解析后，可以基于解析的字段名设置过滤规则，只有满足过滤规则的数据，才会写入 TDengine，否则会忽略该消息。例如，可以配置过滤规则为 voltage>200，即只有当电压大于 200V 的数据才会被同步到 TDengine。

第 10 步，在配置完消息体中的字段和超级表中的字段的映射规则后，就可以提交任务了。除了基本的映射以外，还可以对消息中字段的值进行转换。例如，可以通过表达式将原始消息体中的电压和电流计算为功率后再写入 TDengine。

第 11 步，任务提交后会自动返回任务列表页面。如果提交成功，任务的状态会切换至“运行中”；如果提交失败，可通过查看该任务的活动日志，查找提交失败的原因。

第 12 步，对于运行中的任务，点击指标的“查看”按钮，可以查看该任务的详细运行指标。弹出窗口包含两个标签页，分别展示该任务多次运行的累计指标和本次运行的指标，这些指标每 2s 自动刷新一次。

6.5.4 任务管理

在“任务列表”页面中，还可以对任务进行启动、停止、查看、删除、复制等操作，也可以查看各个任务的运行情况，包括写入的记录条数、流量等。

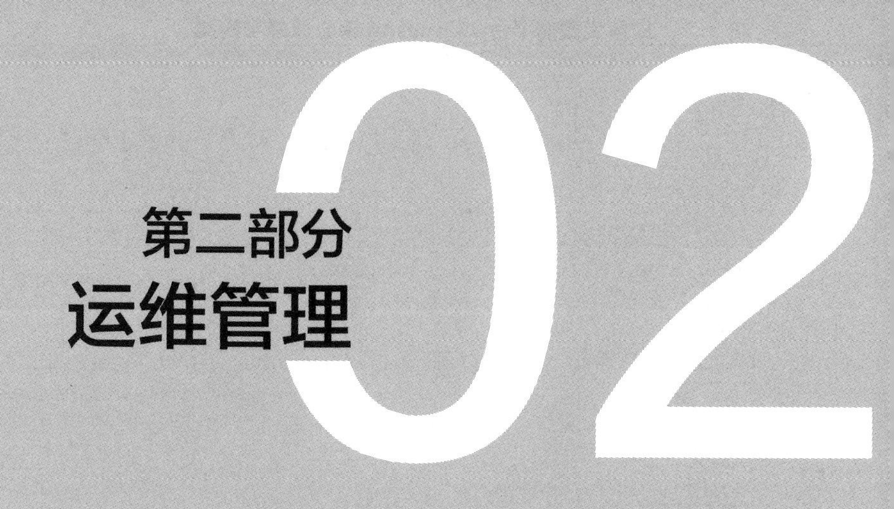

第 7 章　集群安装部署

由于 TDengine 设计之初就采用了分布式架构，具有强大的水平扩展能力，以满足不断增长的数据处理需求，因此 TDengine 支持集群，并将此核心功能开源。用户可以根据实际环境和需求选择 4 种部署方式——手动部署、Docker 部署、Kubernetes 部署和 Helm 部署。

7.1　组件介绍

在 TDengine 的安装包中，除了 TDengine 数据库引擎 taosd 以外，还提供了一些附加组件，以方便用户的使用。taosAdapter 是应用和 TDengine 之间的桥梁；taosKeeper 是 TDengine 监控指标的导出工具；taosX 是数据管道（data pipeline）工具；taosExplorer 是可视化图形管理工具；taosc 是 TDengine 客户端驱动。图 7-1 展示了整个 TDengine 产品生态的拓扑架构（组件 taosX、taosX Agent 仅 TDengine Enterprise 提供）。

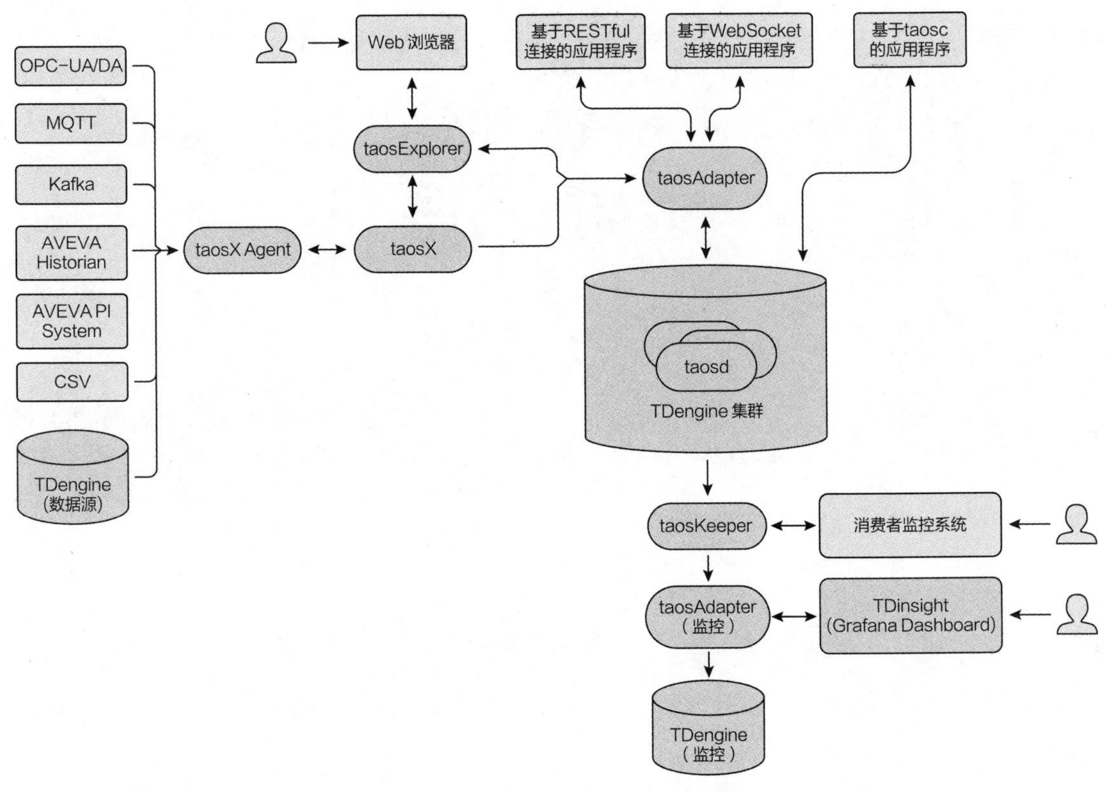

图 7-1 TDengine 产品生态拓扑架构

7.1.1 taosd

在 TDengine 中，taosd 是一个关键的守护进程，同时也是核心服务进程。它负责处理所有与数据相关的操作，包括数据写入、查询和管理等。在 Linux 操作系统中，用户可以利用 systemd 命令来便捷地启动、停止 taosd 进程。为了查看 taosd 的所有命令行参数，用户可以执行 taosd -h 命令。

taosd 进程的日志默认存储在 /var/log/taos/ 目录下，方便用户进行日志查看和管理。

TDengine 采用 vnode 机制对存储的数据进行切分，每个 vnode 包含一定数量的数据采集点的数据。为了提供高可用服务，TDengine 采用多副本方式，确保数据的可靠性和持久性。不同节点上的 vnode 可以组成一个 vgroup，实现实时数据同步。这种设计不仅提高了数据的可用性和容错能力，还有助于实现负载均衡和高效的数据处理。

7.1.2 taosc

taosc 是 TDengine 的客户端程序，为开发人员提供了一组函数和接口，以便编写应用程序并连接到 TDengine，执行各种 SQL。由于 taosc 是用 C 语言编写的，因此可以轻松地与 C/C++ 应用程序集成。

当使用其他编程语言与 TDengine 交互时，如果使用原生连接，也需要依赖 taosc。这是因为 taosc 提供了与 TDengine 通信所需的底层协议和数据结构，确保了不同编程语言应用程序能够顺利地与 TDengine 进行交互。

通过使用 taosc，开发人员可以轻松地构建与 TDengine 交互的应用程序，实现数据的存储、查询和管理等功能。这种设计提高了应用程序的可维护性和可扩展性，同时降低了开发难度，使得开发人员能够专注于业务逻辑的实现。

7.1.3　taosAdapter

taosAdapter 是 TDengine 安装包中的一个标准组件，充当着 TDengine 集群与应用程序之间的桥梁和适配器角色。它支持用户通过 RESTful 接口和 WebSocket 连接访问 TDengine 服务，实现数据的便捷接入和处理。

taosAdapter 能够与各种数据收集代理工具（如 Telegraf、StatsD、collectd 等）无缝对接，从而将数据导入 TDengine。此外，它还提供了与 InfluxDB/OpenTSDB 兼容的数据写入接口，使得原本使用 InfluxDB/OpenTSDB 的应用程序能够轻松移植到 TDengine 上，无须进行大量修改。

通过 taosAdapter，用户可以灵活地将 TDengine 集成到现有的应用系统中，实现数据的实时存储、查询和分析。

taosAdapter 提供了以下功能：

- RESTful 接口；
- WebSocket 连接；
- 兼容 InfluxDB v1 格式写入；
- 兼容 OpenTSDB JSON 和 Telnet 格式写入；
- 无缝连接到 Telegraf；
- 无缝连接到 collectd；
- 无缝连接到 StatsD；
- 支持 Prometheus remote_read 和 remote_write。

7.1.4　taosKeeper

taosKeeper 是 TDengine 3.0 版本中新增的监控指标导出工具，旨在方便用户对 TDengine 的运行状态和性能指标进行实时监控。通过简单的配置，TDengine 能够将其运行状态、指标等信息上报给 taosKeeper。当接收到监控数据后，taosKeeper 会利用 taosAdapter 提供的 RESTful 接口，将这些数据存储到 TDengine 中。

taosKeeper 的一个重要价值在于，它能够将多个甚至一批 TDengine 集群的监控数据集中存储在一个统一的平台上。这使得监控软件能够轻松获取这些数据，从而实现对 TDengine 集群的全面监控和实时分析。通过 taosKeeper，用户可以更加便捷地掌握 TDengine 的运行状况，及时发现并解决潜在问题，确保系统的稳定性和高效性。

7.1.5 taosExplorer

为了简化用户对数据库的使用和管理，TDengine Enterprise 引入了一个全新的可视化组件——taosExplorer。这个工具为用户提供了一个直观的界面，方便用户轻松管理数据库系统中的各类元素，如数据库、超级表、子表等，以及它们的生命周期。

通过 taosExplorer，用户可以执行 SQL 查询，实时监控系统状态、管理用户权限、完成数据的备份和恢复操作。此外，它还支持与其他集群之间的数据同步、导出数据，以及管理主题和流计算等功能。

值得一提的是，taosExplorer 的社区版与企业版在功能上有所区别。企业版提供了更丰富的功能和更高级别的技术支持，以满足企业用户的需求。具体的差异和详细信息，用户可以查阅 TDengine 的官方文档。

7.1.6 taosX

taosX 作为 TDengine Enterprise 的数据管道功能组件，旨在为用户提供一种无须编写代码即可轻松对接第三方数据源的方法，实现数据的便捷导入。目前，taosX 已支持众多主流数据源，包括 AVEVA PI System、AVEVA Historian、OPC-UA/DA、InfluxDB、OpenTSDB、MQTT、Kafka、CSV、TDengine 2.x、TDengine 3.x、MySQL、PostgreSQL 和 Oracle 等。

在实际使用中，用户通常无须直接与 taosX 进行交互。相反，他们可以通过 taosExplorer 提供的浏览器用户界面轻松访问和使用 taosX 的强大功能。这种设计简化了操作流程，降低了使用门槛，使得用户能够更加专注于数据处理和分析，从而提高工作效率。

7.1.7 taosX Agent

taosX Agent 是 TDengine Enterprise 数据管道功能的重要组成部分，它与 taosX 协同工作，负责接收 taosX 下发的外部数据源导入任务。taosX Agent 能够启动连接器或直接从外部数据源获取数据，随后将采集的数据转发给 taosX 进行处理。

在边云协同场景中，taosX Agent 通常部署在边缘侧，尤其适用于那些外部数据源无法直接通过公网访问的情况。通过在边缘侧部署 taosX Agent，可以有效地解决网络限制和数据传输延迟等问题，确保数据的实时性和安全性。

7.1.8 应用程序或第三方工具

通过与各类应用程序、可视化和 BI（Business Intelligence，商业智能）工具以及数据源集成，TDengine 为用户提供了灵活、高效的数据处理和分析能力，以满足不同场景下的业务需求。应用程序或第三方工具主要包括以下几类。

1. 应用程序

这些应用程序负责向业务集群写入、查询业务数据以及订阅数据。应用程序可以通过以下 3 种方式与业务集群进行交互。

- 基于 taosc 的应用程序：采用原生连接的应用程序，直接连接到业务集群，默认端口为 6030。
- 基于 RESTful 连接的应用程序：使用 RESTful 接口访问业务集群的应用程序，需要通过 taosAdapter 进行连接，默认端口为 6041。
- 基于 WebSocket 连接的应用程序：采用 WebSocket 连接的应用程序，同样需要通过 taosAdapter 进行连接，默认端口为 6041。

2. 可视化 /BI 工具

TDengine 支持与众多可视化及 BI 工具无缝对接，如 Grafana、Power BI 以及国产的可视化和 BI 工具。此外，用户还可以利用 Grafana 等工具来监测 TDengine 集群的运行状态。

3. 数据源

TDengine 具备强大的数据接入能力，可以对接各种数据源，如 MQTT、OPC-UA/DA、Kafka、AVEVA PI System、AVEVA Historian 等。这使得 TDengine 能够轻松整合来自不同数据源的数据，为用户提供全面、统一的数据视图。

7.2 资源规划

若计划使用 TDengine 搭建一个时序数据平台，须提前对计算资源、存储资源和网络资源进行详细规划，以确保满足业务场景的需求。通常 TDengine 会运行多个进程，包括

taosd、taosadapter、taoskeeper、taos-explorer 和 taosx。

在这些进程中，taoskeeper、taos-explorer、taosadapter 和 taosx 的资源占用相对较少，通常不需要特别关注。此外，这些进程对存储空间的需求也较低，其占用的 CPU 和内存资源一般为 taosd 进程的十分之一到几分之一（特殊场景除外，如数据同步和历史数据迁移。在这些情况下，涛思数据的技术支持团队将提供一对一的服务）。系统管理员应定期监控这些进程的资源消耗，并及时进行相应处理。

在本节中，我们将重点讨论 TDengine 数据库引擎的核心进程——taosd 的资源规划。合理的资源规划将确保 taosd 进程的高效运行，从而提高整个时序数据平台的性能和稳定性。

7.2.1 服务器内存需求

每个数据库能够创建固定数量的 vgroup，默认情况下为两个。在创建数据库时，可以通过 vgroups<num> 参数指定 vgroup 的数量，而副本数则由 replica<num> 参数确定。由于每个 vgroup 中的副本会对应一个 vnode，因此数据库所占用的内存由参数 vgroups、replica、buffer、pages、pagesize 和 cachesize 确定。

为了帮助用户更好地理解和配置这些参数，TDengine 的官方文档的数据库管理部分提供了详细说明。根据这些参数，可以估算出一个数据库所需的内存大小，具体计算方式如下（具体数值须根据实际情况进行调整）。

vgroups ×replica × (buffer + pages × pagesize + cachesize)

需要明确的是，这些内存资源并非仅由单一服务器承担，而是由整个集群中的所有 dnode 共同分摊，也就是说，这些资源的负担实际上是由这些 dnode 所在的服务器集群共同承担的。若集群内存在多个数据库，那么所需的内存总量还须将这些数据库的需求累加起来。更为复杂的情形在于，如果集群中的 dnode 并非一开始就全部部署完毕，而是在使用过程中随着节点负载的上升逐步添加服务器和 dnode，那么新加入的数据库可能会导致新旧 dnode 之间的负载分布不均。在这种情况下，简单地进行理论计算是不够准确的，必须考虑到各个 dnode 的实际负载状况来进行综合评估。

系统管理员可以通过如下 SQL 查看 information_schema 库中的 ins_vnodes 表来获得所有数据库所有 vnodes 在各个 dnode 上的分布。

```
select * from information_schema.ins_vnodes;
dnode_id |vgroup_id | db_name | status |          role_time          |          start_time          | restored |
==========================================================================================================
       1|         3 |      log | leader | 2024-01-16 13:52:13.618 | 2024-01-16 13:52:01.628 |     true |
       1|         4 |      log | leader | 2024-01-16 13:52:13.630 | 2024-01-16 13:52:01.702 |     true |
```

7.2.2 客户端内存需求

1. 原生连接方式

由于客户端应用程序采用taosc与服务器进行通信，因此会产生一定的内存消耗。这些内存消耗主要源于：写入操作中的SQL、表元数据信息的缓存，以及固有的结构开销。假设该数据库服务能够支持的最大表数量为N（每个通过超级表创建的表的元数据开销约为256B），最大并发写入线程数为T，以及最大SQL语句长度为S（通常情况下为1MB）。基于这些参数，我们可以对客户端的内存消耗进行估算（单位为MB）。

$M = (T \times S \times 3 + (N / 4096) + 100)$

例如，用户最大并发写入线程数为100，子表数为10 000 000，那么客户端的内存最低要求如下。

$100 \times 3 + (10000000 / 4096) + 100 \approx 2841$ (MB)

即配置3GB内存是最低要求。

2. RESTful/WebSocket 连接方式

当将WebSocket连接方式用于数据写入时，如果内存占用不大，通常可以不予关注。然而，在执行查询操作时，WebSocket连接方式会消耗一定量的内存。接下来，我们将详细讨论查询场景下的内存使用情况。

当客户端通过WebSocket连接方式发起查询请求时，为了接收并处理查询结果，必须预留足够的内存空间。得益于WebSocket连接方式的特性，数据可以分批次接收和解码，这样就能够在确保每个连接所需内存固定的同时处理大量数据。

计算客户端内存占用的方法相对简单：只须将每个连接所需的读/写缓冲区容量相加即可。通常每个连接会额外占用8MB的内存。因此，如果有C个并发连接，那么总的额外内存需求就是$8 \times C$（单位MB）。

例如，如果用户最大并发连接数为10，则客户端的额外内存最低要求是80（8×10）MB。

与WebSocket连接方式相比，RESTful连接方式在内存占用上更大，除了缓冲区所需的内存以外，还需要考虑每个连接响应结果的内存开销。这种内存开销与响应结果的JSON数据大小密切相关，特别是在查询数据量很大时，会占用大量内存。

由于RESTful连接方式不支持分批获取查询数据，这就导致在查询获取超大结果集时，可能会占用特别大的内存，从而导致内存溢出，因此，在大型项目中，建议打开batchfetch=true选项，以启用WebSocket连接方式，实现流式结果集返回，从而避免内存溢出的风险。

提 示

涛思数据建议采用 RESTful/WebSocket 连接方式来访问 TDengine 集群，而不采用 taosc 原生连接方式。

在绝大多数情形下，RESTful/WebSocket 连接方式均满足业务写入和查询要求，并且该连接方式不依赖于 taosc，集群服务器升级与客户端连接方式完全解耦，使得服务器维护、升级更容易。

7.2.3 CPU 需求

TDengine 用户对 CPU 的需求主要受以下 3 个因素影响。

- 数据分片：在 TDengine 中，每个 CPU 核心可以服务 1 至 2 个 vnode。假设一个集群配置了 100 个 vgroup，并且采用三副本策略，那么建议该集群的 CPU 核心数量为 150~300 个，以实现最佳性能。
- 数据写入：TDengine 的单核每秒至少能处理 10 000 个写入请求。值得注意的是，每个写入请求可以包含多条记录，而且一次写入一条记录与同时写入 10 条记录相比，消耗的计算资源相差无几。因此，每次写入的记录数越多，写入效率越高。例如，如果一个写入请求包含 200 条以上记录，单核就能实现每秒写入 100 万条记录的速度。然而，这要求前端数据采集系统具备更高的能力，因为它需要缓存记录，然后批量写入。
- 查询需求：虽然 TDengine 提供了高效的查询功能，但由于每个应用场景的查询差异较大，且查询频次也会发生变化，因此很难给出一个具体的数字来衡量查询所需的计算资源。用户需要根据自己的实际场景编写一些查询语句，以便更准确地确定所需的计算资源。

综上所述，对于数据分片和数据写入，CPU 的需求是可以预估的。然而，查询需求所消耗的计算资源则难以预测。在实际运行过程中，建议保持 CPU 使用率不超过 50%，以确保系统的稳定性和性能。一旦 CPU 使用率超过这一阈值，就需要考虑增加新的节点或增加 CPU 核心数量，以提供更多的计算资源。

7.2.4 存储需求

相较于传统通用数据库，TDengine 在数据压缩方面表现出色，拥有极高的压缩率。在大多数应用场景中，TDengine 的压缩率通常不低于 5 倍。在某些特定情况下，压缩率甚至可以达到 10 倍乃至上百倍，这主要取决于实际场景中的数据特征。

要计算压缩前的原始数据大小，可以采用以下方式。

RawDataSize = numOfTables × rowSizePerTable × rowsPerTable

示例：1000 万块智能电表，电表每 15min 采集一次数据，每次采集的数据量为 20B，那么一年的原始数据量约 7TB。TDengine 大概需要消耗 1.4TB 存储空间。

为了迎合不同用户在数据存储时长及成本方面的个性化需求，TDengine 赋予了用户极强的灵活性，用户可以通过一系列数据库参数配置选项来定制存储策略。其中，keep 参数尤其引人注目，它赋予用户自主设定数据在存储空间上的最长保存期限的能力。这一功能设计使得用户能够依据业务的重要性和数据的时效性，精准调控数据的存储生命周期，进而实现存储成本的精细化控制。

然而，单纯依赖 keep 参数来优化存储成本仍显不足。为此，TDengine 进一步创新，推出了多级存储策略。关于多级存储的详细介绍请参阅 7.2.5 节。

此外，为了加速数据处理流程，TDengine 特别支持配置多块硬盘，以实现数据的并发写入与读取。这种并行处理机制能够最大化利用多核 CPU 的处理能力和硬盘 I/O 带宽，大幅提高数据传输速度，完美应对高并发、大数据量的应用场景挑战。

如何估算 TDengine 压缩率？

用户可以利用性能测试工具 taosBenchmark 来评估 TDengine 的数据压缩效果。通过使用 -f 选项指定写入配置文件，taosBenchmark 可以将指定数量的 CSV 样例数据写入指定的库参数和表结构中。

在完成数据写入后，用户可以在 taos shell 中执行 flush database 命令，将所有数据强制写入硬盘。接着，通过 Linux 操作系统的 du 命令获取指定 vnode 的数据文件夹大小。最后，将原始数据大小除以实际存储的数据大小，即可计算出真实的压缩率。

通过如下命令可以获得 TDengine 占用的存储空间。

```
taos> flush database <dbname>;
$ du -hd1 <dataDir>/vnode --exclude=wal
```

7.2.5　多级存储

除了存储容量的需求以外，用户可能还希望在特定容量下降低存储成本。为了满足这一需求，TDengine 推出了多级存储功能。该功能允许将近期产生且访问频率较高的数据存储在高成本存储设备上，而将时间较长且访问频率较低的数据存储在低成本存储设备上。通过这种方式，TDengine 实现了以下目标。

- 降低存储成本：通过将海量极冷数据存储在廉价存储设备上，可以显著降低存储成本。
- 提高写入性能：每级存储支持多个挂载点，WAL 文件也支持 0 级的多挂载点并行写入，这些措施极大地提高了写入性能（实际场景中的持续写入速度可达 3 亿测点 / 秒），在机械硬盘上也能获得极高的硬盘 I/O 吞吐（实测可达 2GB/s）。

用户可以根据冷热数据的比例来决定高速和低成本存储设备之间的容量划分。TDengine 的多级存储功能在使用上还具备以下优点。

- 方便维护：配置各级存储挂载点后，数据迁移等工作无须人工干预，存储扩容更加灵活、方便。
- 对 SQL 透明：无论查询的数据是否跨级，一个 SQL 即可返回所有数据，简洁高效。

7.2.6 网络带宽需求

网络带宽需求可以分为两个主要部分——写入查询和集群内部通信。

写入查询是指面向业务请求的带宽需求，即客户端向服务器发送数据以进行写入操作的带宽需求。

集群内部通信的带宽需求进一步分为两部分。

- 各节点间正常通信的带宽需求，例如，leader 将数据分发给各 follower，taosAdapter 将写入请求分发给各 vgroup leader 等。
- 集群为响应维护指令而额外需要的内部通信带宽，如从单副本切换到三副本导致的数据复制、修复指定 dnode 引发的数据复制等情况。

为了估算入站带宽需求，我们可以采用以下方式。

由于 taosc 写入在 RPC 通信过程中自带压缩功能，因此写入带宽需求相对于 RESTful/WebSocket 连接方式较低。在这里，我们将基于 RESTful/WebSocket 连接方式的带宽需求来估算写入请求的带宽。

示例：1000 万块智能电表，电表每 15min 采集一次数据，每次采集的数据量为 20B，可计算出平均带宽需求为 0.22MB。

考虑到智能电表存在集中上报的情况，在计算带宽需求时须结合实际项目情况增加带宽需求。考虑到 RESTful 请求以明文传输，实际带宽需求还应乘以倍数，只有这样才能得到估算值。

提　示

网络带宽和通信延迟对于分布式系统的性能与稳定性至关重要，特别是在服务器节点间的网络连接方面。

我们强烈建议为服务器节点间的网络专门分配 VLAN，以避免外部通信干扰。在带宽选择上，建议使用万兆网络，至少也要千兆网络，并确保丢包率低于万分之一。

如果采用分布式存储方案，必须将存储网络和集群内部通信网络分开规划。一个常见的做法是采用双万兆网络，即两套独立的万兆网络。这样可以确保存储数据和集群内部通信互不干扰，提高整体性能。

对于入站网络，除了要保证足够的接入带宽以外，还须确保丢包率同样低于万分之一。这将有助于减少数据传输过程中的错误和重传，从而提高系统的可靠性和效率。

7.2.7 物理机或虚拟机台数

根据前面对内存、CPU、存储和网络带宽的预估，我们可以得出整个 TDengine 集群所需的内存容量、CPU 核数、存储空间以及网络带宽。若数据副本数不是 1，还需要将总需求量乘以副本数以得到实际所需资源。

得益于 TDengine 出色的水平扩展能力，我们可以轻松计算出资源需求的总量。接下来，只须将这个总量除以单台物理机或虚拟机的资源量，便能大致确定需要购买多少台物理机或虚拟机来部署 TDengine 集群。

7.2.8 TDengine 网络端口要求

表 7-1 列出了 TDengine 的一些接口或组件的常用端口，这些端口均可以通过配置文件中的参数进行修改。

表 7-1　接口或组件的常用端口

序号	接口或组件	端口
1	原生接口（taosc）	6030
2	RESTful 接口	6041
3	WebSocket 接口	6041
4	taosKeeper	6043
5	taosX	6055
6	taosExplorer	6060

7.3 手动部署

TDengine 支持集群部署，具备卓越的水平扩展能力。当需要进一步提升处理能力时，用户只须简单地增加节点即可。为实现负载均衡和高可用性，TDengine 采用了先进的虚拟化技术，将单个节点虚拟化为多个 vnode。

此外，TDengine 还能将多个节点上的 vnode 组织成 vgroup，并通过多副本机制确保集群的稳健运行。这种设计不仅提高了系统的容错能力，还有助于在节点故障时快速恢复服务。

本节将以 TDengine Enterprise 为例，详细介绍 TDengine 的部署架构，并对其中的核心组件进行阐述，以帮助用户更好地理解和使用 TDengine 集群。

7.3.1 安装与配置

本节介绍基于 TDengine Enterprise 的安装和配置。TDengine Enterprise 安装包主要包含如下内容。

- taosd：数据库服务端核心组件。
- taosAdapter：提供 RESTful 连接方式与 WebSocket 连接方式的代理服务。
- taosKeeper：taosd 上报数据的代理服务。
- libtaos.so：原生连接方式的客户端 SDK（C 语言接口）。
- libtaosws.so：WebSocket 连接方式的客户端 SDK（C 语言接口）。
- taosX（taosx）：数据接入、同步、备份和恢复的零代码平台。
- taosX Agent（taosx-agent）：用于一些特定数据源接入时（taosX）的代理服务。
- taosExplorer（taos-explorer）：可视化管理工具的服务端。
- 数据源接入 SDK：用于连接各种数据源，由 taosX 或 taosX Agent 调用。

1. Linux 平台

TDengine Enterprise 的 Linux 安装包是一个包含所有核心组件的 all in one 安装包，其命名方式是 TDengine-enterprise-<version>-<OS>-<platform>.tar.gz，如 TDengine-enterprise-3.2.3.0-Linux-x64.tar.gz。

安装步骤如下。

第 1 步，获取 TDengine Enterprise 安装包。

第 2 步，进入安装包所在目录，使用 tar 命令解压安装包。请将 <version> 替换为下载的安装包版本号。

```
tar -zxvf TDengine-enterprise-<version>-Linux-x64.tar.gz
```

第 3 步，解压文件后，进入相应子目录，执行其中的 install.sh 安装脚本。

```
sudo ./install.sh
```

第 4 步，默认安装路径为 /usr/local/taos。

第 5 步，执行 start-all.sh 命令以快速在本机启动所有必要的服务。

第 6 步，执行 stop-all.sh 命令以快速停止本机上所有与 TDengine Enterprise 有关的服务。

在执行 install.sh 安装脚本的过程中，会通过 TDengine 的 CLI (Command Line Interface，命令行界面) 询问一些配置信息，用以完成单机运行环境的配置。

如果希望采取无交互安装方式，可以运行 ./install.sh -e no 命令。

运行 ./install.sh -h 命令可以查看所有参数的详细说明。

2. Windows 平台

TDengine Enterprise 的 Windows 安装包是一个包含了所有核心组件的 all in one 安装包，其命名方式是 TDengine-enterprise-<version>-<OS>-<platform>.exe，如 TDengine-enterprise-3.2.3.0-Windows-x64.exe

安装步骤如下。

第 1 步，获取 TDengine Enterprise 安装包，例如 TDengine-Enterprise-3.2.3.0-Windows-x64.exe。下载后双击安装包，根据安装向导进行安装。

第 2 步，可使用 uninstall_TDengine.exe 进行卸载。

第 3 步，通过执行 sc.exe start/stop taosd 命令以启动 / 停止 taosd 服务。

第 4 步，通过执行 sc.exe start/stop taosadapter 命令以启动 / 停止 taosAdapter 服务。

第 5 步，通过执行 sc.exe start/stop taoskeeper 命令以启动 / 停止 taosKeeper 服务。

第 6 步，通过执行 sc.exe start/stop taosx 命令以启动 / 停止 taosX 服务。

第 7 步，通过执行 sc.exe start/stop taosx-agent 命令以启动 / 停止 taosX Agent 服务。

第 8 步，通过执行 sc.exe start/stop taos-explorer 命令以启动 / 停止 taosExplorer 服务。

Windows 版本的 TDengine Enterprise 默认会被安装在 C:\TDengine，目录结构如下。

```
├──── taosd.exe
├──── taosadapter.exe
├──── taoskeeper.exe
├──── taosx.exe
```

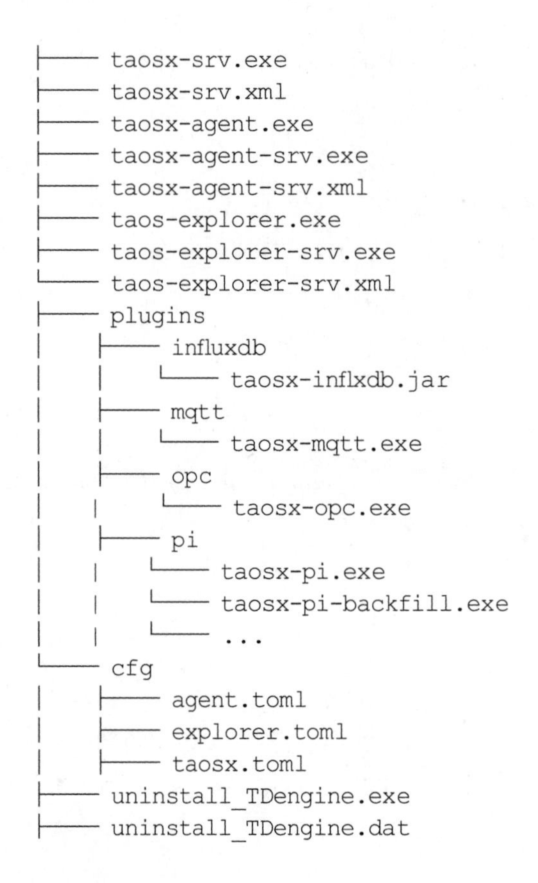

```
├─── taosx-srv.exe
├─── taosx-srv.xml
├─── taosx-agent.exe
├─── taosx-agent-srv.exe
├─── taosx-agent-srv.xml
├─── taos-explorer.exe
├─── taos-explorer-srv.exe
└─── taos-explorer-srv.xml
├─── plugins
│    ├─── influxdb
│    │    └─── taosx-inflxdb.jar
│    ├─── mqtt
│    │    └─── taosx-mqtt.exe
│    ├─── opc
│    |    └─── taosx-opc.exe
│    ├─── pi
│    |    └─── taosx-pi.exe
│    |    └─── taosx-pi-backfill.exe
│    |    └─── ...
└─── cfg
│    ├─── agent.toml
│    ├─── explorer.toml
│    ├─── taosx.toml
├─── uninstall_TDengine.exe
├─── uninstall_TDengine.dat
```

7.3.2 部署 taosd

为确保集群内各物理节点间的无缝通信，首先，规划所有物理节点的 FQDN（Fully Qualified Domain Name，完全限定域名）。完成规划后，将相应的 FQDN 逐一添加至每个物理节点的 /etc/hosts 文件中。

其次，更新每个物理节点的 /etc/hosts 文件，确保其中已正确记录集群内所有物理节点的 IP 地址与其 FQDN 之间的映射关系。这一步骤至关重要，因为它关系到节点间的相互识别与通信。

若你所处的网络环境中部署了 DNS 服务器，建议与网络管理员协作，在 DNS 服务器上进行相应的配置。这样做可以确保集群内的各个节点能够通过 FQDN 进行高效、稳定的通信，从而保障整个集群的稳定运行。

1. 清除数据

如果搭建集群的物理节点中存在之前的测试数据或者装过其他版本（如 1.x/2.x）的 TDengine，请先将其删除，并清空所有数据。

2. 端口检查

确保集群中所有主机在端口 6030 上的 TCP 能够互通。

3. 安装 TDengine

为了确保集群内各物理节点的一致性和稳定性，请在所有物理节点上安装相同版本的 TDengine。在安装过程中，当系统提示是否加入已有集群时，请按照以下步骤操作。

第 1 步，对于第 1 个物理节点，直接按 Enter 键创建新的 TDengine 集群。

第 2 步，对于后续的物理节点，请输入该集群中任意一个在线物理节点的 FQDN 和端口，以便将其加入已有的 TDengine 集群中。

第 3 步，完成安装后，请不要立即启动 taosd 服务。接下来，你需要进行集群配置和验证，确保所有节点正确连接并形成稳定的集群环境。这一步骤对于确保集群的正常运行至关重要，请务必仔细执行。

4. 检查变量

在进行 TDengine 集群部署之前，全面检查所有 dnode 以及应用程序所在物理节点的网络设置至关重要。以下是检查步骤。

第 1 步，在每个物理节点上执行 hostname -f 命令，以查看并确认所有节点的 hostname 是唯一的。对于应用程序驱动所在的节点，这一步骤可以省略。

第 2 步，在每个物理节点上执行 ping host 命令，其中 host 是其他物理节点的 hostname。这一步骤旨在检测当前节点与其他物理节点之间的网络连通性。如果发现无法 ping 通，请立即检查网络和 DNS 设置。对于 Linux 操作系统，请检查 /etc/hosts 文件；对于 Windows 操作系统，请检查 C:\Windows\system32\drivers\etc\hosts 文件。网络不通畅将导致无法组建集群，请务必解决此问题。

第 3 步，在应用程序运行的物理节点上重复上述网络监测步骤。如果发现网络不通畅，应用程序将无法连接到 taosd 服务。此时，请仔细检查应用程序所在物理节点的 DNS 设置或 hosts 文件，确保其配置正确无误。

通过以上步骤，你可以确保所有节点在网络层面顺利通信，从而为成功部署 TDengine 集群奠定坚实基础。

5. 修改配置

修改 TDengine 的配置文件（所有节点的配置文件都需要修改）。假设准备启动的第 1 个 dnode 的 endpoint 为 h1.taosdata.com:6030，其与集群配置的相关参数如下。

```
// firstEp 是每个 dnode 首次启动后连接的第 1 个 dnode
firstEp               h1.taosdata.com:6030
```

```
// 必须配置为本 dnode 的 FQDN，如果本机只有一个 hostname，可注释或删除如下这行代码
fqdn                    h1.taosdata.com
// 配置本 dnode 的端口，默认是 6030
serverPort               6030
```

一定要修改的参数是 firstEp 和 fqdn。对于每个 dnode，firstEp 配置应该保持一致，但 fqdn 一定要配置成其所在 dnode 的值。其他参数可不做任何修改，除非你很清楚为什么要修改。

对于希望加入集群的 dnode 节点，必须确保表 7-2 所列的与 TDengine 集群相关的参数设置完全一致。任何参数的不匹配都可能导致 dnode 节点无法成功加入集群。

表 7-2 TDengine 集群的参数及其含义

序号	参数名称	含义
1	statusInterval	dnode 向 mnode 报告状态时长
2	timezone	时区
3	locale	系统区位信息及编码格式
4	charset	字符集编码
5	ttlChangeOnWrite	ttl 到期时间是否伴随表的修改操作而改变

6. 多级存储

TDengine 的多级存储体系共支持 3 个级别，每个级别最多可配置 32 个挂载点。TDengine 的多级存储配置方式如下。

```
dataDir [path] <level> <primary>
```

具体参数解释如下。

- path：挂载点的文件夹路径。
- level：介质存储等级，取值为 0、1、2。0 级存储最新的数据，1 级存储次新的数据，2 级存储最老的数据。默认值为 0。各级存储之间的数据流向：0 级存储→ 1 级存储→ 2 级存储。同一存储等级可挂载多块硬盘，同一存储等级上的数据文件分布在该存储等级的所有硬盘上。需要说明的是，数据在不同级别的存储设备上的移动是由 TDengine 自动完成的，用户无须干预。
- primary：是否为主挂载点，用 0（否）或 1（是）表示，默认为 1。

在配置中，只允许一个主挂载点存在（即 level=0，primary=1），例如采用如下的配置方式。

```
dataDir /mnt/data1 0 1
dataDir /mnt/data2 0 0
dataDir /mnt/data3 1 0
```

```
dataDir /mnt/data4 1 0
dataDir /mnt/data5 2 0
dataDir /mnt/data6 2 0
```

注　意

多级存储不允许跨级配置。合法的配置方案有：仅 0 级、仅 0 级 +1 级，以及 0 级 +1 级 +2 级。不允许只配置 level=0 和 level=2，而不配置 level=1。

禁止手动移除使用中的挂载盘，挂载盘不支持非本地的网络盘。

7. 启动集群

按照前述步骤启动第 1 个 dnode，例如 h1.taosdata.com。接着在终端中执行 taos，启动 TDengine 的 CLI 程序 taos，并执行 show dnodes 命令，以查看当前集群中所有 dnode 的信息。

```
taos> show dnodes;
 id |       endpoint         | vnodes|support_vnodes|status|       create_time        | note |
============================================================================================
  1 | h1.taosdata.com:6030 |      0 |          1024 | ready | 2022-07-16 10:50:42.673 |      |
```

可以看到，刚刚启动的 dnode 节点的 endpoint 为 h1.taosdata.com:6030。这个地址就是新建集群的 first Ep。

8. 添加 dnode

按照前述步骤，在每个物理节点启动 taosd。每个 dnode 都需要在 taos.cfg 文件中将 firstEp 参数配置为新建集群首个节点的 endpoint，在本例中是 h1.taosdata.com:6030。在第 1 个 dnode 所在机器的终端中运行 taos，然后登录 TDengine 集群，执行如下 SQL。

```
create dnode "h2.taosdata.com:6030"
```

将新 dnode 的 endpoint 添加进集群的 endpoint 列表。需要为 fqdn:port 加上双引号，否则运行时报错。请注意将示例的 h2.taosdata.com:6030 替换为这个新 dnode 的 endpoint。然后执行如下 SQL。

```
show dnodes
```

上述 SQL 可以列出集群中所有的 dnode 及其相关信息，如 ID、endpoint、状态、vnode 数目以及未使用的 vnode 数目等。若要加入的 dnode 当前处于离线状态，请参考本节后面的“常见问题”部分进行解决。

在日志中，请确认输出的 dnode 的 FQDN 和端口是否与你刚刚尝试添加的 endpoint 一致。如果不一致，请修改为正确的 endpoint。

遵循上述步骤，你可以持续地将新的 dnode 逐个加入集群，从而扩展集群规模并提高整体性能。确保在添加新节点时遵循正确的流程，这有助于维持集群的稳定性和可靠性。

提 示

任何已经加入集群的 dnode 都可以作为后续待加入节点的 firstEp。firstEp 参数仅仅在该 dnode 首次加入集群时起作用，加入集群后，该 dnode 会保存最新的 mnode 的 endpoint 列表，后续不再依赖这个参数。之后配置文件中的 firstEp 参数主要用于客户端连接，如果没有为 TDengine 的 CLI 设置参数，则默认连接由 firstEp 指定的节点。

两个没有配置 firstEp 参数的 dnode 在启动后会独立运行。这时无法将其中一个 dnode 加入另外一个 dnode，形成集群。

TDengine 不允许将两个独立的集群合并成新的集群。

9. 查看 dnode

首先启动 TDengine 的 CLI 程序 taos，然后执行如下 SQL。

```
show dnodes
```

在添加或删除一个 dnode 后，你可以使用 show 命令查看集群的 dnode 列表，以确保操作成功并实时了解集群状态。执行上述 SQL 后的输出如下。输出内容仅供参考，具体情况取决于实际的集群配置。

```
 id |      endpoint     | vnodes | support_vnodes |  status  |        create_time        | note |
==============================================================================================
  1 |       trd01:6030 |    100 |           1024 |    ready | 2022-07-15 16:47:47.726 |      |
```

10. 添加 mnode

在创建 TDengine 集群时，首个 dnode 将自动成为集群的 mnode，负责集群的管理和协调工作。为了实现 mnode 的高可用性，后续添加的 dnode 需要手动创建 mnode。请注意，一个集群最多允许创建 3 个 mnode，且每个 dnode 上只能创建一个 mnode。

当集群中的 dnode 数量达到或超过 3 个时，你可以为现有集群创建 mnode。在第 1 个 dnode 中，首先通过 TDengine 的 CLI 程序 taos 登录 TDengine，然后执行如下 SQL。

```
create mnode on dnode <dnodeId>
```

请注意将上述 SQL 中的 dnodeId 替换为刚创建的 dnode 的序号（可以通过执行 show dnodes 命令获得）。最后执行如下 SQL，查看新创建的 mnode 是否成功加入集群。

```
show mnodes
```

11. 删除 dnode

在 taos 中执行如下 SQL。

```
drop dnode dnodeId
```

一旦 dnode 被删除，它将无法直接重新加入集群。如果需要重新加入此类节点，你应首先对该节点进行初始化操作，即清空其数据文件夹。

在执行 drop dnode 命令时，集群会先将待删除 dnode 上的数据迁移至其他节点。请注意，drop dnode 与停止 taosd 进程是两个截然不同的操作，请勿混淆。由于删除 dnode 前须执行数据迁移，因此被删除的 dnode 必须保持在线状态，直至删除操作完成。删除操作结束后，方可停止 taosd 进程。

一旦 dnode 被删除，集群中的其他节点将感知到此操作，并且不再接收该 dnodeId 的请求。dnodeId 是由集群自动分配的，用户无法手动指定。

12. 常见问题

在搭建 TDengine 集群的过程中，如果在执行 create dnode 命令以添加新节点后，新节点始终显示为离线状态，请按照以下步骤进行排查。

第 1 步，检查新节点上的 taosd 服务是否已经正常启动。你可以通过查看日志文件或使用 ps 命令来确认。

第 2 步，如果 taosd 服务已启动，请检查新节点的网络连接是否畅通，并确认防火墙是否已关闭。网络不通或防火墙设置可能会阻止节点与集群的其他节点通信。

第 3 步，使用 taos -h fqdn 命令尝试连接到新节点，然后执行 show dnodes 命令。这将显示新节点作为独立集群的运行状态。如果显示的列表与主节点上显示的不一致，说明新节点可能已自行组成一个单节点集群。要解决这个问题，请按照以下步骤操作。首先，停止新节点上的 taosd 服务。其次，清空新节点上 taos.cfg 配置文件中指定的 dataDir 目录下的所有文件。这将删除与该节点相关的所有数据和配置信息。最后，重新启动新节点上的 taosd 服务。这将使新节点恢复到初始状态，并准备好重新加入主集群。

7.3.3 部署 taosAdapter

本节讲述如何部署 taosAdapter，从而为 TDengine 集群提供 RESTful 接口和 WebSocket 连接。

1. 安装

TDengine Enterprise 安装完成后，即可使用 taosAdapter。如果想在不同的服务器上分别部署 taosAdapter，需要在这些服务器上都安装 TDengine Enterprise。

2. 单一实例部署

部署 taosAdapter 的单一实例非常简单，具体命令和配置参数请参考 TDengine 的官方文档。

3. 多实例部署

部署 taosAdapter 的多个实例的主要目的如下。

- 提升集群的吞吐量，避免 taosAdapter 成为系统瓶颈。
- 提升集群的健壮性和高可用能力，当有一个实例因某种故障而不再提供服务时，可以将进入业务系统的请求自动路由到其他实例。

在部署 taosAdapter 的多个实例时，需要解决负载均衡问题，以避免某个节点过载而其他节点闲置。在部署过程中，需要分别部署多个单一实例，每个实例的部署步骤与部署单一实例完全相同。接下来关键的部分是配置 Nginx。以下是一个经过验证的较佳实践配置，你只须将其中的 endpoint 替换为实际环境中的正确地址即可。关于各参数的含义，请参考 Nginx 的官方文档。

```
user root;
worker_processes auto;
error_log /var/log/nginx_error.log;
events {
        use epoll;
        worker_connections 1024;
}
http {
    access_log off;
    map $http_upgrade $connection_upgrade {
        default upgrade;
        ''      close;
    }
    server {
```

```
    listen 6041;
    location ~* {
        proxy_pass http://dbserver;
        proxy_read_timeout 600s;
        proxy_send_timeout 600s;
        proxy_connect_timeout 600s;
        proxy_next_upstream error http_502 non_idempotent;
        proxy_http_version 1.1;
        proxy_set_header Upgrade $http_upgrade;
        proxy_set_header Connection $http_connection;
    }
}
server {
    listen 6043;
    location ~* {
        proxy_pass http://keeper;
        proxy_read_timeout 60s;
        proxy_next_upstream error  http_502 http_500  non_idempotent;
    }
}
server {
    listen 6060;
    location ~* {
        proxy_pass http://explorer;
        proxy_read_timeout 60s;
        proxy_next_upstream error  http_502 http_500  non_idempotent;
    }
}
upstream dbserver {
    least_conn;
    server 172.16.214.201:6041 max_fails=0;
    server 172.16.214.202:6041 max_fails=0;
    server 172.16.214.203:6041 max_fails=0;
}
upstream keeper {
    ip_hash;
    server 172.16.214.201:6043 ;
    server 172.16.214.202:6043 ;
    server 172.16.214.203:6043 ;
}
upstream explorer{
    ip_hash;
    server 172.16.214.201:6060 ;
    server 172.16.214.202:6060 ;
    server 172.16.214.203:6060 ;
```

```
    }
}
```

7.3.4 部署 taosKeeper

taosKeeper 是一个代理服务，专门用于接收来自业务集群的监控数据，并将其写入监控集群。随着 TDengine Enterprise 的成功安装和配置，taosKeeper 组件也随之可用。

若计划在不同服务器上分别部署 taosKeeper 以提高系统的可扩展性和容错能力，那么在这些服务器上也需要安装 TDengine Enterprise。请参照 8.1.1 节进行 taosKeeper 的部署。

7.3.5 部署 taosX

本节讲述如何部署 taosX。TDengine Enterprise 安装完成后，即可使用 taosX。

1. 配置

taosX 支持通过配置文件进行配置。在 Linux 操作系统上，默认配置文件路径是 /etc/taos/taosx.toml；在 Windows 操作系统上，默认配置文件路径为 C:\TDengine\config\taosx.toml。一个完整的 taosX 配置文件示例如下。

```
plugins home
#plugins_home = "/usr/local/taos/plugins"
data dir
#data_dir = "/var/lib/taos/taosx"
logs home
#logs_home = "/var/log/taos"
log level: off/error/warn/info/debug/trace
#log_level = "info"
log keep days
#log_keep_days = 30
number of threads
#jobs = 0
enable OpenTelemetry tracing and metrics exporter
#otel = false
#[serve]
listen to ip:port address
#listen = "0.0.0.0:6050"
GRPC listen address
#grpc = "0.0.0.0:6055"
database url
#database_url = "sqlite:taosx.db"
```

涉及的相关参数如下。

- plugins_home：外部数据源连接器所在目录。
- data_dir：数据文件存放目录。
- logs_home：日志文件存放目录，taosX 日志文件的前缀为 taosx.log，外部数据源有自己的日志文件名前缀。
- log_level：日志等级，可选级别包括 error、warn、info、debug、trace，默认值为 info。
- log_keep_days：日志的最大存储天数，taosX 日志将按天划分为不同的文件。
- jobs：每个运行时的最大线程数。在服务模式下，线程总数为 jobs × 2，默认线程数为当前服务器内核的两倍。
- serve.listen：taosX RESTful 接口监听地址，默认值为 0.0.0.0:6050。
- database_url：taosX 内部存储的路径，格式为 sqlite:<path>。

2. 启动

在 Linux 操作系统上，可以通过如下 systemd 命令启动 taosX。

```
systemctl start taosx
```

在 Windows 操作系统上，可以通过系统管理工具“Services”找到 taosX 服务，然后启动。或者在命令行工具（cmd.exe 或 PowerShell）中执行以下命令以启动 taosX。

```
sc.exe start taosx
```

7.3.6　部署 taosX Agent

本节讲述如何部署 taosX Agent。在安装 TDengine Enterprise 或 taosX 后，taosX Agent 也同时被安装到服务器中。

1. 配置

taosX Agent 的配置文件默认位于 /etc/taos/agent.toml，包含的配置项如下。

```
endpoint = "grpc://<taosx-ip>:6055"
token = "<token>"
compression = true
log_level = "info"
log_keep_days = 30
```

详细的参数说明如下。

- endpoint：必填项，taosX 的 gRPC 地址。
- token：必填项，在 taosExplorer 上创建 taosX Agent 时产生的 Token。

- compression：非必填项，可配置为 ture 或 false，默认为 false。若配置为 true，则开启 taosX Agent 和 taosX 通信数据压缩。
- log_level：非必填项，日志级别，默认为 info，同 taosX 一样，支持 error、warn、info、debug 和 trace 共 5 级。
- log_keep_days：非必填项，日志保存天数，默认为 30 天。

2. 启动

在 Linux 操作系统上，可以通过如下 systemd 命令启动 taosX Agent。

```
systemctl start taosx-agent
```

在 Windows 操作系统上，可以通过系统管理工具“Services”找到 taosx-agent 服务，然后启动。

7.3.7 部署 taosExplorer

如果希望通过图形化界面便捷地使用和管理 TDengine，或者通过图形化界面进行数据接入管理，那么部署 taosExplorer 将是理想选择。随着 TDengine Enterprise 的成功安装，taosExplorer 也将一并安装到服务器中。

关于 taosExplorer 的详细信息和使用方法，请参阅 TDengine 的官方文档。

1. 准备工作

在启动 taosExplorer 之前，请先确认 TDengine、taosAdapter 已经正确配置并运行。

2. 配置

在启动 taosExplorer 之前，请确保如下配置文件中的参数内容正确。

```
Explorer listen port
port = 6060
Explorer listen address for IPv4
addr = "0.0.0.0"
Explorer listen address for IPv4
#ipv6 = "::1"
Explorer log level. Possible: error,warn,info,debug,trace
log_level = "info"
taosAdapter address.
cluster = "http://localhost:6041"
taosX gRPC address
x_api = "http://localhost:6050"
```

详细的参数说明如下。

- port：taosExplorer 服务绑定的端口。
- addr：taosExplorer 服务绑定的 IPv4 地址，默认为 0.0.0.0。如须修改，请配置为 localhost 以外的地址，以对外提供服务。
- ipv6：taosExplorer 服务绑定的 IPv6 地址，默认不绑定 IPv6 地址。
- log_level：日志级别，可选值为 error、warn、info、debug、trace。
- cluster：TDengine 集群的 taosAdapter 地址。
- x_api：taosX 的 gRPC 地址。

3. 启动

在 Linux 操作系统中，可以直接在终端中执行 taos-explorer 或者使用如下 systemctl 命令，以启动 taosExplorer。

```
systemctl start taos-explorer
```

在 Windows 操作系统中，可以在命令行工具中执行如下 sc 命令以启动 taosExplorer。

```
sc.exe start taos-explorer
```

7.4 Docker 部署

本节将介绍如何在 Docker 容器中启动 TDengine 服务并对其进行访问。你可以在 docker run 命令行或者 docker-compose 文件中使用环境变量来控制容器中服务的行为。

7.4.1 启动 TDengine

TDengine 镜像启动时默认激活 HTTP 服务，使用下列命令便可创建一个带有 HTTP 服务的容器化 TDengine 环境。

```
docker run -d --name tdengine \
-v ~/data/taos/dnode/data:/var/lib/taos \
-v ~/data/taos/dnode/log:/var/log/taos \
-p 6041:6041 tdengine/tdengine
```

详细的参数说明如下。

- /var/lib/taos：TDengine 默认数据文件目录，可通过配置文件修改位置。
- /var/log/taos：TDengine 默认日志文件目录，可通过配置文件修改位置。

以上命令启动了一个名为 tdengine 的容器，并把其中的 HTTP 服务的端口 6041 映射到主机端口 6041。如下命令可以验证该容器中提供的 HTTP 服务是否可用。

```
curl -u root:taosdata -d "show databases" localhost:6041/rest/sql
```

运行如下命令可在容器中访问 TDengine。

```
$ docker exec -it tdengine taos
taos> show databases;
        name          |
=====================
 information_schema |
 performance_schema |
```

在容器中，TDengine CLI 或者各种连接器（例如 JDBC-JNI）与服务器通过容器的 hostname 建立连接。从容器外访问容器内的 TDengine 比较复杂，通过 RESTful/WebSocket 连接方式是最简单的方法。

7.4.2 在 host 网络模式下启动 TDengine

运行以下命令可以在 host 网络模式下启动 TDengine，这样可以使用主机的 FQDN 建立连接，而不是使用容器的 hostname。

```
docker run -d --name tdengine --network host tdengine/tdengine
```

这种方式与在主机上使用 systemctl 命令启动 TDengine 的效果相同。在主机上已安装 TDengine 客户端的情况下，可以直接使用下面的命令访问 TDengine 服务。

```
$ taos
taos> show dnodes;
    id |    endpoint    | vnodes | support_vnodes |  status  |       create_time        | note |
==============================================================================================
     1 |     vm98:6030 |      0 |             32 |    ready | 2022-08-19 14:50:05.337 |      |
```

7.4.3 以指定的 hostname 和 port 启动 TDengine

使用如下命令可以利用 TAOS_FQDN 环境变量或者 taos.cfg 中的 FQDN 配置项使 TDengine 在指定的 hostname 上建立连接。这种方式为部署 TDengine 提供了极强的灵活性。

```
docker run -d \
   --name tdengine \
   -e TAOS_FQDN=tdengine \
   -p 6030:6030 \
   -p 6041-6049:6041-6049 \
   -p 6041-6049:6041-6049/udp \
   tdengine/tdengine
```

首先，上面的命令在容器中启动一个 TDengine 服务，其所监听的 hostname 为 tdengine，并将容器的端口 6030 映射到主机的端口 6030，将容器的端口段 6041~6049 映射到主机的端口段 6041~6049。如果主机上该端口段已经被占用，可以修改上述命令以指定主机上一个空闲的端口段。

其次，要确保 tdengine 这个 hostname 在 /etc/hosts 中可解析。通过如下命令可将正确的配置信息保存到 hosts 文件中。

```
echo 127.0.0.1 tdengine |sudo tee -a /etc/hosts
```

最后，可以通过 TDengine CLI 以 tdengine 为服务器地址访问 TDengine 服务，命令如下。

```
taos -h tdengine -P 6030
```

如果 TAOS_FQDN 被设置为与所在主机名相同，则效果与在 host 网络模式下启动 TDengine 相同。

7.5 Kubernetes 部署与 Helm 部署

TDengine 同样支持利用容器编排工具如 Kubernetes 和 Helm 来简化部署和管理过程。若需要了解更多关于如何在 Kubernetes 和 Helm 中使用 TDengine 的详细信息和教程，请参阅 TDengine 的官方文档。

第 8 章 图形化管理工具

8.1 集群运行监控

为了确保集群稳定运行，TDengine 集成了多种监控指标收集机制，并通过 taosKeeper 进行汇总。taosKeeper 负责接收这些数据，并将其写入一个独立的 TDengine 实例中，该实例可以与被监控的 TDengine 集群保持独立。

用户可以利用第三方监控工具（如 Zabbix）来获取这些实时监控数据，进而将 TDengine 的运行状况无缝集成到现有 IT 监控体系中。此外，TDengine 还提供了 TDinsight 插件，用户可以通过 Grafana 平台直观地展示和管理这些监控信息，如图 8-1 所示。这为用户提供了灵活的监控选项，以满足不同场景下的运维需求。

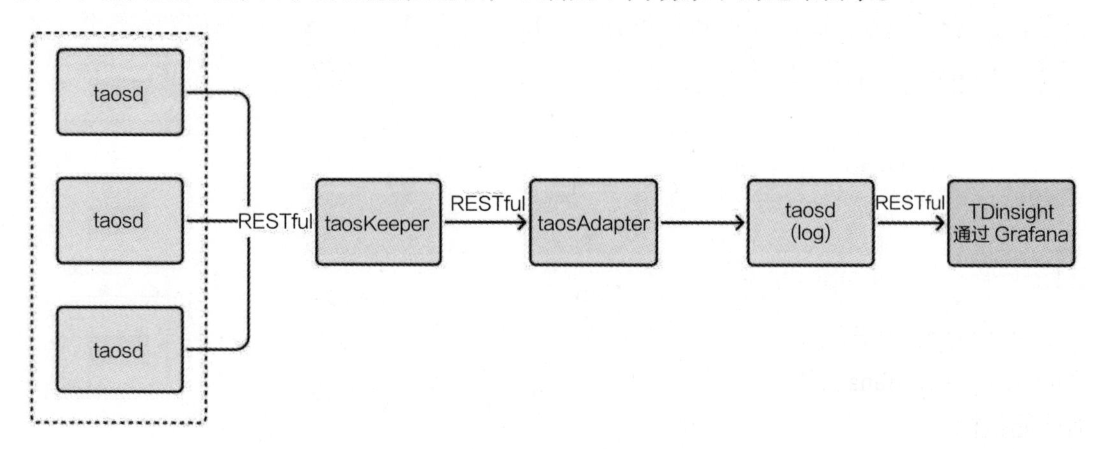

图 8-1 通过监控组件管理监控信息

8.1.1 taosKeeper 的安装与配置

taosKeeper 的配置文件默认位于 /etc/taos/taoskeeper.toml。下面为一个示例配置文件，更多的关于 taosKeeper 的使用说明，请参阅 TDengine 的官方文档。

```
# gin 框架是否启用 debug
debug = false
# 服务监听端口，默认为 6043
port = 6043
# 日志级别，包含 panic、error、info、debug、trace 等
loglevel = "info"
# 程序中使用的协程池的大小
gopoolsize = 50000
# 查询 TDengine 监控数据轮询间隔
RotationInterval = "15s"
[tdengine]
host = "127.0.0.1"
port = 6041
username = "root"
password = "taosdata"
# 需要被监控的 taosAdapter
[taosAdapter]
address = ["127.0.0.1:6041"]
[metrics]
# 监控指标前缀
prefix = "taos"
# 集群数据的标识符
cluster = "production"
# 存放监控数据的数据库
database = "log"
# 指定需要监控的普通表
tables = []
# database options for db storing metrics data
[metrics.databaseoptions]
cachemodel = "none"
```

8.1.2　基于 TDinsight 的监控

为了简化用户在 TDengine 监控方面的配置工作，TDengine 提供了一个名为 TDinsight 的 Grafana 插件。该插件与 taosKeeper 协同工作，能够实时监控 TDengine 的各项性能指标。

通过集成 Grafana 和 TDengine 数据源插件，TDinsight 能够读取 taosKeeper 收集并存储的监控数据。这使得用户可以在 Grafana 平台上直观地查看 TDengine 集群的状态、节点信息、读写请求以及资源使用情况等关键指标，实现数据的可视化展示。

此外，TDinsight 还具备针对 vnode、dnode 和 mnode 节点的异常状态告警功能，为开发者提供实时的集群运行状态监控，确保 TDengine 集群的稳定性和可靠性。以下是 TDinsight 的详细使用说明，以帮助你充分利用这一强大工具。

1. 前置条件

若要顺利使用 TDinsight，应满足如下条件。

- TDengine 已安装并正常运行。
- taosAdapter 已经安装并正常运行。
- taosKeeper 已经安装并正常运行。
- Grafana 已安装并正常运行，以下介绍以 Grafna 10.4.0 为例。

同时记录以下信息。

- taosAdapter 的 RESTful 接口地址，如 http://www.example.com:6041。
- TDengine 集群的认证信息，包括用户名及密码。

2. 导入仪表盘

TDengine 数据源插件已被提交至 Grafana 官网，完成插件的安装和数据源的创建后，可以进行 TDinsight 仪表盘的导入。

在 Grafana 的 Home-Dashboards 页面，点击位于右上角的 New → mport 按钮，即可进入 Dashboard 的导入页面，它支持以下两种导入方式。

- Dashboard ID：18180。
- Dashboard URL：https://grafana.com/grafana/dashboards/18180-tdinsight-for-3-x/。

填写以上 Dashboard ID 或 Dashboard URL 以后，点击 Load 按钮，按照向导操作，即可完成导入。导入成功后，Dashboards 列表页面会出现 TDinsight for 3.x 仪表盘，点击进入后，就可以看到 TDinsight 中已创建的各项指标的面板，如图 8-2 所示。

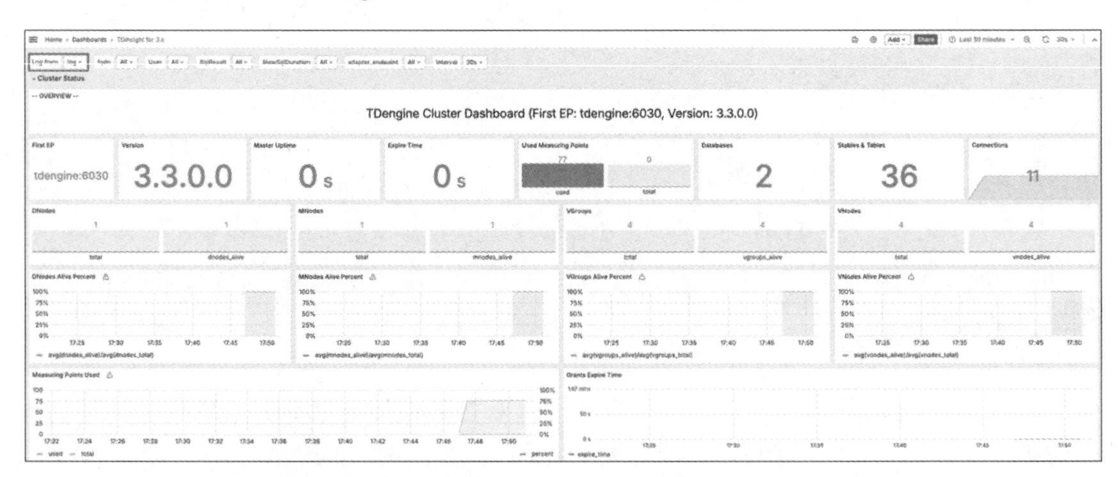

图 8-2 TDinsight 界面

注 意

在 TDinsight 界面左上角的 Log from 下拉列表中可以选择 log 数据库。

8.2 可视化管理

为方便用户更高效地使用和管理 TDengine，TDengine 3.0 版本推出了一个全新的可视化组件——taosExplorer。这个组件旨在帮助用户在不熟悉 SQL 的情况下，也能轻松管理 TDengine 集群。通过 taosExplorer，用户可以轻松查看 TDengine 的运行状态、浏览数据、配置数据源、实现流计算和数据订阅等功能。此外，用户还可以利用 taosExplorer 进行数据的备份、复制和同步操作，以及配置用户的各种访问权限。这些功能极大地简化了数据库的使用过程，提高了用户体验。

8.2.1 登录

在完成 TDengine 的安装与启动流程之后，用户便可立即开始使用 taosExplorer。该组件默认监听 TCP 端口 6060，用户只须在浏览器中输入 http://<IP>:6060/login（其中的 IP 是用户自己的地址），便可顺利登录。成功登录集群后，用户会发现在左侧的导航栏中各项功能被清晰地划分为不同的模块。接下来将详细介绍主要模块。

8.2.2 运行监控面板

在 Grafana 上安装 TDengine 数据源插件后，即可添加 TDengine 数据源，并导入 TDengine 的 Grafana Dashboard: TDengine for 3.x。通过这一操作，用户将能够在不编写任何代码的情况下实现对 TDengine 运行状态的实时监控和告警功能。

8.2.3 数据写入

通过创建不同的任务，用户能够以零代码的方式将来自不同外部数据源的数据导入 TDengine。目前，TDengine 支持的数据源包括 AVEVA PI System、OPC-UA/DA、MQTT、Kafka、InfluxDB、OpenTSDB、TDengine 2、TDengine 3、CSV、AVEVA Historian 等。在任务的配置中，用户还可以添加与 ETL 相关的配置。

在任务列表页中，可以实现任务的启动、停止、编辑、删除及查看任务的活动日志等操作。

8.2.4 数据浏览器

在“数据浏览器”页面中，用户无须编写任何代码，便可轻松进行各种数据查询和分析操作。具体而言，可以通过此页面创建或删除数据库、创建或删除超级表及其子表，执行 SQL 并查看执行结果。此外，查询结果将以可视化形式展现，方便用户理解和分析。同时，还可以收藏常用的 SQL，以便日后快速调用。超级管理员还将拥有对数据库的管理权限，以实现更高级别的数据管理和操作。

8.2.5 编程

在“编程”页面中，可以通过不同编程语言与 TDengine 进行交互，实现写入和查询等基本操作。用户通过复制粘贴，即可完成一个示例工程的创建。目前支持的编程语言包括 Java、Go、Python、Node.js（Javascript）、C#、Rust、R 等。

8.2.6 流计算

通过“流计算”页面，用户可以轻松地创建一个流，从而使用 TDengine 提供的强大的流计算能力。更多关于流计算功能的介绍，请参阅 TDengine 的官方文档。

8.2.7 数据订阅

通过“数据订阅”页面，用户可以进行创建、管理和共享主题，查看主题的消费者等操作。此外，TDengine 还提供了通过 Go、Rust、Python、Java 等编程语言使用数据订阅相关 API 的示例。

8.2.8 工具

通过“工具”页面，用户可以了解如下 TDengine 周边工具的使用方法。

- TDengine CLI。
- taosBenchmark。
- taosDump。
- TDengine 与 BI 工具的集成，例如 Google Data Studio、Power BI、永洪 BI 等。
- TDengine 与 Grafana、Seeq 的集成。

8.2.9 数据管理

“数据管理”页面为用户提供了丰富的管理功能，包括用户管理、备份、数据同步、集群管理、许可证管理以及审计等。

第 9 章　数据安全

对于企业，数据安全意味着商业机密、客户信任、竞争优势，数据的泄露和丢失可能会给企业带来重大的经济损失。通过保护数据安全，可以避免潜在的运营和经济风险。因此，数据安全至关重要。目前，TDengine 通过用户管理、各种资源的权限控制、数据加密、IP 白名单、数据审计等系列功能保证了存储在 TDengine 中的数据访问安全。此外，TDengine 还提供了数据备份、恢复、容错和灾备等功能，以防止数据的丢失，保证数据存储的安全。

9.1　用户管理

TDengine 默认仅配置了一个 root 用户，该用户拥有最高权限。

9.1.1　创建用户

创建用户的操作只能由 root 用户进行，语法如下。

```
create user user_name pass 'password' [sysinfo {1|0}]
```

相关参数说明如下。

- user_name：最长为 23 B。
- password：最长为 128 B，合法字符包括 a~z、A~Z、0~9、!、?、\、$、%、/、^、&、*、(、)、_、–、+、=、{、[、}、]、:、;、@、~、#、|、<、,、>、.，不可以出现单双引号、撇号、反斜杠和空格，且不可以为空。
- sysinfo：用户是否可以查看系统信息。1 表示可以查看，0 表示不可以查看。系统信息包括服务端配置信息、服务端各种节点信息，如 dnode、查询节点（qnode）等，以及与存储相关的信息等。默认为可以查看系统信息。

如下 SQL 可以创建密码为 123456 且可以查看系统信息的用户 test（仅为示例，请勿在生产环境中使用）。

```
create user test pass '123456' sysinfo 1
```

9.1.2 查看用户

查看系统中的用户信息可使用如下 SQL。

```
show users
```

也可以通过查询系统表 information_schema.ins_users 获取系统中的用户信息，示例如下。

```
select * from information_schema.ins_users;
```

9.1.3 修改用户信息

修改用户信息的 SQL 如下。

```
alter user user_name alter_user_clause
alter_user_clause: {
    pass 'literal'
  | enable value
  | sysinfo value
}
```

相关参数说明如下。

- pass：修改用户密码。
- enable：是否启用用户。1 表示启用此用户，0 表示禁用此用户。
- sysinfo：用户是否可查看系统信息。1 表示可以查看系统信息，0 表示不可以查看系统信息。

如下 SQL 禁用 test 用户。

```
alter user test enable 0
```

9.1.4 删除用户

删除用户的 SQL 如下。

```
drop user user_name
```

9.2 权限管理

TDengine 支持对系统资源、库、表、视图和主题的访问权限控制。root 用户可以为每个用户针对不同的资源设置不同的访问权限。

9.2.1　资源管理

仅 root 用户可以管理用户、节点、vnode、qnode、snode 等系统信息，相关操作包括查询、新增、删除和修改。

9.2.2　授权

1. 库和表的授权

在 TDengine 中，库和表的权限分为 read（读）和 write（写）两种。这些权限可以单独授予，也可以同时授予用户。

- read 权限：拥有 read 权限的用户仅能查询库或表中的数据，而无法对数据进行修改或删除。这种权限适用于需要访问数据但不需要对数据进行写入操作的场景，如数据分析师、报表生成器等。
- write 权限：拥有 write 权限的用户既可以查询库或表中的数据，也可以向库或表中写入数据。这种权限适用于需要对数据进行写入操作的场景，如数据采集器、数据处理器等。

对某个用户进行库和表访问授权的语法如下。

```
grant privileges on resources [with tag_filter] to user_name
privileges: {
    all,
  | priv_type [, priv_type] ...
}
priv_type: {
    read
  | write
}
 resources: {
    dbname.tbname
  | dbname.*
  | *.*
}
```

相关参数说明如下。

- resources：可以访问的库或表。. 之前为数据库名称，. 之后为表名称。dbname.tbname 的意思是名为 dbname 的数据库中的 tbname 表必须为普通表或超级表。dbname.* 的意思是名为 dbname 的数据库中的所有表。*.* 的意思是所有数据库中的所有表。

● tag_filter：超级表的过滤条件。

上述 SQL 既可以授权一个库、所有库，也可以授权一个库下的普通表或超级表，还可以通过 dbname.tbname 和 with 子句的组合授权符合过滤条件的一张超级表下的所有子表。

如下 SQL 将数据库 power 的 read 权限授权给用户 test。

```
grant read on power to test
```

如下 SQL 将数据库 power 下超级表 meters 的全部权限授权给用户 test。

```
grant all on power.meters to test
```

如下 SQL 将超级表 meters 离标签值 groupId 等于 1 的子表的 write 权限授权给用户 test。

```
grant all on power.meters with groupId=1 to test
```

如果用户被授予了数据库的写权限，那么用户对这个数据库下的所有表都有读和写的权限。但如果一个数据库只有读的权限或甚至读的权限都没有，表的授权会让用户能读或写部分表，它们的组合如表 9-1 所示。

表 9-1　数据库权限组合

数据库授权	表无授权	表读授权	表读授权有标签条件	表写授权	表写授权有标签条件
数据库无授权	无授权	对此表有读权限，对数据库的其他表无权限	对此表符合标签权限的子表有读权限，对数据库的其他表无权限	对此表有写权限，对数据库的其他表无权限	对此表符合标签权限的子表有写权限，对数据库的其他表无权限
数据库读授权	对所有表有读权限	对所有表有读权限	对此表符合标签权限的子表有读权限，对数据库的其他表有读权限	对此表有写权限，对所有表有读权限	对此表符合标签权限的子表有写权限，对所有表有读权限

2. 视图授权

在 TDengine 中，视图（view）的权限分为 read、write 和 alter 3 种。它们决定了用户对视图的访问和操作权限。以下是关于视图权限的具体使用规则。

● 视图的创建者和 root 用户默认具备所有权限。这意味着视图的创建者和 root 用户可以查询、写入和修改视图。

● 对其他用户进行授权和回收权限可以通过 grant 和 revoke 语句进行。这些操作只能由 root 用户执行。

- 视图权限需要单独授权和回收，通过 db.* 进行的授权和回收不包含视图权限。
- 视图可以嵌套定义和使用，对视图权限的校验也是递归进行的。

为了方便视图的分享和使用，TDengine 引入了视图有效用户（即视图的创建用户）的概念。被授权用户可以使用视图有效用户的库、表及嵌套视图的读写权限。当视图被 replace 后，有效用户也会被更新。

表 9-2 展示了视图操作和权限要求的对应关系。

表 9-2　视图操作和权限要求的对应关系

序号	操作	权限要求
1	create view	用户对视图所属数据库有写权限且用户对视图的目标库、表、视图有查询权限，若查询中的对象是视图，则须满足本表的第 8 条规则
2	replace view	用户对视图所属数据库有写权限，对旧有视图有 alter 权限且对视图的目标库、表、视图有查询权限，若查询中的对象是视图，则须满足本表的第 8 条规则
3	drop view	用户对视图有 alter 权限
4	show views	无
5	show create view	无
6	describe view	无
7	系统表查询	无
8	select from view	操作用户对视图有读权限且操作用户或视图有效用户对视图的目标库、表、视图有读权限
9	insert into view	操作用户对视图有写权限且操作用户或视图有效用户对视图的目标库、表、视图有写权限
10	grant、revoke	只有 root 用户有权限

视图授权的语法如下。

```
grant privileges on [db_name.]view_name to user_name
privileges: {
    all,
  | priv_type [, priv_type] ...
}
priv_type: {
    read
  | write
  | alter
```

```
}
```

在数据库 power 下将视图 view_name 的读权限授权给用户 test，SQL 如下。

```
grant read on power.view_name to test
```

在数据库 power 库下将视图 view_name 的全部权限授权给用户 test，SQL 如下。

```
grant all on power.view_name to test
```

3. 消息订阅授权

消息订阅是 TDengine 独具匠心的设计。为了保障用户订阅信息的安全性，TDengine 可针对消息订阅进行授权。在使用消息订阅授权功能前，用户需要了解它的如下特殊使用规则。

- 任意用户在拥有读权限的数据库上都可以创建主题。root 用户具有在任意数据库上创建主题的权限。
- 每个主题的订阅权限可以独立授权给任何用户，无论其是否具备该数据库的访问权限。
- 删除主题的操作只有 root 用户或该主题的创建者可以执行。
- 只有超级用户、主题的创建者或被显式授权订阅权限的用户才能订阅主题。

这些权限设置既保障了数据库的安全性，又保证了用户在有限范围内的灵活操作。消息订阅授权的语法如下。

```
grant privileges on priv_level to user_name
privileges: {
    all
  | priv_type [, priv_type] ...
}
priv_type: {
    subscribe
}
priv_level: {
    topic_name
}
```

将名为 topic_name 的主题授权给用户 test，SQL 如下。

```
grant subscribe on topic_name to test
```

9.2.3 查看授权

当企业拥有多个数据库用户时，使用如下命令可以查询具体用户所拥有的所有授权，SQL 如下。

```
show user privileges
```

9.2.4 撤销授权

由于数据库访问、数据订阅和视图的特性不同，针对具体授权的撤销语法也略有差异。下面列出对应不同授权对象的撤销授权的语法。

撤销数据库访问授权的语法如下。

```
revoke privileges on priv_level [with tag_condition] from user_name
privileges: {
    all
  | priv_type [, priv_type] ...
}
 priv_type: {
    read
  | write
}
 priv_level : {
    dbname.tbname
  | dbname.*
  | *.*
}
```

撤销视图授权的语法如下。

```
revoke privileges on [db_name.]view_name from user_name
privileges: {
    all,
  | priv_type [, priv_type] ...
}
priv_type: {
    read
  | write
  | alter
}
```

撤销数据订阅授权的语法如下。

```
revoke privileges on priv_level from user_name
privileges: {
```

```
    all
  | priv_type [, priv_type] ...
}
priv_type: {
    subscribe
}
priv_level: {
    topic_name
}
```

撤销用户 test 对于数据库 power 的所有授权的 SQL 如下。

```
revoke all on power from test
```

撤销用户 test 对于数据库 power 的视图 view_name 的读授权的 SQL 如下。

```
revoke read on power.view_name from test
```

撤销用户 test 对于消息订阅 topic_name 的 subscribe 授权的 SQL 如下。

```
revoke subscribe on topic_name from test
```

9.3 数据备份、恢复、容错和灾备

为了防止数据丢失、误删操作，TDengine 提供全面的数据备份、恢复、容错、异地数据实时同步等功能，以保证数据存储的安全。

9.3.1 基于 taosdump 进行数据备份恢复

taosdump 是一个开源工具，用于支持从运行中的 TDengine 集群备份数据并将备份的数据恢复到相同或另一个正在运行的 TDengine 集群中。taosdump 可以将数据库作为逻辑数据单元进行备份，也可以对数据库中指定时间段内的数据记录进行备份。在使用 taosdump 时，可以指定数据备份的目录路径。如果不指定目录路径，taosdump 将默认将数据备份到当前目录。

以下为 taosdump 执行数据备份的使用示例。

```
taosdump -h localhost -P 6030 -D dbname -o /file/path
```

执行上述命令后，taosdump 会连接 localhost:6030 所在的 TDengine 集群，查询数据库 dbname 中的所有数据，并将数据备份到 /file/path 下。

在使用 taosdump 时，如果指定的存储路径已经包含数据文件，taosdump 会提示用户并立即退出，以避免数据被覆盖。这意味着同一存储路径只能用于一次备份。如果你看

到相关提示，请谨慎操作，以免误操作导致数据丢失。

要将本地指定文件路径中的数据文件恢复到正在运行的 TDengine 集群中，可以通过指定命令行参数和数据文件所在路径来执行 taosdump 命令。以下为 taosdump 执行数据恢复的示例代码。

```
taosdump -i /file/path -h localhost -P 6030
```

执行上述命令后，taosdump 会连接 localhost:6030 所在的 TDengine 集群，并将 /file/path 下的数据文件恢复到 TDengine 集群中。

9.3.2 基于 TDengine Enterprise 进行数据备份恢复

TDengine Enterprise 提供了一个高效的增量备份功能，具体流程如下。

第 1 步，通过浏览器访问 taosExplorer 服务，访问地址通常为 TDengine 集群所在 IP 地址的端口 6060，如 http://localhost:6060。

第 2 步，在 taosExplorer 服务的“系统管理 - 备份”页面中新增一个数据备份任务，在任务配置信息中填写需要备份的数据库名称和备份存储文件路径，完成创建任务后即可启动数据备份。

第 3 步，在数据备份任务完成后，在相同页面的已创建任务列表中找到创建的数据备份任务，直接执行一键恢复，就能够将数据恢复到 TDengine 中。

与 taosdump 相比，如果对相同的数据在指定存储路径下进行多次备份操作，由于 TDengine Enterprise 不仅备份效率高，而且实行的是增量处理，因此每次备份任务都会很快完成。而由于 taosdump 永远是全量备份，因此 TDengine Enterprise 在数据量较大的场景下可以显著减小系统开销，而且更加方便。

9.3.3 容错

TDengine 支持 WAL 机制，实现数据的容错能力，保证数据的高可用。TDengine 接收到应用程序的请求数据包时，会先将请求的原始数据包写入数据库日志文件，等数据成功写入数据库数据文件后，再删除相应的 WAL。这样保证了 TDengine 能够在断电等因素导致的服务重启时，从数据库日志文件中恢复数据，避免数据丢失。涉及的配置参数有如下两个。

- wal_level：WAL 级别，1 表示写 WAL，但不执行 fsync；2 表示写 WAL，而且执行 fsync。默认值为 1。
- wal_fsync_period：当 wal_level 设置为 2 时，执行 fsync 的周期；当 wal_level 设置为 0 时，表示每次写入，立即执行 fsync。

如果要 100% 保证数据不丢失，则应将 wal_level 设置为 2，wal_fsync_period 设置为 0。这时写入速度将会下降。但如果应用程序侧启动的写数据的线程数达到一定的数量（超过 50），那么写入数据的性能也会很不错，只会比 wal_fsync_period 设置为 3000ms 下降 30% 左右。

9.3.4 数据灾备

在异地的两个数据中心中部署两个 TDengine Enterprise 集群，利用其数据复制能力即可实现数据灾备。假定两个集群为集群 A 和集群 B，其中集群 A 为源集群，承担写入请求并提供查询服务；集群 B 可以实时消费集群 A 中新写入的数据，并同步到集群 B。如果发生了灾难，导致集群 A 所在数据中心不可用，可以启用集群 B 作为数据写入和查询的主节点。

以下步骤描述了如何在两个 TDengine Enterprise 集群之间轻松搭建数据灾备体系。

第 1 步，在集群 A 中创建一个数据库 db1，并向该数据库持续写入数据。

第 2 步，通过 Web 浏览器访问集群 A 的 taosExplorer 服务，访问地址通常为 TDengine 集群所在 IP 地址的端口 6060，如 http://localhost:6060。

第 3 步，访问 TDengine 集群 B，创建一个与集群 A 中数据库 db1 参数配置相同的数据库 db2。

第 4 步，通过 Web 浏览器访问集群 B 的 taosExplorer 服务，在“数据浏览器”页面找到数据库 db2，在“查看数据库配置”选项中可以获取该数据库的 DSN，例如 taos+ws://root:taosdata@clusterB:6041/db2。

第 5 步，在 taosExplorer 服务的“系统管理 - 数据同步”页面中新增一个数据同步任务，在任务配置信息中填写需要同步的数据库 db1 和目标数据库 db2 的 DSN，完成创建任务后即可启动数据同步。

第 6 步，访问集群 B，可以看到集群 B 中的数据库 db2 源源不断写入来自集群 A 数据库 db1 的数据，直至两个集群的数据库数据量基本保持一致。至此，一个简单的基于 TDengine Enterprise 的数据灾备体系搭建完成。

9.4 更多的安全策略

除了传统的用户管理以外，TDengine 还有其他的安全策略，例如 IP 白名单、审计日志、数据加密等。

9.4.1 IP 白名单

IP 白名单是一种网络安全技术，它使 IT 管理员能够控制“谁”可以访问系统和资源，提升数据库的访问安全性，避免外部的恶意攻击。IP 白名单通过创建可信的 IP 地址列表，将它们作为唯一标识符分配给用户，并且只允许这些 IP 地址访问目标服务器。请注意，用户权限与 IP 白名单是不相关的，两者分开管理。下面是配置 IP 白名单的具体方法。

增加 IP 白名单的 SQL 如下。

```
create user test pass password [sysinfo value] [host host_name1
[,host_name2]]
alter user test add host host_name1
```

查询 IP 白名单的 SQL 如下。

```
select test, allowed_host from ins_user_privileges;
show users;
```

删除 IP 白名单的 SQL 如下。

```
alter user test drop host host_name1
```

9.4.2 审计日志

TDengine 先对用户操作进行记录和管理，然后将这些作为审计日志发送给 taosKeeper，再由 taosKeeper 保存至任意 TDengine 集群。管理员可通过审计日志进行安全监控、历史追溯。TDengine 的审计日志功能开启和关闭操作非常简单，只须修改 TDengine 的配置文件后重启服务。审计日志的配置参数如表 9-3 所示。

表 9-3 审计日志的配置参数

参数名称	参数含义
audit	是否打开审计日志，默认值为 0。1 为开启，0 为关闭
monitorFqdn	接收审计日志的 FQDN，也就是 taosKeeper 的 FQDN
monitorPort	接收审计日志的端口，也就是 taosKeeper 的端口
monitorCompaction	是否压缩上报数据

当用户开启审计日志后，登录 taosExplorer，点击“系统管理”→“审计”页面，即可查看审计日志。

9.4.3 数据加密

TDengine 支持透明数据加密（Transparent Data Encryption，TDE），通过对静态数据文件进行加密，可以阻止攻击者绕过数据库直接从文件系统读取敏感信息。数据库的访问程序是完全无感知的，应用程序不需要做任何修改和编译，就能够直接应用到加密后的数据库，支持国标 SM4 等加密算法。在透明加密中，数据库密钥管理、数据库加密范围是两个最重要的话题。TDengine 采用机器码对数据库密钥进行加密处理，并将其保存在本地而不是第三方管理器中。当数据文件被拷贝到其他机器时，由于机器码发生变化，无法获得数据库密钥，自然无法访问数据文件。TDengine 对所有数据文件进行加密，包括预写日志文件、元数据文件和时序数据文件。加密后，数据压缩率不变，写入性能和查询性能仅有轻微下降。

1. 配置密钥

密钥配置分离线设置和在线设置两种方式。

方式一，离线设置。通过离线设置可为每个节点分别配置密钥，命令如下。

```
taosd -y {encryptKey}
```

方式二，在线设置。当集群所有节点都在线时，可以使用 SQL 配置密钥，SQL 如下。

```
create encrypt_key {encryptKey};
```

在线设置方式要求所有已经加入集群的节点都没有使用过离线设置方式生成密钥，否则在线设置方式会失败。在线设置密钥成功的同时也会自动加载和使用密钥。

2. 创建加密数据库

TDengine 支持通过 SQL 创建加密数据库，SQL 如下。

```
create database [if not exists] db_name [database_options]
 database_options:
    database_option ...
 database_option: {
   encrypt_algorithm {'none' |'sm4'}
}
```

主要参数说明如下。

encrypt_algorithm：指定数据采用的加密算法。默认是 none，即不采用加密。sm4 表示采用 SM4 加密算法。

3. 查看数据库加密配置

用户可通过查询系统数据库 ins_databases 获取数据库当前加密配置，SQL 如下。

```
select name, encrypt_algorithm from information_schema.ins_databases;
```

```
  name | encrypt_algorithm |
============================
power1 |              none |
 power |               sm4 |
```

4. 查看节点密钥状态

用户可通过查询系统数据库 ins_encryptions 获取节点密钥状态，SQL 如下。

```
select * from information_schema.ins_encryptions;
   dnode_id |     key_status     |
===============================
          1 |             loaded |
          2 |              unset |
          3 |            unknown |
```

key_status 有如下 3 种取值。

- unset：节点未设置密钥。
- loaded：密钥被检验成功并且加载。
- unknown：密钥被设置但是没有被加载，此状态出现在先启动了 taosd 而后用离线方式设置密钥的场景中。

5. 更新密钥配置

当节点的硬件配置发生变更时，节点的机器码也会发生变更，这时会导致加密数据库的 vnode 节点无法工作，需要更新密钥配置，更新密钥配置的命令如下。

```
taosd -y  {encryptKey}
```

第三部分 应用开发

第 10 章　SQL 执行

10.1　连接器

为了简化用户开发应用的复杂性并加速上市时间，TDengine 配备了丰富多样的 API 以及广泛支持的编程语言连接器。这些连接器不仅包括官方精心打造的 C/C++、Java、Python、Go、Node.js、C#、Rust 等编程语言版本，还兼容符合 ODBC（Open Database Connectivity，开放数据库连接）标准的连接器，以满足不同开发者的偏好和需求。

每个连接器都提供原生连接、RESTful 连接和 WebSocket 连接选项，这些选项赋予开发者极强的灵活性和选择权，使他们能够根据项目需求选择最适合的连接方式。此外，TDengine 的开放接口和网络促进了社区驱动的开发和创新，众多社区开发者贡献的连接器如 Lua 和 PHP 等，进一步丰富了 TDengine 的生态系统。

图 10-1 展示了客户端应用通过连接器访问 TDengine 的过程。

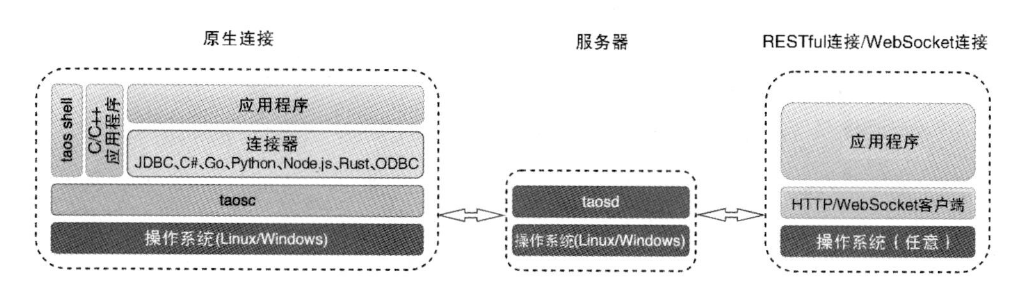

图 10-1　客户端应用通过连接器访问 TDengine 的过程

10.1.1　建立连接的方式

TDengine 提供 3 种通过连接器建立连接的方式，如图 10-2 所示。

- 原生连接：通过 taosc 直接与 taosd 建立连接。
- RESTful 连接：通过 taosAdapter 提供的 RESTful 接口与 taosd 建立连接。
- WebSocket 连接：通过 taosAdapter 提供的 WebSocket API 与 taosd 建立连接。

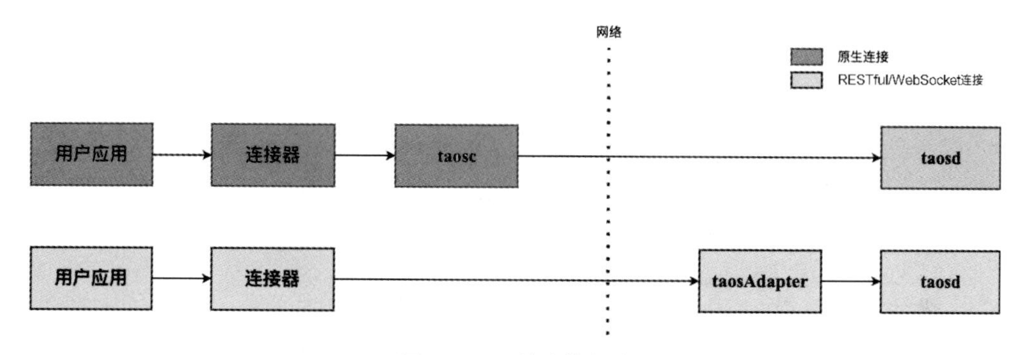

图 10-2　3 种连接方式

无论使用何种方式建立连接，连接器都提供了相同或相似的操作数据库的 API。通过这 3 种方式，都可以执行 SQL，只是初始化连接的方式稍有不同，用户在使用上没有明显差别。3 种连接方式的关键不同点如下。

- 使用原生连接时，需要保证客户端驱动程序 taosc 和服务器的 TDengine 版本配套，简单地说，需要 4 位版本号中的前 3 位一致。
- 使用 RESTful 连接时，用户无须安装客户端驱动程序 taosc。这种方式具有跨平台易用的优势，但是无法体验数据订阅和二进制数据类型等功能。另外与原生连接和 WebSocket 连接相比，RESTful 连接的性能最低。
- 使用 WebSocket 连接时，用户也无须安装客户端驱动程序 taosc，从功能上可以完全替代原生连接且能够获得与之相近的性能。

● 若要连接云服务实例，则必须使用 RESTful 连接或 WebSocket 连接。

如果无特殊需求，建议使用 WebSocket 连接。限于篇幅，接下来以 Java 连接器的 WebSocket 连接方式为例介绍应用开发的常用功能。针对其他编程语言的连接器以及其他连接方式，请参阅 TDengine 的官方文档。

10.1.2 Java 连接器简介

taos-jdbcdriver 是 TDengine 的官方 Java 连接器，Java 开发者可以通过它开发存取 TDengine 数据库的应用。taos-jdbcdriver 实现了 JDBC（Java Database Connectivity，Java 数据库连接）Driver 标准的接口。

因为 TDengine 与关系型数据库的使用场景和技术特征存在差异，所以 taos-jdbcdriver 与标准 JDBC 也存在一定差异，例如不支持事务操作。

10.1.3 Java 连接器的 JDBC 和 JRE 兼容性

Java 连接器的 JDBC 和 JRE（Java Runtime Environment，Java 运行时环境）兼容性如下。

- JDBC：兼容 JDBC 4.2 版本，部分功能如无模式写入和数据订阅单独提供。
- JRE：支持 JRE 8 及以上版本。

10.1.4 安装 Java 连接器

目前 taos-jdbcdriver 已经发布到 Sonatype Repository 仓库，且各大仓库都已同步。针对 Maven 项目，在 pom.xml 中可以添加以下依赖。

```
<dependency>
  <groupId>com.taosdata.jdbc</groupId>
  <artifactId>taos-jdbcdriver</artifactId>
  <version>3.2.11</version>
</dependency>
```

10.1.5 TDengine 数据类型和 Java 数据类型的转换关系

TDengine 支持多种数据类型，以满足不同场景下的数据存储需求。目前，它已兼容时间戳、数字、字符、布尔等多种数据类型。为了方便用户理解和使用，表 10-1 展示了 TDengine 数据类型与 Java 数据类型的对应关系。

表 10-1　TDengine 数据类型与 Java 数据类型的对应关系

TDengine 数据类型	Java 数据类型
timestamp	java.sql.Timestamp
int	java.lang.Integer
bigint	java.lang.Long
float	java.lang.Float
double	java.lang.Double
smallint	java.lang.Short
tinyint	java.lang.Byte
bool	java.lang.Boolean
varchar	byte array
nchar	java.lang.String
json	java.lang.String
varbinary	byte[]
geometry	byte[]

注　意

在 TDengine 中，仅在标签中支持 json 类型。这种设计有助于提高数据库的性能，因为标签的查询通常比数据的查询要频繁得多。

另外，TDengine 还支持 geometry 类型，这是一种符合 WKB（Well-Known Binary）规范的二进制数据，采用小端字节序存储。对于 Java 连接器，用户可以利用 jts 库方便地创建 geometry 类型对象，并将其序列化后写入 TDengine。具体的使用示例和详细信息，请参阅 TDengine 的官方文档。

10.2　建立连接

本节以 Java 连接器的 WebSocket 连接方式为例介绍如何建立连接，以及设置连接参数。

10.2.1　指定 URL 以获取连接

TDengine 的 JDBC URL 规范格式如下。

```
    jdbc:[TAOS|TAOS-RS]://[host_name]:[port]/[database_name]?[user = {user}|
&password = {password}|& charset = {charset}|&cfgdir = {config_dir}|&locale =
{locale}|&timezone = {timezone}]
```

在连接中增加 batchfetch 参数并设置为 true，将开启 WebSocket 连接。下面是建立 WebSocket 连接的示例代码。

```
    Class.forName("com.taosdata.jdbc.rs.RestfulDriver");
    String jdbcUrl = "jdbc:TAOS-RS://taosdemo.com:6041/power?user =
root&password = taosdata&batchfetch = true";
    Connection conn = DriverManager.getConnection(jdbcUrl);
```

以上代码建立了到 taosdemo.com:6041 的连接，默认读取的数据库名为 power，连接方式为 WebSocket。这个连接在 URL 中指定的用户名为 root，密码为 taosdata。使用 JDBC WebSocket 连接时无须依赖客户端驱动程序，不过需要设置如下参数。

- driverClass 指定为 com.taosdata.jdbc.rs.RestfulDriver。
- jdbcUrl 以“jdbc:TAOS-RS://”开头，使用 6041 作为连接端口。
- batchfetch 参数设置为 true。

URL 中的可配置参数如下。

user：用户名。

password：用户登录密码。

token：访问云服务实例时需要设置此参数，细节请参阅 TDengine 的官方文档。

batchfetch 参数的设置如下。

- true：在执行查询时批量拉取结果集。批量拉取结果集使用 WebSocket 连接进行数据传输。相较于 HTTP 方式，WebSocket 方式支持更大数据量的查询，并显著提高查询性能。
- false：默认值，逐行拉取结果集并使用 HTTP 方式进行数据传输。

charset：当开启批量拉取数据时，指定解析字符串数据的字符集。

batchErrorIgnore 的设置如下。

- true：在执行 Statement 的 executeBatch 时，如果中间有一个 SQL 执行失败，则继续执行后面的 SQL。
- false：默认值，不再执行失败 SQL 后的任何语句。

httpConnectTimeout：连接超时时间，单位为 ms，默认值为 60 000。

httpSocketTimeout：socket 超时时间，单位为 ms，默认值为 60 000，仅在 batchfetch 参数设置为 false 时生效。

messageWaitTimeout：消息超时时间，单位为 ms，默认值为 60 000，仅在 batchfetch 参数设置为 true 时生效。

useSSL：连接中是否使用 SSL。

httpPoolSize：并发请求大小，默认为 20。

10.2.2 指定 URL 和 Properties 以获取连接

除了通过指定的 URL 获取连接以外，还可以使用 Properties 指定建立连接时的参数。参考代码如下。

```
public Connection getRestConn() throws Exception {
  Class.forName("com.taosdata.jdbc.rs.RestfulDriver");
  String jdbcUrl = "jdbc:TAOS-RS://taosdemo.com:6041/power?user =
root&password=taosdata";
  Properties connProps = new Properties();
  connProps.setProperty(TSDBDriver.PROPERTY_KEY_BATCH_LOAD, "true");
  connProps.setProperty(TSDBDriver.PROPERTY_KEY_CHARSET, "UTF-8");
  connProps.setProperty("debugFlag", "135");
  Connection conn = DriverManager.getConnection(jdbcUrl, connProps);
  return conn;
}
```

以上代码建立了一个到 hostname 为 taosdemo.com、端口为 6041、数据库名为 power 的 WebSocket 连接。这个连接在 URL 中指定的用户名为 root，密码为 taosdata，并在 connProps 中指定使用的字符集、是否开启批量拉取等信息。

Properties 的配置参数如下。

- TSDBDriver.PROPERTY_KEY_USER：用户名，默认值为 root。
- TSDBDriver.PROPERTY_KEY_PASSWORD：用户密码，默认值为 taosdata。
- TSDBDriver.PROPERTY_KEY_BATCH_LOAD：true 表示在执行查询时批量拉取结果集；false 表示逐行拉取结果集。默认值为 false。
- TSDBDriver.PROPERTY_KEY_BATCH_ERROR_IGNORE：true 表示在执行 Statement 的 executeBatch 时，如果中间有一个 SQL 执行失败，则继续执行后面的 SQL；false 表示不再执行失败 SQL 后的任何语句。默认值为 false。
- TSDBDriver.PROPERTY_KEY_CONFIG_DIR：仅在使用 JDBC 原生连接时生效。不同操作系统，客户端配置文件的路径不同，在 Linux 操作系统中，默认为 /etc/taos，在 Windows 操作系统中，默认为 C:\TDengine\cfg。
- TSDBDriver.PROPERTY_KEY_CHARSET：客户端使用的字符集，默认值为系统字符集。
- TSDBDriver.PROPERTY_KEY_LOCALE：客户端语言环境，默认值为系统当前 locale。仅在使用 JDBC 原生连接时生效。
- TSDBDriver.PROPERTY_KEY_TIME_ZONE：客户端使用的时区，默认值为系统

当前时区。受限于历史原因，只支持 POSIX 标准的部分规范，如 UTC-8、GMT-8、Asia/Shanghai 等。仅在使用 JDBC 原生连接时生效。
- TSDBDriver.HTTP_CONNECT_TIMEOUT：连接超时时间，单位为 ms，默认值为 60 000。仅在 RESTful 连接时生效。
- TSDBDriver.HTTP_SOCKET_TIMEOUT：socket 超时时间，单位为 ms，默认值为 60 000。仅在 RESTful 连接且 batchfetch 参数设置为 false 时生效。
- TSDBDriver.PROPERTY_KEY_MESSAGE_WAIT_TIMEOUT：消息超时时间，单位为 ms，默认值为 60 000。仅在 RESTful 连接且 batchfetch 参数设置为 true 时生效。
- TSDBDriver.PROPERTY_KEY_USE_SSL：连接中是否使用 SSL。仅在 RESTful 连接时生效。
- TSDBDriver.HTTP_POOL_SIZE：RESTful 并发请求大小，默认为 20。

应用中设置的 client parameter 为进程级别的，如果要更新参数，应重启应用。

10.2.3 配置参数的优先级

当通过 10.2.1 节和 10.2.2 节介绍的方式获取连接时，如果配置参数在 URL 和 Properties 中分别指定，则 URL 参数的优先级最高。例如，在 URL 中指定密码为 taosdata，在 Properties 中指定密码为 taosdemo，那么，JDBC 会使用 URL 中的密码建立连接。

10.3 执行 SQL

本节以 Java 连接器的 WebSocket 连接方式为例，介绍如何通过执行 SQL 进行创建数据库和表、写入数据、查询数据、执行带有 reqId 的 SQL，以及如何通过参数绑定方式高效写入数据。

10.3.1 创建数据库和表

创建数据库和表的示例代码如下。

```
// create statement
Statement stmt = conn.createStatement();
// create database
stmt.executeUpdate("create database if not exists power");
// use database
```

```
    stmt.executeUpdate("use power");
    // create table
    stmt.executeUpdate("create stable if not exists meters (ts timestamp,
current float, voltage int, phase float) tags (groupId int, location
varchar(24))");
```

如果不使用 use power 指定数据库，则后续对表的操作都需要增加数据库名称作为前缀，如 power.meters。

10.3.2　写入数据

写入数据的示例代码如下。

```
// insert data
String insertQuery = "insert into" +
    "power.d1001 using power.meters tags (2,'California.SanFrancisco') " +
    "values" +
    "(now + 1a, 10.30000, 219, 0.31000)" +
    "(now + 2a, 12.60000, 218, 0.33000)" +
    "(now + 3a, 12.30000, 221, 0.31000)" +
    "power.d1002 using power.meters tags (3, 'California.SanFrancisco') " +
    "values " +
    "(now + 1a, 10.30000, 218, 0.25000) ";
int affectedRows = stmt.executeUpdate(insertQuery);
System.out.println("insert" + affectedRows + " rows.");
```

now 为系统内部函数，默认为客户端所在计算机当前时间。now+1s 代表客户端当前时间往后加 1s，数字后面的字母代表时间单位，如 a（毫秒）、s（秒）、m（分）、h（小时）、d（天）、w（周）、n（月）和 y（年）。

10.3.3　查询数据

查询数据的示例代码如下。

```
// query data
ResultSet resultSet = stmt.executeQuery("select * from meters");
Timestamp ts;
float current;
String location;
while(resultSet.next()) {
    ts = resultSet.getTimestamp(1);
```

```
        current = resultSet.getFloat(2);
        location = resultSet.getString("location");
        System.out.printf("%s, %f, %s\n", ts, current, location);
    }
```

查询和操作关系型数据库一致，不过使用下标获取返回字段内容时将从 1 开始，建议使用字段名称获取。

10.3.4 执行带有 reqId 的 SQL

reqId 在分布式系统中扮演着至关重要的角色，类似于 traceId。它用于标识、追踪和关联一个请求的所有相关操作，从而实现对请求链路的有效管理。以下是使用 reqId 的一些优势。

- 请求追踪：通过将同一个 reqId 关联到一个请求的所有相关操作，可以轻松追踪请求在 TDengine 中的完整路径。
- 性能分析：通过分析一个请求的 reqId，可以获取请求在各个服务和模块中的处理时间，从而找出性能瓶颈并进行优化。
- 故障诊断：当请求失败时，可以通过查看与该请求关联的 reqId 来快速定位问题发生的位置，提高故障排查效率。

尽管连接器在系统内部可以随机生成 reqId，但为了更好地与用户请求关联，建议由用户显式设置 reqId。这样可以确保 reqId 更具一致性和可追溯性，从而提高系统的可靠性和稳定性。示例代码如下。

```
AbstractStatement aStmt = (AbstractStatement) connection.createStatement();
aStmt.execute("create database if not exists power", 1L);
aStmt.executeUpdate("use power", 2L);
try (ResultSet rs = aStmt.executeQuery("select * from meters limit 1", 3L)) {
    while(rs.next()){
        Timestamp timestamp = rs.getTimestamp(1);
        System.out.println("timestamp = " + timestamp);
    }
}
aStmt.close();
```

10.3.5 通过参数绑定方式高效写入数据

通过参数绑定方式写入数据时，能避免 SQL 语法解析的资源消耗，从而显著提高写入性能。示例代码如下。

```
public class WSParameterBindingBasicDemo {
  // modify host to your own
```

```
    private static final String host = "127.0.0.1";
    private static final Random random = new Random(System.currentTimeMillis());
    private static final int numOfSubTable = 10, numOfRow = 10;
    public static void main(String[] args) throws SQLException {
      String jdbcUrl = "jdbc:TAOS-RS://" + host + ":6041/?batchfetch = true";
      Connection conn = DriverManager.getConnection(jdbcUrl, "root",
"taosdata");
      init(conn);
      String sql = "insert into ? using meters tags(?,?) values(?,?,?,?)";
      try (TSWSPreparedStatement pstmt = conn.prepareStatement(sql).
unwrap(TSWSPreparedStatement.class)) {
        for (int i = 1; i <= numOfSubTable; i++) {
          // set table name
          pstmt.setTableName("d_bind_" + i);
          // set tags
          pstmt.setTagInt(0, i);
          pstmt.setTagString(1, "location_" + i);
          // set columns
          long current = System.currentTimeMillis();
          for (int j = 0; j < numOfRow; j++) {
            pstmt.setTimestamp(1, new Timestamp(current + j));
            pstmt.setFloat(2, random.nextFloat() * 30);
            pstmt.setInt(3, random.nextInt(300));
            pstmt.setFloat(4, random.nextFloat());
            pstmt.addBatch();
          }
          pstmt.executeBatch();
        }
      }
      conn.close();
    }
    private static void init(Connection conn) throws SQLException {
      try (Statement stmt = conn.createStatement()) {
        stmt.execute("create database if not exists power");
        stmt.execute("use power");
        stmt.execute("create stable if not exists meters (ts timestamp, current
float, voltage int, phase float) tags (groupId int, location varchar(24))");
      }
    }
  }
```

更多包含所有参数类型的参数绑定写入实例请参阅 TDengine 的官方文档。用于设定 values 数据列取值的方法如下。

```
public void setInt(int columnIndex, ArrayList<Integer list) throws SQLException
```

```
    public void setFloat(int columnIndex, ArrayList<Float list) throws SQLException
    public void setTimestamp(int columnIndex, ArrayList<Long list) throws
SQLException
    public void setLong(int columnIndex, ArrayList<Long list) throws SQLException
    public void setDouble(int columnIndex, ArrayList<Double list) throws SQLException
    public void setBoolean(int columnIndex, ArrayList<Boolean list) throws
SQLException
    public void setByte(int columnIndex, ArrayList<Byte list) throws SQLException
    public void setShort(int columnIndex, ArrayList<Short list) throws SQLException
    public void setString(int columnIndex, ArrayList<String list, int size) throws
SQLException
    public void setNString(int columnIndex, ArrayList<String list, int size) throws
SQLException
    public void setVarbinary(int columnIndex, ArrayList<byte[] list, int size) throws
SQLException
    public void setGeometry(int columnIndex, ArrayList<byte[] list, int size) throws
SQLException
```

注 意

针对 varchar 类型数据，需要调用 setString 方法；针对 nchar 类型数据，需要调用 setNString 方法。

在预处理语句中指定数据库与子表名称时不要使用“db.?”，应直接使用“?”，然后在 setTableName 中指定数据库，如 prepareStatement.setTableName ("db.t1")。

字符串和数组类型都要求用户在 size 参数中声明表定义中对应列的列宽。

用于设定 tags 取值的方法如下。

```
public void setTagNull(int index, int type)
public void setTagBoolean(int index, boolean value)
public void setTagInt(int index, int value)
public void setTagByte(int index, byte value)
public void setTagShort(int index, short value)
public void setTagLong(int index, long value)
public void setTagTimestamp(int index, long value)
public void setTagFloat(int index, float value)
public void setTagDouble(int index, double value)
public void setTagString(int index, String value)
public void setTagNString(int index, String value)
public void setTagJson(int index, String value)
public void setTagVarbinary(int index, byte[] value)
public void setTagGeometry(int index, byte[] value)
```

第 11 章　无模式写入

在物联网应用中，为了实现自动化管理、业务分析和设备监控等多种功能，通常需要采集大量的数据项。然而，由于应用逻辑的版本升级和设备自身的硬件调整等原因，数据采集项可能会频繁发生变化。为了应对这些挑战，TDengine 提供了无模式（schemaless）写入方式，旨在简化数据记录过程。

采用无模式写入方式，用户无须预先创建超级表或子表，因为 TDengine 会根据实际写入的数据自动创建相应的存储结构。此外，在必要时，无模式写入方式还能自动添加必要的数据列或标签列，确保用户写入的数据能够被正确存储。

值得注意的是，通过无模式写入方式创建的超级表及其对应的子表与通过 SQL 直接创建的超级表和子表在功能上没有区别，用户仍然可以使用 SQL 直接向其中写入数据。然而，由于无模式写入方式生成的表名是基于标签值按照固定的映射规则生成的，因此这些表名可能缺乏可读性，不易理解。

采用无模式写入方式时会自动创建表，无须手动创建表。

11.1　无模式写入行协议

TDengine 的无模式写入行协议兼容 InfluxDB 的行协议、OpenTSDB 的 telnet 行协议和 OpenTSDB 的 JSON 格式协议。关于 InfluxDB、OpenTSDB 的标准写入协议，请参考各自的官方文档。

下面首先以 InfluxDB 的行协议为基础，介绍 TDengine 扩展的协议内容。该协议允许用户采用更加精细的方式控制（超级表）模式。采用一个字符串来表达一个数据行，可以向写入 API 中一次传入多行字符串来实现多个数据行的批量写入，语法格式如下。

```
measurement,tag_set field_set timestamp
```

参数说明如下。

- measurement 为数据表名，与 tag_set 之间使用一个英文逗号来分隔。
- tag_set 格式形如 <tag_key> <tag_value>, <tag_key>=<tag_value>，表示标签列数据，使用英文逗号分隔，与 field_set 之间使用一个半角空格分隔。
- field_set 格式形如 <field_key>=<field_value>, <field_key>=<field_value>，表示普通列，同样使用英文逗号来分隔，与 timestamp 之间使用一个半角空格分隔。
- timestamp 为本行数据对应的主键时间戳。

tag_set 中的所有的数据自动转化为 nchar 数据类型，并不需要使用双引号。

在无模式写入数据行协议中，field_set 中的每个数据项都需要对自身的数据类型进行描述，具体要求如下。

- 如果两边有英文双引号，表示 varchar 类型，例如 "abc"。
- 如果两边有英文双引号而且带有 L 或 l 前缀，表示 nchar 类型，例如 L" 报错信息"。
- 如果两边有英文双引号而且带有 G 或 g 前缀，表示 geometry 类型，例如 G"Point(4.343 89.342)"。
- 如果两边有英文双引号而且带有 B 或 b 前缀，表示 varbinary 类型，双引号内可以为 \x 开头的十六进制数或者字符串，例如 B"\x98f46e" 和 B"hello"。
- 对于空格、等号（=）、逗号（,）、双引号（"）、反斜杠（\），前面需要使用反斜杠（\）进行转义（均为英文半角符号）。无模式写入协议的域转义规则如表 11-1 所示。

表 11-1 无模式写入协议的域转义规则

序号	域	需要转义的字符
1	超级表名	逗号，空格
2	标签名	逗号，等号，空格
3	标签值	逗号，等号，空格
4	列名	逗号，等号，空格
5	列值	双引号，反斜杠

如果使用两个连续的反斜杠，则第 1 个反斜杠作为转义符，当只有一个反斜杠时则无须转义。无模式写入协议的反斜杠转义规则如表 11-2 所示。

表 11-2 无模式写入协议的反斜杠转义规则

序号	反斜杠	转义为
1	\	\
2	\\	\
3	\\\	\\
4	\\\\	\\
5	\\\\\	\\\
6	\\\\\\	\\\

数值类型将通过后缀来区分数据类型。无模式写入协议的数值类型转义规则如表 11-3 所示。

表 11-3 无模式写入协议的数值类型转义规则

序号	后缀	映射类型	大小 /B
1	无或 f64	double	8
2	f32	float	4
3	i8/u8	tinyint、tinyint unsigned	1
4	i16/u16	small int、small unsighed	2
5	i32/u32	int、int unsigned	4
6	i64/i/u64/u	bigint、bigint unsigned	8

t、T、true、True、TRUE、f、F、false、False、FALSE 将直接作为 bool 类型来处理。例如下面这行代码。

```
st,t1=3,t2=4,t3=t3 c1=3i64,c3="passit",c2=false,c4=4f64
1626006833639000000
```

如上数据行表示：向名为 st 的超级表下的 t1 标签为 3（nchar）、t2 标签为 4（nchar）、t3 标签为 t3（nchar）的数据子表写入 c1 列为 3（bigint）、c2 列为 false（bool）、c3 列为 passit（varchar）、c4 列为 4（double）、主键时间戳为 1626006833639000000 的一条数据。

需要注意的是，如果描述数据类型后缀时出现大小写错误，或者为数据指定的数据类型有误，均可能引发报错提示而导致数据写入失败。

TDengine 提供数据写入的幂等性保证，即用户可以反复调用 API 进行出错数据的写入操作。无模式写入 TDengine 的主要处理逻辑请参考 TDengine 的官方网站，此处不赘述。

11.2 时间分辨率识别

无模式写入协议支持 3 个指定的模式，说明如表 11-4 所示。

表 11-4 无模式写入协议的 3 个指定模式

序号	值	说明
1	SML_LINE_PROTOCOL	InfluxDB 行协议
2	SML_TELNET_PROTOCOL	OpenTSDB 文本行协议
3	SML_JSON_PROTOCOL	JSON 格式协议

在 SML_LINE_PROTOCOL 模式下，需要用户指定输入的时间戳的时间分辨率。无模式写入协议的时间分辨率如表 11-5 所示。

表 11-5 无模式写入协议的时间分辨率

序号	时间分辨率定义	含义
1	TSDB_SML_TIMESTAMP_NOT_CONFIGURED	未定义（无效）
2	TSDB_SML_TIMESTAMP_HOURS	时
3	TSDB_SML_TIMESTAMP_MINUTES	分
4	TSDB_SML_TIMESTAMP_SECONDS	秒
5	TSDB_SML_TIMESTAMP_MILLI_SECONDS	毫秒
6	TSDB_SML_TIMESTAMP_MICRO_SECONDS	微秒
7	TSDB_SML_TIMESTAMP_NANO_SECONDS	纳秒

在 SML_TELNET_PROTOCOL 和 SML_JSON_PROTOCOL 模式下，根据时间戳的长度来确定时间分辨率（与 OpenTSDB 标准操作方式相同），此时会忽略用户指定的时间分辨率。

11.3 数据模式映射规则

InfluxDB 行协议的数据将被映射成具有模式的数据，其中，measurement 映射为超级表名称，tag_set 中的标签名称映射为数据模式中的标签名，field_set 中的名称映射为列名称。例如下面的数据。

```
st,t1=3,t2=4,t3=t3 c1=3i64,c3="passit",c2=false,c4=4f64
1626006833639000000
```

该条数据映射为一张超级表 st，其中，包含 3 个类型为 nchar 的标签，分别是 t1、

t2、t3，以及 5 个数据列，分别是 ts（timestamp）、c1（bigint）、c3（varchar）、c2（bool）、c4（bigint）。映射的 SQL 如下。

```
    create stable st (_ts timestamp, c1 bigint, c2 bool, c3 varchar(6), c4
bigint)
    tags(t1 nchar(1), t2 nchar(1), t3 nchar(2))
```

11.4　数据模式变更处理

在使用行协议写入一个明确标识的字段类型时，在后续使用中，如果更改该字段的类型定义，则会出现明确的数据模式错误。例如下面的数据。

```
    st,t1=3,t2=4,t3=t3 c1=3i64,c3="passit",c2=false,c4=4
1626006833639000000
    st,t1=3,t2=4,t3=t3 c1=3i64,c3="passit",c2=false,c4=4i
1626006833640000000
```

由于第 1 行的数据类型映射将 c4 列定义为 double，但是第 2 行的数据又通过数值后缀方式声明该列为 bigint，由此会触发无模式写入的解析错误。

如果列前面的行协议将数据列声明为 varchar，而后续要求长度更长的 varchar，此时会触发超级表模式的变更。例如下面的数据。

```
    st,t1=3,t2=4,t3=t3 c1=3i64,c5="pass" 1626006833639000000
    st,t1=3,t2=4,t3=t3 c1=3i64,c5="passit" 1626006833640000000
```

第 1 行数据中的协议解析会声明 c5 列是一个 varchar(4) 的字段，当写入第 2 行数据时会提取 c5 列，此时它仍然是 varchar，但是其宽度为 6，需要将 varchar 的宽度增加到能够容纳新字符串的宽度。例如下面的数据。

```
    st,t1=3,t2=4,t3=t3 c1=3i64 1626006833639000000
    st,t1=3,t2=4,t3=t3 c1=3i64,c6="passit" 1626006833640000000
```

第 2 行数据相对于第 1 行数据增加了一个 c6 列，类型为 varchar(6)，那么此时会自动增加一个 c6 列，类型为 varchar(6)。

11.5　Java 连接器无模式写入样例

Java 连接器无模式写入的示例代码如下。

```
public class SchemalessWsTest {
  private static final String host = "127.0.0.1";
```

```
    private static final String lineDemo = "meters,groupid=2,location =
California.SanFrancisco current=10.3000002f64,voltage=219i32,phase =
0.31f64 1626006833639000000";
    private static final String telnetDemo = "stb0_0 1707095283260 4 host=host0
interface=eth0";
    private static final String jsonDemo = "{\"metric\": \"meter_current\",
\"timestamp\": 1626846400,\"value\": 10.3, \"tags\": {\"groupId\": 2,
\"location\": \"California.SanFrancisco\", \"id\": \"d1001\"}}";

    public static void main(String[] args) throws SQLException {
      final String url = "jdbc:TAOS-RS://" + host + ":6041/?user=root&password =
taosdata&batchfetch = true";
      try(Connection connection = DriverManager.getConnection(url)){
        init(connection);

        try(SchemalessWriter writer = new SchemalessWriter(connection,
"power")){
          writer.write(lineDemo, SchemalessProtocolType.LINE,
SchemalessTimestampType.NANO_SECONDS);
          writer.write(telnetDemo, SchemalessProtocolType.TELNET,
SchemalessTimestampType.MILLI_SECONDS);
          writer.write(jsonDemo, SchemalessProtocolType.JSON,
SchemalessTimestampType.SECONDS);
        }
      }
    }

    private static void init(Connection connection) throws SQLException {
      try (Statement stmt = connection.createStatement()) {
        stmt.execute("create DATABASE if not exists power");
        stmt.execute("USE power");
      }
    }
  }
```

当执行带有 reqId 的无模式写入时，此 reqId 可用于请求链路追踪，示例代码如下。

```
writer.write(lineDemo, SchemalessProtocolType.LINE,
SchemalessTimestampType.NANO_SECONDS, 1L);
```

11.6 查询写入的数据

运行 11.5 节的示例代码后，会在 power 数据库中自动创建表，可以通过 taos shell 或者应用来查询数据。用 taos shell 查询超级表和 meters 表数据的示例代码如下。

```
taos> show power.stables;
          stable_name |
        ===============
        meter_current|
               stb0_0|
               meters|

taos> select * from power.meters limit 1 \G;
*************************** 1.row ***************************
     _ts: 2021-07-11 20:33:53.639
 current: 10.300000199999999
 voltage: 219
   phase: 0.310000000000000
 groupId: 2
location: California.SanFrancisco
```

当然，应用可以通过连接器提供的接口执行 SQL 来查询数据，此处不赘述。

第 12 章　订阅数据

TDengine 提供了类似 Kafka 的数据订阅功能。本章以 Java 连接器的 WebSocket 连接方式为例，介绍数据订阅的相关 API 及其使用方法。

12.1　创建主题

创建主题的示例代码如下。

```
Connection connection = DriverManager.getConnection(url, properties);
Statement statement = connection.createStatement();
statement.executeUpdate("create topic if not exists topic_meters as select
ts, current, voltage, phase, groupId, location from meters");
```

上述代码将使用 SQL“ select ts, current, voltage, phase, groupId, location from meters”创建一个名为 topic_meters 的订阅。使用该订阅所获取的消息中的每条记录都由该查询语句所选择的列组成。

在 TDengine 中，对于订阅查询，有以下限制。

- 查询语句限制：订阅查询只能使用 select 语句，不支持其他类型的 SQL，如 insert、update 或 delete 等语句。
- 原始数据查询：订阅查询只能查询原始数据，而不能查询聚合或计算结果。
- 时间顺序限制：订阅查询只能按照时间正序查询数据。

12.2 创建消费者

创建消费者的示例代码如下。

```
Properties config = new Properties();
config.setProperty("td.connect.type", "ws");
config.setProperty("bootstrap.servers", "localhost:6041");
config.setProperty("auto.offset.reset", "latest");
config.setProperty("msg.with.table.name", "true");
config.setProperty("enable.auto.commit", "true");
config.setProperty("auto.commit.interval.ms", "1000");
config.setProperty("group.id", "group1");
config.setProperty("client.id", "1");
config.setProperty("value.deserializer", "com.taosdata.example.
AbsConsumerLoop$ResultDeserializer");
config.setProperty("value.deserializer.encoding", "UTF-8");

this.consumer = new TaosConsumer<(config);
```

相关参数说明如下。

- td.connect.type：连接方式。jni 表示使用动态库连接的方式进行数据通信；ws/WebSocket 表示使用 WebSocket 连接方式进行数据通信。默认为 jni。
- bootstrap.servers：TDengine 服务器所在的 IP:port，如果使用 WebSocket 连接方式，则为 taosAdapter 所在的 IP:port。
- auto.offset.reset：消费组订阅的初始位置。earliest：表示从头开始订阅；latest：表示仅从最新数据开始订阅。
- enable.auto.commit：是否允许自动提交。
- group.id：消费者所在的消费组。
- value.deserializer：结果集反序列化方式。可以继承 com.taosdata.jdbc.tmq.ReferenceDeserializer，并指定结果集 bean，实现反序列化；也可以继承 com.taosdata.jdbc.tmq.Deserializer，根据 SQL 的 resultSet 自定义反序列化方式。

更多参数说明请参阅 TDengine 的官方文档。

12.3 订阅消费数据

订阅消费数据的示例代码如下。

```
while (!shutdown.get()) {
    ConsumerRecords<ResultBean records = consumer.poll(Duration.
```

```
ofMillis(100));
        for (ConsumerRecord<ResultBean record: records) {
            ResultBean bean = record.value();
            process(bean);
        }
    }
```

由于 poll 每次调用获取一条消息，而一条消息中可能包含多条记录，因此需要循环处理。

12.4 指定订阅 offset

指定订阅 offset 的相关 API 如下。

```
    // 获取订阅的 topicPartition
    Set<TopicPartition assignment() throws SQLException;
    // 获取 offset
    long position(TopicPartition partition) throws SQLException;
    Map<TopicPartition, Long position(String topic) throws SQLException;
    Map<TopicPartition, Long beginningOffsets(String topic) throws SQLException;
    Map<TopicPartition, Long endOffsets(String topic) throws SQLException;
    Map<TopicPartition, OffsetAndMetadata committed(Set<TopicPartition
partitions) throws SQLException;

    // 指定下一次 poll 中使用的 offset
    void seek(TopicPartition partition, long offset) throws SQLException;
    void seekToBeginning(Collection<TopicPartition partitions) throws
SQLException;
    void seekToEnd(Collection<TopicPartition partitions) throws SQLException;
```

示例代码如下。

```
    String topic = "topic_meters";
    Map<TopicPartition, Long offset = null;
    try (TaosConsumer<AbsConsumerLoop.ResultBean consumer = new
TaosConsumer<(config)) {
        consumer.subscribe(Collections.singletonList(topic));
        for (int i = 0; i < 10; i++) {
            if (i == 3) {
                // Saving consumption position
                offset = consumer.position(topic);
            }
            if (i == 5) {
```

```
            // reset consumption to the previously saved position
            for (Map.Entry<TopicPartition, Long entry : offset.entrySet()) {
                consumer.seek(entry.getKey(), entry.getValue());
            }
        }
        ConsumerRecords<AbsConsumerLoop.ResultBean records = consumer.
poll(Duration.ofMillis(500));
    }
}
```

12.5 提交 offset

当 enable.auto.commit 为 false 时，可以手动提交 offset，示例代码如下。

```
void commitSync() throws SQLException;
void commitSync(Map<TopicPartition, OffsetAndMetadata offsets) throws
SQLException;
// 异步提交仅在原生连接下有效
void commitAsync(OffsetCommitCallback<V callback) throws SQLException;
void commitAsync(Map<TopicPartition, OffsetAndMetadata offsets,
OffsetCommitCallback<V callback) throws SQLException;
```

12.6 取消订阅和关闭消费

取消订阅和关闭消费的相关 API 如下。

```
// 取消订阅
consumer.unsubscribe();
// 关闭消费
consumer.close()
```

数据订阅是 TDengine 提供的高级特性之一，数据订阅的 API 类似 Kafka 的客户端接口，熟悉 Kafka 的读者应该会很容易掌握。另外 TDengine 的官方网站提供了完整的数据订阅样例，限于篇幅本章没有引用，有需要的读者可以自行查阅。

第 13 章　自定义函数

13.1　自定义函数简介

在某些应用场景中，应用逻辑需要的查询功能无法直接使用 TDengine 内置的函数来实现。TDengine 允许编写用户自定义函数（UDF），以便解决特殊应用场景中的使用需求。UDF 在集群中注册成功后，可以像系统内置函数一样在 SQL 中调用，就使用角度而言没有任何区别。UDF 分为标量函数和聚合函数。标量函数对每行数据输出一个值，如求绝对值 abs、正弦函数 sin、字符串拼接函数 concat 等。聚合函数对多行数据输出一个值，如求平均数 avg、取最大值 max 等。

TDengine 支持用 C 和 Python 两种编程语言编写 UDF。C 语言编写的 UDF 与内置函数的性能几乎相同，Python 语言编写的 UDF 可以利用丰富的 Python 运算库。为了避免 UDF 执行中发生异常影响数据库服务，TDengine 使用了进程分离技术，把 UDF 的执行放到另一个进程中完成，即使用户编写的 UDF 崩溃，也不会影响 TDengine 的正常运行。

13.2　用 C 语言开发 UDF

本节简要介绍如何用 C 语言开发 UDF，详细教程请参阅 TDengine 的官方文档。

13.2.1　接口定义

在 TDengine 中，UDF 的接口函数名称可以是 UDF 名称，也可以是 UDF 名称和特定后缀（如 _start、_finish、_init、_destroy）的组合。后面内容中描述的函数名称，例如 scalarfn、aggfn，需要替换成 UDF 名称。

13.2.2　标量函数接口

标量函数是一种将输入数据转换为输出数据的函数，通常用于对单个数据值进行计算和转换。标量函数的接口如下。

```
int32_t scalarfn(SUdfDataBlock* inputDataBlock, SUdfColumn *resultColumn)
```

主要参数说明如下。

- inputDataBlock：输入的数据块。
- resultColumn：输出列。

13.2.3 聚合函数接口

聚合函数是一种特殊的函数，用于对数据进行分组和计算，从而生成汇总信息。聚合函数的工作原理如下。

- 初始化结果缓冲区：首先调用 aggfn_start 函数，生成一个结果缓冲区（result buffer），用于存储中间结果。
- 分组数据：相关数据会被分为多个行数据块（row data block），每个行数据块包含一组具有相同分组键（grouping key）的数据。
- 更新中间结果：对于每个数据块，调用 aggfn 函数更新中间结果。aggfn 函数会根据聚合函数的类型（如 sum、avg、count 等）对数据进行相应的计算，并将计算结果存储在结果缓冲区中。
- 生成最终结果：在所有数据块的中间结果更新完成后，调用 aggfn_finish 函数从结果缓冲区中提取最终结果。最终结果通常只包含 0 条或 1 条数据，具体取决于聚合函数的类型和输入数据。

聚合函数的接口如下。

```
    int32_t aggfn_start(SUdfInterBuf *interBuf)
    int32_t aggfn(SUdfDataBlock* inputBlock, SUdfInterBuf *interBuf,
SUdfInterBuf *newInterBuf)
    int32_t aggfn_finish(SUdfInterBuf* interBuf, SUdfInterBuf *result)
```

主要参数说明如下。

- interBuf：中间结果缓存区。
- inputBlock：输入的数据块。
- newInterBuf：新的中间结果缓冲区。
- result：最终结果。

13.2.4 初始化和销毁接口

初始化和销毁接口是标量函数和聚合函数共同使用的接口，具体如下。

```
int32_t udf_init()
int32_t udf_destroy()
```

其中，udf_init 函数完成初始化工作，udf_destroy 函数完成清理工作。如果没有初始化工作，无须定义 udf_init 函数；如果没有清理工作，无须定义 udf_destroy 函数。

13.2.5 标量函数模板

用 C 语言开发标量函数的模板如下。

```
int32_t scalarfn_init() {
    // initialization
    return TSDB_CODE_SUCCESS;
}
int32_t scalarfn(SUdfDataBlock* inputDataBlock, SUdfColumn* resultColumn) {
    // read data from inputDataBlock and process, then output to resultColumn
    return TSDB_CODE_SUCCESS;
}
int32_t scalarfn_destroy() {
    // clean up
    return TSDB_CODE_SUCCESS;
}
```

13.2.6 聚合函数模板

用 C 语言开发聚合函数的模板如下。

```
int32_t aggfn_init() {
    // initialization
    return TSDB_CODE_SUCCESS;
}
int32_t aggfn_start(SUdfInterBuf* interBuf) {
    // initialize intermediate value in interBuf
    return TSDB_CODE_SUCCESS;
}
int32_t aggfn(SUdfDataBlock* inputBlock, SUdfInterBuf *interBuf,
SUdfInterBuf *newInterBuf) {
    // read from inputBlock and interBuf and output to newInterBuf
    return TSDB_CODE_SUCCESS;
}
int32_t int32_t aggfn_finish(SUdfInterBuf* interBuf, SUdfInterBuf *result) {
    // read data from inputDataBlock and process, then output to result
    return TSDB_CODE_SUCCESS;
}
int32_t aggfn_destroy() {
    // clean up
    return TSDB_CODE_SUCCESS;
}
```

13.2.7 编译

在 TDengine 中，为了实现 UDF，需要编写 C 语言源代码，并按照 TDengine 的规范编译为动态链接库文件。

按照前面描述的规则，准备 UDF 的源代码 bit_and.c。以 Linux 操作系统为例，执行如下指令，编译得到动态链接库文件。

```
gcc -g -O0 -fPIC -shared bit_and.c -o libbitand.so
```

为了保证可靠运行，推荐使用 7.5 及以上版本的 GCC。

13.3 用 Python 语言开发 UDF

本节简要介绍如何用 Python 语言开发 UDF，详细教程请参阅 TDengine 的官方文档。

13.3.1 准备环境

准备环境的具体步骤如下。

第 1 步，准备好 Python 运行环境。

第 2 步，安装 Python 包 taospyudf。命令如下。

```
pip3 install taospyudf
```

第 3 步，执行命令 ldconfig。

第 4 步，启动 taosd 服务。

13.3.2 接口定义

当使用 Python 语言开发 UDF 时，需要实现规定的接口函数。具体要求如下。

- 标量函数需要实现标量接口函数 process。
- 聚合函数需要实现聚合接口函数 start、reduce、finish。
- 如果需要初始化工作，则应实现 init 函数。
- 如果需要清理工作，则实现 destroy 函数。

13.3.3 标量函数接口

标量函数的接口如下。

```
def process(input: datablock) -> tuple[output_type]:
```

主要参数说明如下。

- datablock 类似二维矩阵，通过成员方法 data(row，col) 返回位于 row 行、col 列的 Python 对象。
- 返回值是一个对象元组，每个元素类型为输出类型。

13.3.4 聚合函数接口

聚合函数的接口如下。

```
def start() -> bytes:
def reduce(inputs: datablock, buf: bytes) -> bytes
def finish(buf: bytes) -> output_type:
```

上述代码定义了 3 个函数，分别用于实现一个自定义的聚合函数。具体过程如下。

首先，调用 start 函数生成最初的结果缓冲区。这个结果缓冲区用于存储聚合函数的内部状态，随着输入数据的处理而不断更新。

然后，输入数据会被分为多个行数据块。对于每个行数据块，调用 reduce 函数，并将当前行数据块（inputs）和当前的中间结果（buf）作为参数传递。reduce 函数会根据输入数据和当前状态来更新聚合函数的内部状态，并返回新的中间结果。

最后，当所有行数据块都处理完毕后，调用 finish 函数。这个函数接收最终的中间结果（buf）作为参数，并从中生成最终的输出。由于聚合函数的特性，最终输出只能包含 0 条或 1 条数据。这个输出结果将作为聚合函数的计算结果返回给调用者。

13.3.5 初始化和销毁接口

初始化和销毁的接口如下。

```
def init()
def destroy()
```

参数说明如下。

- init 函数完成初始化工作。
- destroy 函数完成清理工作。

13.3.6 标量函数模板

用 Python 语言开发标量函数的模板如下。

```
def init():
    # initialization
def destroy():
    # destroy
```

```
def process(input: datablock) -> tuple[output_type]:
```

13.3.7 聚合函数模板

用 Python 语言开发聚合函数的模板如下。

```
def init():
    # initialization
def destroy():
    # destroy
def start() -> bytes:
    # return serialize(init_state)
def reduce(inputs: datablock, buf: bytes) -> bytes
    # deserialize buf to state
    # reduce the inputs and state into new_state.
    # use inputs.data(i,j) to access python object of location(i,j)
    # serialize new_state into new_state_bytes
    return new_state_bytes
def finish(buf: bytes) -> output_type:
    # return obj of type outputtype
```

用 Python 语言开发 UDF 时必须定义 init 函数和 destroy 函数。

13.3.8 数据类型映射

表 13-1 描述了 TDengine SQL 数据类型和 Python 数据类型的映射。任何类型的 NULL 值都映射成 Python 语言的 None 值。

表 13-1　TDengine SQL 数据类型和 Python 数据类型的映射关系

TDengine SQL 数据类型	Python 数据类型
tinyint、smallint、int、bigint	int
tinyint unsigned、smallint unsigned、int unsigned、bigint unsigned	int
float、double	float
bool	bool
varchar、nchar、varbinary	bytes
timestamp	int
json 及其他	不支持

13.4 管理 UDF

13.4.1 创建 UDF

在集群中管理 UDF 的过程涉及创建、使用和维护这些函数。用户可以通过 SQL 在集群中创建和管理 UDF，一旦创建成功，集群的所有用户都可以在 SQL 中使用这些函数。由于 UDF 存储在集群的 mnode 上，因此即使重启集群，已经创建的 UDF 也仍然可用。

在创建 UDF 时，需要区分标量函数和聚合函数。标量函数接受 0 个或多个输入参数，并返回一个单一的值。聚合函数接受一组输入值，并通过对这些值进行某种计算（如求和、计数等）来返回一个单一的值。如果创建时声明了错误的函数类别，则通过 SQL 调用函数时会报错。

此外，用户需要确保输入数据类型与 UDF 匹配，UDF 输出的数据类型与 outputtype 匹配。这意味着在创建 UDF 时，需要为输入参数和输出值指定正确的数据类型。这有助于确保在调用 UDF 时，输入数据能够正确地传递给 UDF，并且 UDF 的输出值与预期的数据类型相匹配。

1. 创建标量函数

创建标量函数的 SQL 语法如下。

```
create [or replace] function function_name
as library_path outputtype output_type [language 'C' | 'Python'];
```

各参数说明如下。

- or replace：如果函数已经存在，则会修改已有的函数属性。
- function_name：标量函数在 SQL 中被调用时的函数名。
- language：支持 C 语言和 Python 语言（3.7 及以上版本），默认值为 C。
- library_path：如果编程语言是 C，则路径是包含 UDF 实现的动态链接库的库文件绝对路径，通常指向一个 so 文件。如果编程语言是 Python，则路径是包含 UDF 实现的 Python 文件路径。路径需要用英文单引号或英文双引号括起来。
- output_type：函数计算结果的数据类型名称。

2. 创建聚合函数

创建聚合函数的 SQL 语法如下。

```
create [or replace] aggregate function function_name
as library_path
outputtype output_type [buffer buffer_size ] [language 'C' | 'Python'];
```

其中，buffer_size 表示中间计算结果的缓冲区大小，单位是字节。其他参数的含义与标量函数相同。

如下 SQL 创建一个名为 l2norm 的 UDF。

```
create aggregate function l2norm
as "/home/taos/udf_example/libl2norm.so"
outputtype double
bufsize 8
```

13.4.2 删除 UDF

删除指定名称 UDF 的 SQL 如下。

```
drop function function_name
```

13.4.3 查看 UDF

显示集群中当前可用的所有 UDF 的 SQL 如下。

```
show functions
```

第 14 章　与第三方工具集成

TDengine 是一个高性能、可扩展的时序数据库，它支持 SQL 查询语言，兼容标准的 JDBC 和 ODBC 接口，同时还支持 RESTful 接口。这使得 TDengine 能够轻松地与各种商业智能软件和工具集成，从而构建一个开放的技术生态系统。本章将简要介绍 TDengine 如何与一些流行的第三方工具进行集成。

14.1　Grafana

Grafana 是一个广受欢迎的开源可视化和分析工具，旨在帮助用户轻松地查询、可视化和监控存储在不同位置的指标、日志和跟踪信息。通过 Grafana，用户可以将时序数据库中的数据以直观的图表形式展示出来，实现数据的可视化分析。

为了方便用户在 Grafana 中集成 TDengine 并展示时序数据，TDengine 团队提供了一个名为 TDengine Datasource 的 Grafana 插件。通过安装此插件，用户无须编写任何代码，即可实现 TDengine 与 Grafana 的快速集成。这使得用户能够轻松地将存储在 TDengine 中的时序数据以可视化的方式呈现在 Grafana 的仪表盘中，从而更好地监控和分析数据库性能。

14.1.1　前置条件

要让 Grafana 能正常添加 TDengine 数据源，需要做以下准备工作。

- TDengine 集群已经部署并正常运行。
- taosAdapter 已经安装并正常运行。
- Grafana 已经安装并正常运行（版本要求为 7.5.0 及以上）。

准备好以下信息。

- taosAdapter 的 RESTful 接口地址，如 http://www.example.com:6041。
- TDengine 集群的认证信息，包括用户名和密码，默认为 root/taosdata。

14.1.2 安装 TDengine Datasource 插件

TDengine Datasource 插件的安装方式如下。

第 1 步，在 Web 浏览器打开 Grafana 页面，点击页面左上角的 3 个横条图标，然后点击 Connections 按钮。

第 2 步，在弹出页面的搜索栏内搜索 TDengine，选择 TDengine Datasource。

第 3 步，点击 Install 按钮以安装 TDengine 插件。

安装完成后，进入插件的详情页面，点击右上角的 Add new data source 按钮，即可进入数据源添加页面。

进入数据源添加页面后，输入 RESTful 接口地址和 TDengine 集群的认证信息后，点击 Save & test 按钮，即可完成 TDengine 数据源的添加，如图 14-1 所示。

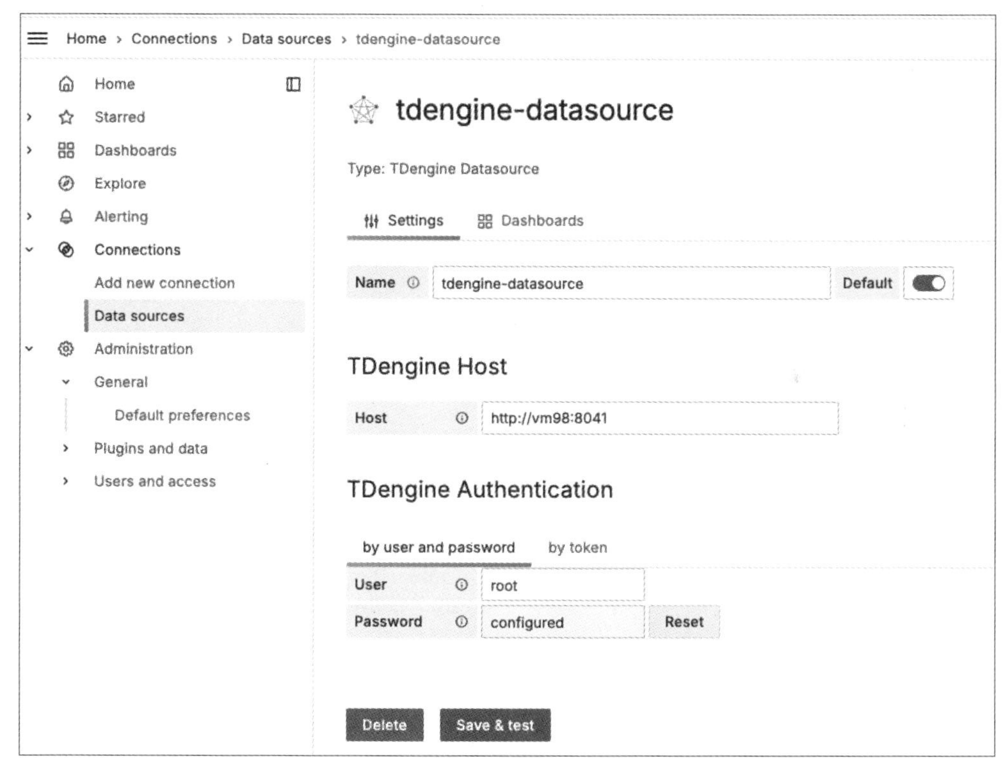

图 14-1 添加 TDengine 数据源

14.1.3 创建 Dashboard

添加 TDengine 数据源后，直接点击界面右上角的 Build a dashboard 按钮，即可创建

Dashboard。

在 Input Sql 文本栏中输入 TDengine 的查询语句，便可以轻松实现监控指标的可视化，如图 14-2 所示。

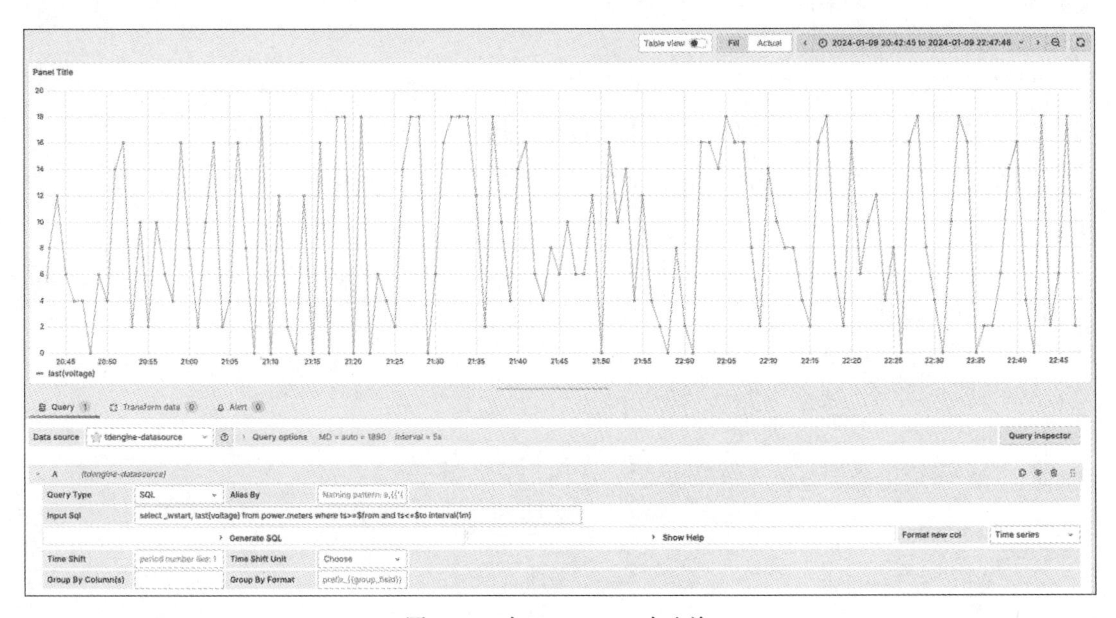

图 14-2　在 Dashboard 中查询

在该示例中，查询的是由 taosBenchmark --start-timestamp=1704802806146 --database=power --time-step=1000 -y 写入的数据，数据库的名称为 power，查询的是超级表 meters 中记录的 voltage，具体的 SQL 如下。

```
select _wstart, last(voltage) from power.meters
where ts >= $from and ts <= $to
interval(1m)
```

其中，from、to 为内置变量，表示从 TDengine Datasource 插件 Dashboard 获取的查询范围和时间间隔。Grafana 还提供了其他内置全局变量如 interval、org、user、timeFilter 等，具体可以参阅 Grafana 的官方文档的 Variables 部分。可以通过 group by 或 partition by 列名来实现分组展示数据。假设要按照不同的 groupId 来分组展示 voltage（为了避免线条太多，只查询 3 个分组），SQL 如下。

```
select _wstart, groupId, last(voltage) from power.meters
where groupId < 4 and ts>= $from and ts<= $to
partition by groupId
interval(1m) fill(null)
```

然后在图 14-2 所示的 Group By Column 文本框中配置要分组的列，此处填 groupId。将 Group By Fromat 设置为 groupId-{{groupId}}，展示的 legend 名字为格式化的列名。配置好后，可在图 14-3 中看到多条曲线。

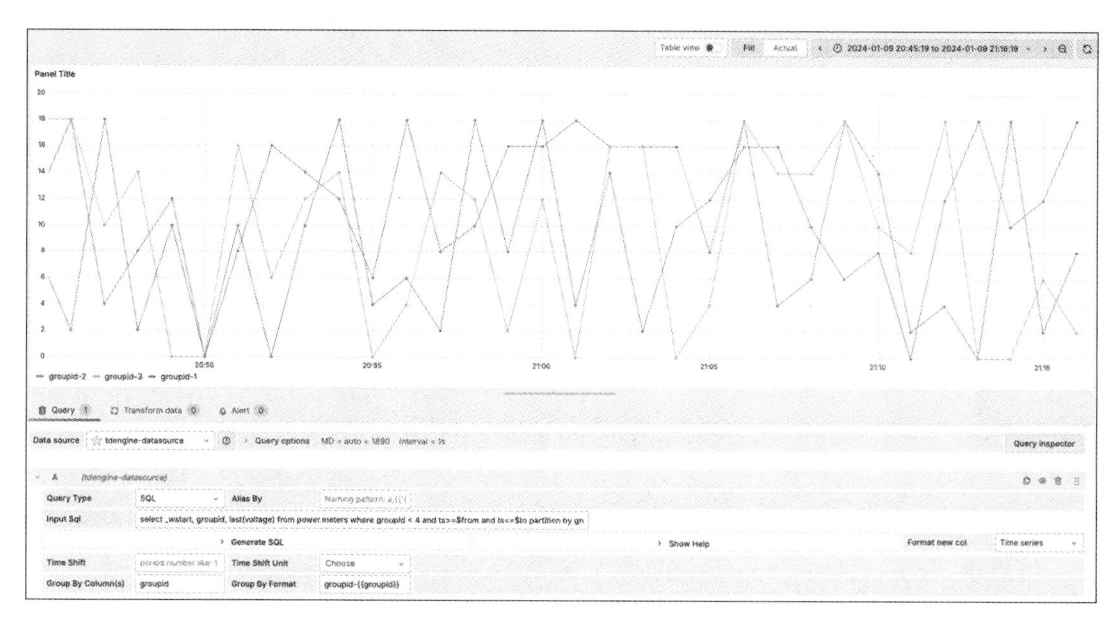

图 14-3　按照不同的 groupId 来分组展示 voltage

在编写和调试 SQL 时，可以使用 Grafana 提供的 Query Inspector，通过它可以看到 SQL 的执行结果，十分方便。

为了简化通过 Grafana 对 TDengine 实例的运行进行检测，了解它的健康状态，TDengine 还提供了一个 Grafana Dashboard: TDinsight for 3.x 插件，可在 Grafana 的官网直接按照此名称搜索并获取。通过 Grafana 导入后，即可直接使用，省去了用户自己创建 Dashboard 的麻烦。

14.2　Looker Studio

Looker Studio，作为 Google 旗下的一个功能强大的报表和商业智能工具，前身名为 Google Data Studio。在 2022 年的 Google Cloud Next 大会上，Google 将其更名为 Looker Studio。这个工具凭借其丰富的数据可视化选项和多样化的数据连接能力，为用户提供了便捷的数据报表生成体验。用户可以根据预设的模板轻松创建数据报表，满足各种数据分析需求。

由于其简单易用的操作界面和庞大的生态系统支持，Looker Studio 在数据分析领域受到众多数据科学家和专业人士的青睐。无论是初学者还是资深分析师，都可以利用 Looker Studio 快速构建美观且实用的数据报表，从而更好地洞察业务趋势、优化决策过程并提高整体运营效率。

14.2.1 获取

目前，TDengine 连接器作为 Looker Studio 的合作伙伴连接器（partner connector），已在 Looker Studio 官网上线。用户访问 Looker Studio 的 Data Source 列表时，只须输入 "TDengine" 进行搜索，便可轻松找到并立即使用 TDengine 连接器。

TDengine 连接器兼容 TDengine Cloud 和 TDengine Server 两种类型的数据源。TDengine Cloud 是涛思数据推出的全托管物联网和工业互联网大数据云服务平台，为用户提供一站式数据存储、处理和分析解决方案；而 TDengine Server 则是用户自行部署的本地版本，支持通过公网访问。以下内容将以 TDengine Cloud 为例进行介绍。

14.2.2 使用

在 Looker Studio 中使用 TDengine 连接器的步骤如下。

第 1 步，进入 TDengine 连接器的详情页面后，在 Data Source 下拉列表中选择 TDengine Cloud，然后点击 Next 按钮，即可进入数据源配置页面。在该页面中填写以下信息，然后点击 Connect 按钮。

- URL 和 TDengine Cloud Token，可以从 TDengine Cloud 的实例列表中获取。
- 数据库名称和超级表名称。
- 查询数据的开始时间和结束时间。

第 2 步，Looker Studio 会根据配置自动加载所配置的 TDengine 的超级表的字段和标签。

第 3 步，点击页面右上角的 Explore 按钮，即查看从 TDengine 加载的数据。

第 4 步，根据需求，利用 Looker Studio 提供的图表，进行数据可视化配置。

注 意

在第 1 次使用时，请根据页面提示，对 Looker Studio 的 TDengine 连接器进行访问授权。

14.3　Power BI

Power BI 是由 Microsoft 提供的一种商业分析工具。通过配置使用 ODBC 连接器，Power BI 可以快速访问 TDengine 的数据。用户可以将标签数据、原始时序数据或按时间聚合后的时序数据从 TDengine 导入 Power BI，用于制作报表或仪表盘，整个过程不需要任何代码编写过程。

14.3.1　前置条件

安装完成 Power BI Desktop 软件并运行（如未安装，请从其官方地址下载最新的 Windows 操作系统 X64 版本）。

14.3.2　安装 ODBC 驱动

从 TDengine 官网下载最新的 Windows 操作系统 X64 客户端驱动程序，并安装在运行 Power BI 的机器上。安装成功后可在"ODBC 数据源（64 位）"管理工具中看到 TAOS_ODBC_DSN 驱动程序。

14.3.3　配置 ODBC 数据源

配置 ODBC 数据源的操作步骤如下。

第 1 步，在 Windows 操作系统的开始菜单中搜索并打开"ODBC 数据源（64 位）"管理工具。

第 2 步，点击"用户 DSN"选项卡→"添加"按钮，进入"创建新数据源"对话框。

第 3 步，选择想要添加的数据源后选择"TDengine"，点击"完成"按钮，进入 TDengine ODBC 数据源配置页面。填写如下必要信息。

- DSN：数据源名称，必填，比如 MyTDengine。
- 连接类型：勾选 WebSocket 复选框。
- 服务地址：输入"taos://127.0.0.1:6041"。
- 数据库：表示需要连接的数据库，可选，比如 test。
- 用户名：输入用户名，如果不填，默认为 root。
- 密码：输入用户密码，如果不填，默认为 taosdata。

第 4 步，点击"测试连接"按钮，测试连接情况，如果成功连接，则会提示"成功连接到 taos://root:taosdata@127.0.0.1:6041"。

第 5 步，点击"确定"按钮，即可保存配置并退出。

14.3.4 导入 TDengine 数据到 Power BI

将 TDengine 数据导入 Power BI 的操作步骤如下。

第 1 步，打开 Power BI 并登录后，点击“主页”→“获取数据”→“其他”→“ODBC”→“连接”，添加数据源。

第 2 步，选择刚才创建的数据源名称，比如 MyTDengine，点击“确定”按钮。在弹出的“ODBC 驱动程序”对话框的左侧导航栏中点击“默认或自定义”→“连接”按钮，即可连接到配置好的数据源。进入“导航器”后，可以浏览对应数据库的数据表并加载。

第 3 步，如果需要输入 SQL，则可以点击“高级选项”选项卡，在展开的对话框中输入并加载数据。

为了充分发挥 Power BI 在分析 TDengine 数据方面的优势，用户需要先理解维度、度量、窗口切分查询、数据切分查询、时序和相关性等核心概念，之后通过自定义的 SQL 导入数据。

- 维度：通常是分类（文本）数据，描述设备、测点、型号等类别信息。在 TDengine 的超级表中，使用标签列存储数据的维度，可以通过形如“select distinct tbname, tag1, tag2 from supertable”的 SQL 快速获得维度。
- 度量：可以用于计算的定量（数值）字段，常见计算有求和、取平均值和最小值等。如果测点的采集周期为 1s，那么一年有 3000 多万条记录，把这些数据全部导入 Power BI 会严重影响其执行效率。在 TDengine 中，用户可以使用数据切分查询、窗口切分查询等语法，结合与窗口相关的伪列，把降采样后的数据导入 Power BI 中，具体语法请参阅 TDengine 官方文档的特色查询功能部分。
- 窗口切分查询：比如温度传感器每秒采集一次数据，但须查询每隔 10min 的温度平均值，在这种场景下可以使用窗口子句来获得需要的降采样查询结果，对应的 SQL 形如“select tbname, _wstart date，avg(temperature) temp from table interval(10m)”，其中，_wstart 是伪列，表示时间窗口起始时间，10m 表示时间窗口的持续时间，avg(temperature) 表示时间窗口内的聚合值。
- 数据切分查询：如果需要同时获取很多温度传感器的聚合数值，可对数据进行切分，然后在切分出的数据空间内进行一系列计算，对应的 SQL 形如“partition by part_list”。数据切分子句最常见的用法是在超级表查询中按标签将子表数据进行切分，将每个子表的数据独立出来，形成一条条独立的时间序列，方便针对各种时序场景的统计分析。
- 时序：在绘制曲线或者按照时间聚合数据时，通常需要引入日期表。日期表可以从 Excel 表格中导入，也可以在 TDengine 中执行 SQL 获取，例如 " select _wstart date, count(*) cnt from test.meters where ts between A and B interval(1d) fill(0) "，其中 fill 字句表示数据缺失情况下的填充模式，伪列 _wstart 则为要获取的日期列。

- 相关性：告诉数据之间如何关联，如度量和维度可以通过 tbname 列关联在一起，日期表和度量则可以通过 date 列关联，配合形成可视化报表。

14.3.5 智能电表样例

TDengine 采用了一种独特的数据模型，以优化时序数据的存储和查询性能。该模型利用超级表作为模板，为每台设备创建一张独立的表。每张表在设计时考虑了高度的可扩展性，最多可包含 4096 个数据列和 128 个标签列。这种设计使得 TDengine 能够高效地处理大量时序数据，同时保持数据的灵活性和易用性。

以智能电表为例，假设每块电表每秒产生一条记录，那么每天将产生 86 400 条记录。对于 1000 块智能电表来说，每年产生的记录将占用大约 600GB 的存储空间。面对如此庞大的数据量，Power BI 等商业智能工具在数据分析和可视化方面发挥着重要作用。

在 Power BI 中，用户可以将 TDengine 表中的标签列映射为维度列，以便对数据进行分组和筛选。同时，数据列的聚合结果可以导入为度量列，用于计算关键指标和生成报表。通过这种方式，Power BI 能够帮助决策者快速获取所需的信息，深入了解业务运营情况，从而制定更加明智的决策。

根据如下步骤，便可以体验通过 Power BI 生成时序数据报表的功能。

第 1 步，使用 TDengine 的 taosBenchmark 快速生成 1000 块智能电表 3 天的数据，采集频率为 1s。

```
taosBenchmark -t 1000 -n 259200 -S 1000 -H 200 -y
```

第 2 步，导入维度数据。在 Power BI 中导入表的标签列，取名为 tags，通过如下 SQL 获取超级表下所有智能电表的标签数据。

```
select distinct tbname device, groupId, location from test.meters
```

第 3 步，导入度量数据。在 Power BI 中，按照 1h 的时间窗口，导入每块智能电表的电流均值、电压均值、相位均值，取名为 data，SQL 如下。

```
    select tbname device, _wstart datatime, avg(current) current_avg,
avg(voltage) voltage_avg, avg(phase) phase_avg
    from test.meters
    partition by tbname interval(1h);
```

第 4 步，导入日期数据。按照 1 天的时间窗口，获得时序数据的时间范围及数据计数,SQL 如下。需要在 Power Query 编辑器中将 date 列的格式从“文本”转化为“日期”。

```
select _wstart date, count(*) from test.meters interval(1d) having count(*) > 0
```

第 5 步，建立维度和度量的关联关系。打开模型视图，建立表 tags 和 data 的关联关系，将 tbname 设置为关联数据列。

第 6 步，建立日期和度量的关联关系。打开模型视图，建立数据集 date 和 data 的关联关系，关联的数据列为 date 和 datatime。

第 7 步，制作报告。在柱状图、饼图等控件中使用这些数据。

基于 TDengine 处理时序数据的超强性能，用户在数据导入及每日定期刷新数据时都可以获得非常好的体验。更多有关 Power BI 视觉效果的构建方法，请参照 Power BI 的官方文档。

14.4 永洪 BI

永洪 BI 是一个专为各种规模企业打造的全业务链大数据分析解决方案，旨在帮助用户轻松发掘大数据价值，获取深入的洞察力。该平台以其灵活性和易用性而广受好评，无论企业规模大小，都能从中受益。

为了实现与 TDengine 的高效集成，永洪 BI 提供了 JDBC 连接器。用户只须按照简单的步骤配置数据源，即可将 TDengine 作为数据源添加到永洪 BI 中。这一过程不仅快速便捷，还能确保数据的准确性和稳定性。

一旦数据源配置完成，永洪 BI 便能直接从 TDengine 中读取数据，并利用其强大的数据处理和分析功能，为用户提供丰富的数据展示、分析和预测能力。这意味着用户无须编写复杂的代码或进行烦琐的数据转换工作，即可轻松获取所需的业务洞察。

14.4.1 安装永洪 BI

永洪 BI 已经安装并运行（如果未安装，请到永洪科技官方下载页面下载并安装）。

14.4.2 安装 JDBC 驱动

从 maven.org 下载 TDengine JDBC 连接器文件 taos-jdbcdriver-3.2.7-dist.jar，并安装在运行商业智能工具的机器上。

14.4.3 配置 JDBC 数据源

配置 JDBC 数据源的步骤如下。

第 1 步，在打开的永洪 BI 中点击“添加数据源”按钮，选择 SQL 数据源中的 GENERIC 类型。

第 2 步，点击“选择自定义驱动”按钮，在“驱动管理”对话框中点击“驱动列表”旁边的“+”，输入名称“MyTDengine”。然后点击“上传文件”按钮，上传刚刚下载的 TDengine JDBC 连接器文件 taos-jdbcdriver-3.2.7-dist.jar，并选择 com.taosdata.jdbc.rs.RestfulDriver 驱动，最后点击“确定”按钮，完成驱动添加步骤。

第 3 步，复制下面的内容到“URL”字段。

```
jdbc:TAOS-RS://127.0.0.1:6041?user = root&password = taosdata
```

第 4 步，在“认证方式”中点击“无身份认证”单选按钮。

第 5 步，在数据源的高级设置中修改“Quote 符号”的值为反引号（`）。

第 6 步，点击“测试连接”按钮，弹出“测试成功”对话框。点击“保存”按钮，输入“MyTDengine”来保存 TDengine 数据源。

14.4.4 创建 TDengine 数据集

创建 TDengine 数据集的步骤如下。

第 1 步，在永洪 BI 中点击“添加数据源”按钮，展开刚刚创建的数据源，并浏览 TDengine 中的超级表。

第 2 步，可以将超级表的数据全部加载到永洪 BI 中，也可以通过自定义 SQL 导入部分数据。

第 3 步，当选择“数据库内计算”复选框时，永洪 BI 将不再缓存 TDengine 的时序数据，并在处理查询时将 SQL 请求发送给 TDengine 直接处理。

导入数据后，永洪 BI 会自动将数值类型设置为“度量”列，将文本类型设置为“维度”列。而在 TDengine 的超级表中，由于将普通列作为数据的度量，将标签列作为数据的维度，因此用户可能需要在创建数据集时更改部分列的属性。TDengine 在支持标准 SQL 的基础之上还提供了一系列满足时序业务场景需求的特色查询语法，例如数据切分查询、窗口切分查询等，具体操作步骤请参阅 TDengine 的官方文档。通过使用这些特色查询语法，当永洪 BI 将 SQL 查询发送到 TDengine 时，可以大大提高数据访问速度，减少网络传输带宽。

在永洪 BI 中，用户可以创建“参数”并在 SQL 中使用，通过手动、定时的方式动态执行这些 SQL，即可实现可视化报告的刷新效果。如下 SQL 可以从 TDengine 实时读取数据。

```
select _wstart ws, count(*) cnt from supertable
where tbname=?{metric} and ts = ?{from} and ts < ?{to}
interval(?{interval})
```

参数说明如下。

- _wstart：表示时间窗口起始时间。
- count（*）：表示时间窗口内的聚合值。
- ?{metric}：用来指定查询的数据表名称，当在永洪 BI 中把某个“下拉参数组件”的 ID 也设置为 metric 时，该“下拉参数组件”的被选择项将会和该参数绑定在一起，实现动态选择的效果。
- ?{from} 和 ?{to}：用来表示查询数据集的时间范围，可以与“文本参数组件”绑定。
- ?{interval}：表示在 SQL 中引入名称为 interval 的参数，当永洪 BI 查询数据时，会给 interval 参数赋值，如果取值为 1m，则表示按照 1min 的时间窗口降采样数据。

你可以在永洪 BI 的“编辑参数”对话框中修改“参数”的数据类型、数据范围、默认取值，并在“可视化报告”界面中动态设置这些参数的值。

14.4.5 制作可视化报告

制作可视化报告的步骤如下。

第 1 步，在永洪 BI 中点击“制作报告”命令，创建画布。

第 2 步，拖动可视化组件到画布中，例如“表格组件”。

第 3 步，在“数据集”侧边栏中选择待绑定的数据集，将数据列中的“维度”和“度量”按需绑定到“表格组件”。

第 4 步，点击“保存”按钮后，即可查看报告。

更多有关永洪 BI 的信息，请查询永洪科技的官方文档。

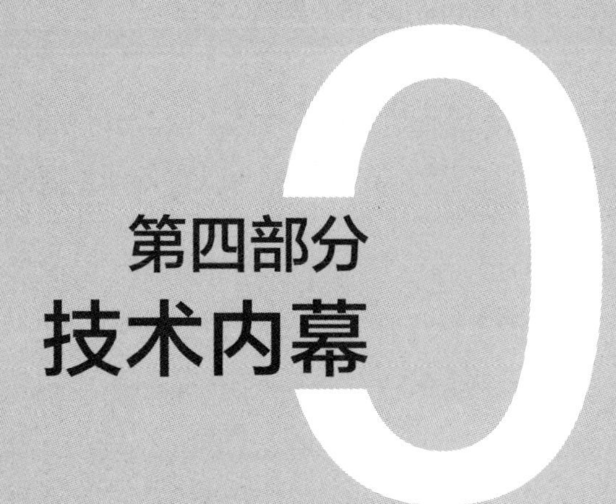

第15章　整体架构

TDengine是一个专为时序大数据设计的数据库管理系统，它充分利用了时序数据的特性，针对存储、查询、计算和分析等方面进行了全面优化。除了核心的数据库功能以外，TDengine还提供了一系列与时序数据处理相关的附加功能，如缓存、流计算、数据订阅和ETL等。这些功能共同构成了一个高性能、分布式、高可靠的时序大数据引擎，有效解决了高基数问题。

在本章中，我们将对TDengine的整体架构进行详细介绍，以便用户更好地理解其工作原理和优势。通过深入了解TDengine的架构设计，用户可以更加充分地利用其各项功能，从而提升时序数据的处理效率和准确性。

15.1　集群与基本逻辑单元

TDengine的设计是基于单个硬件、软件系统不可靠，并且无法提供足够的计算能力和存储能力的假设进行设计的。TDengine从研发的第1天起，就按照分布式高可靠架构进行设计，是支持水平扩展的，这样任何单台或多台服务器发生硬件故障或软件错误都不影响系统的可用性和可靠性。同时，通过节点虚拟化并辅以负载均衡技术，TDengine 能高效地利用异构集群中的计算和存储资源以降低硬件成本。

15.1.1 主要逻辑单元

TDengine 的架构如图 15-1 所示。

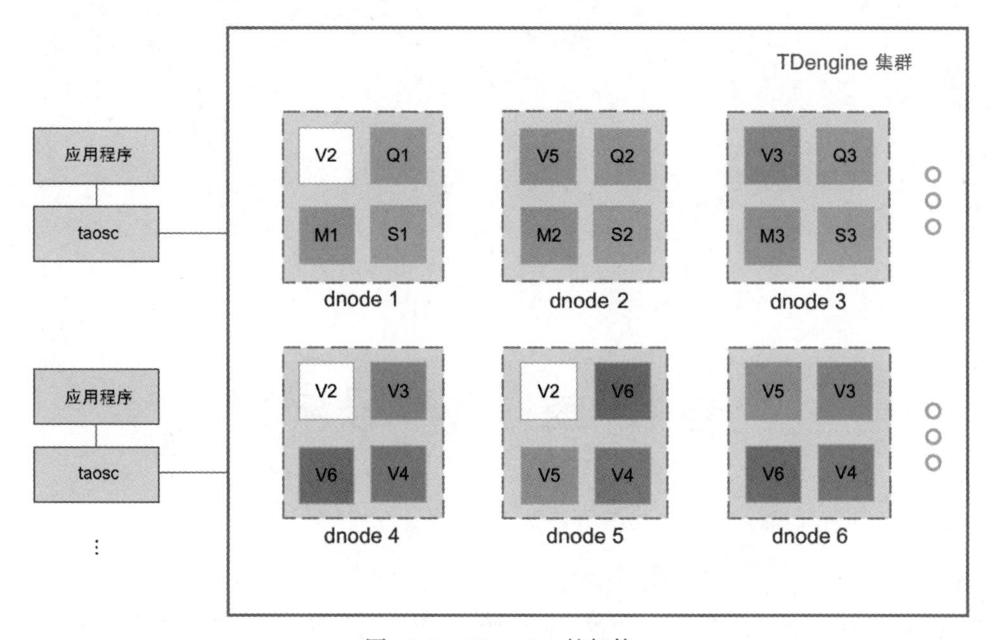

图 15-1 TDengine 的架构

一个完整的 TDengine 是运行在 1 到多个物理节点上的。就整体模块而言，可以将 TDengine 分为数据节点、驱动程序以及用户应用程序。详细来说，TDengine 中存在 1 到多个数据节点，这些数据节点组成一个集群。用户应用程序是通过驱动程序 API 与 TDengine 集群进行互动的。下面我们对每个逻辑单元进行简要介绍。

1. pnode

pnode（物理节点）是一台独立运行的拥有自己的计算、存储和网络能力的计算机，可以是安装了操作系统的物理机、虚拟机或 Docker 容器。物理节点由其配置的 FQDN 来标识，TDengine 完全依赖 FQDN 进行网络通信。

2. dnode

dnode（数据节点）是 TDengine 集群中运行 taosd 进程的一个节点。在一个 TDengine 系统中，至少需要一个 dnode 来确保系统的正常运行。每个 dnode 可以包含 0 到多个逻辑的虚拟节点，但管理节点、弹性计算节点和流计算节点各有 0 个或 1 个逻辑实例。

dnode 在 TDengine 集群中的唯一标识由其实例的 endpoint（EP）决定。endpoint 由 dnode 所在物理节点的 FQDN 和配置的网络端口组合而成。通过配置不同的端口，一个 pnode（无论是物理机、虚拟机还是 Docker 容器）可以运行多个实例，即拥有多个 dnode。

3. vnode

为了更好地支持数据分片、负载均衡以及防止数据过热或倾斜，TDengine 引入了 vnode（虚拟节点）的概念。虚拟节点被虚拟化为多个独立的 vnode 实例（如图 15-1 中的 V2、V3、V4 等），每个 vnode 都是一个相对独立的工作单元，负责存储和管理一部分时序数据。

每个 vnode 都拥有独立的运行线程、内存空间和持久化存储路径，确保数据的隔离性和高效访问。一个 vnode 可以包含多张表（即数据采集点），这些表在物理上分布在不同的 vnode 上，以实现数据的均匀分布和负载均衡。

当在集群中创建一个新的数据库时，系统会自动为该数据库创建相应的 vnode。一个 dnode 上能够创建的 vnode 数量取决于该 dnode 所在物理节点的硬件资源，如 CPU、内存和存储容量等。需要注意的是，一个 vnode 只能属于一个数据库，但一个数据库可以包含多个 vnode。

除了存储时序数据以外，每个 vnode 还保存了其包含的表的 schema 信息和标签值等元数据。这些信息对于数据的查询和管理至关重要。

在集群内部，一个 vnode 由其所归属的 dnode 的 endpoint 和所属的 vgroup ID 唯一标识。管理节点负责创建和管理这些 vnode，确保它们能够正常运行并协同工作。

4. mnode

mnode（管理节点）是 TDengine 集群中的核心逻辑单元，负责监控和维护所有 dnode 的运行状态，并在节点之间实现负载均衡（如图 15-1 中的 M1、M2、M3 所示）。作为元数据（包括用户、数据库、超级表等）的存储和管理中心，mnode 也被称为 MetaNode。

为了提高集群的高可用性和可靠性，TDengine 集群允许有多个（最多不超过 3 个）mnode。这些 mnode 自动组成一个虚拟的 mnode 组，共同承担管理职责。mnode 支持多副本，并采用 Raft 一致性协议来确保数据的一致性和操作的可靠性。在 mnode 集群中，任何数据更新操作都必须在 leader 节点上执行。

mnode 集群的第 1 个节点在集群部署时自动创建，而其他节点的创建和删除则由用户通过 SQL 手动完成。每个 dnode 上最多有一个 mnode，并由其所归属的 dnode 的

endpoint 唯一标识。

为了实现集群内部的信息共享和通信，每个 dnode 通过内部消息交互机制自动获取整个集群中所有 mnode 所在的 dnode 的 endpoint。

5. qnode

qnode（计算节点）是 TDengine 集群中负责执行查询计算任务的虚拟逻辑单元，同时也处理基于系统表的 show 命令。为了提高查询性能和并行处理能力，集群中可以配置多个 qnode，这些 qnode 在整个集群范围内共享使用（如图 15-1 中的 Q1、Q2、Q3 所示）。

与 dnode 不同，qnode 并不与特定的数据库绑定，这意味着一个 qnode 可以同时处理来自多个数据库的查询任务。每个 dnode 上最多有一个 qnode，并由其所归属的 dnode 的 endpoint 唯一标识。

当客户端发起查询请求时，首先与 mnode 交互以获取当前可用的 qnode 列表。如果在集群中没有可用的 qnode，计算任务将在 vnode 中执行。当执行查询时，调度器会根据执行计划分配一个或多个 qnode 来共同完成任务。qnode 能够从 vnode 获取所需的数据，并将计算结果发送给其他 qnode 进行进一步处理。

通过引入独立的 qnode，TDengine 实现了存储和计算的分离。

6. snode

snode（流计算节点）是 TDengine 集群中专门负责处理流计算任务的虚拟逻辑单元（如图 15-1 中的 S1、S2、S3 所示）。为了满足实时数据处理的需求，集群中可以配置多个 snode，这些 snode 在整个集群范围内共享使用。

与 dnode 类似，snode 并不与特定的流绑定，这意味着一个 snode 可以同时处理多个流的计算任务。每个 dnode 上最多有一个 snode，并由其所归属的 dnode 的 endpoint 唯一标识。

当需要执行流计算任务时，mnode 会调度可用的 snode 来完成这些任务。如果在集群中没有可用的 snode，流计算任务将在 vnode 中执行。

通过将流计算任务集中在 snode 中处理，TDengine 实现了流计算与批量计算的分离，从而提高了系统对实时数据的处理能力。

7. vgroup

vgroup（虚拟节点组）是由不同 dnode 上的 vnode 组成的一个逻辑单元。这些 vnode 之间采用 Raft 一致性协议，确保集群的高可用性和高可靠性。在 vgroup 中，写操作只能在 leader vnode 上执行，而数据则以异步复制的方式同步到其他 follower vnode，从而在多个物理节点上保留数据副本。

vgroup 中的 vnode 数量决定了数据的副本数。要创建一个副本数为 N 的数据库，集群必须至少包含 N 个 dnode。副本数可以在创建数据库时通过参数 replica 指定，默认值为 1。利用 TDengine 的多副本特性，企业可以摒弃昂贵的硬盘阵列等传统存储设备，依然实现数据的高可靠性。

vgroup 由 mnode 负责创建和管理，并为其分配一个集群唯一的 ID，即 vgroup ID。如果两个 vnode 的 vgroup ID 相同，则说明它们属于同一组，数据互为备份。值得注意的是，vgroup 中的 vnode 数量可以动态调整，但 vgroup ID 始终保持不变，即使 vgroup 被删除，其 ID 也不会被回收和重复利用。

通过这种设计，TDengine 在保证数据安全性的同时，实现了灵活的副本管理和动态扩展能力。

8. taosc

taosc（应用驱动）是 TDengine 为应用程序提供的驱动程序，负责处理应用程序与集群之间的接口交互。taosc 提供了 C/C++ 语言的原生接口，并被内嵌于 JDBC、C#、Python、Go、Node.js 等多种编程语言的连接库中，从而支持这些编程语言与数据库交互。

应用程序通过 taosc 而非直接连接集群中的 dnode 与整个集群进行通信。taosc 负责获取并缓存元数据，将写入、查询等请求转发到正确的 dnode，并在将结果返回给应用程序之前，执行最后一级的聚合、排序、过滤等操作。taosc 是在应用程序所处的物理节点上运行的。

此外，taosc 还可以与 taosAdapter 交互，支持全分布式的 RESTful 接口。这种设计使得 TDengine 能够以统一的方式支持多种编程语言和接口，同时保持高性能和可扩展性。

15.1.2　节点之间的通信

1. 通信方式

TDengine 集群内部的各个 dnode 之间以及应用驱动与各个 dnode 之间的通信均通过 TCP 方式实现。这种通信方式确保了数据传输的稳定性和可靠性。

为了优化网络传输性能并保障数据安全，TDengine 会根据配置自动对传输的数据进行压缩和解压缩处理，以减少网络带宽的占用量。同时，TDengine 还支持数字签名和认证机制，以保障数据在传输过程中的完整性和机密性。

2. FQDN 配置

在 TDengine 集群中，每个 dnode 可以拥有一个或多个 FQDN。为了指定 dnode 的 FQDN，可以在配置文件 taos.cfg 中使用 fqdn 参数进行配置。如果没有明确指定，dnode

将自动获取其所在计算机的 hostname 并作为默认的 FQDN。

虽然理论上可以将 taos.cfg 中的 fqdn 参数设置为 IP 地址，但官方并不推荐这种做法。因为 IP 地址可能会随着网络环境的变化而变化，这可能导致集群无法正常工作。

当使用 FQDN 时，需要确保 DNS 服务能够正常工作，或者在节点和应用程序所在的节点上正确配置 hosts 文件，以便解析 FQDN 到对应的 IP 地址。此外，为了保持良好的兼容性和可移植性，fqdn 参数值的长度应控制在 96 个字符以内。

3. 端口配置

在 TDengine 集群中，每个 dnode 对外提供服务时使用的端口由配置参数 serverPort 决定。默认情况下，该参数的值为 6030。

通过调整 serverPort 参数，可以灵活地配置 dnode 的对外服务端口，以满足不同部署环境和安全策略的需求。

4. 集群对外连接

TDengine 集群可以容纳单个、多个甚至几千个 dnode，但应用程序只需要向集群中的任意一个 dnode 发起连接即可。这种设计简化了应用程序与集群之间的交互过程，提高了系统的可扩展性和易用性。

当使用 TDengine CLI 启动 taos 时，可以通过以下选项来指定 dnode 的连接信息。

- -h：用于指定 dnode 的 FQDN。这是一个必需项，用于告知应用程序连接到哪个 dnode。
- -P：用于指定 dnode 的端口。这是一个可选项，如果不指定，将把 TDengine 的配置参数 serverPort 作为默认值。

通过这种方式，应用程序可以灵活地连接到集群中的任意 dnode，而无须关心集群的具体拓扑结构。

5. 集群内部通信

在 TDengine 集群中，各个 dnode 之间通过 TCP 方式进行通信。当一个 dnode 启动时，它会首先获取 mnode 所在 dnode 的 endpoint 信息。其次，新启动的 dnode 与集群中的 mnode 建立连接，并进行信息交换。

这一过程确保 dnode 能够及时加入集群，并与 mnode 保持同步，从而接收和执行集群层面的命令和任务。通过 TCP 连接，dnode 之间以及 dnode 与 mnode 之间能够可靠地传输数据，保障集群的稳定运行和高效的数据处理能力。

获取 mnode 的 endpoint 信息的步骤如下。

第 1 步，检查自己的 dnode.json 文件是否存在，如果不存在或不能正常打开以获得

mnode endpoint 信息，进入第 2 步。

第 2 步，检查配置文件 taos.cfg，获取节点配置参数 firstEp、secondEp（这两个参数指定的节点可以是不带 mnode 的普通节点，这样的话，节点被连接时会尝试重定向到 mnode 节点），如果不存在 firstEP、secondEP，taos.cfg 中没有这两个配置参数，或者参数无效，进入第 3 步。

第 3 步，将自己的 endpoint 设为 mnode endpoint，并独立运行。

获取 mnode 的 endpoint 列表后，dnode 发起连接，如果连接成功，则成功加入工作的集群；如果不成功，则尝试 mnode endpoint 列表中的下一个。如果都尝试了，但仍然连接失败，则休眠几秒后再次尝试。

6. mnode 的选择

在 TDengine 集群中，mnode 是一个逻辑上的概念，它并不对应于一个单独执行代码的实体。实际上，mnode 的功能由服务器侧的 taosd 进程负责管理。

在集群部署阶段，第 1 个 dnode 会自动承担 mnode 的角色。随后，用户可以通过 SQL 在集群中创建或删除额外的 mnode，以满足集群管理的需求。这种设计使得 mnode 的数量和配置具有极强的灵活性，可以根据实际应用场景进行调整。

7. 新 dnode 的加入

一旦 TDengine 集群中有一个 dnode 启动并运行，该集群便具备了基本的工作能力。为了扩展集群的规模，可以按照以下两个步骤添加新节点。

第 1 步，首先使用 TDengine CLI 连接现有的 dnode。其次，执行 create dnode 命令来添加新的 dnode。这个过程将引导用户完成新 dnode 的配置和注册过程。

第 2 步，在新加入的 dnode 的配置文件 taos.cfg 中设置 firstEp 和 secondEp 参数。这两个参数应分别指向现有集群中任意两个活跃 dnode 的 endpoint。这样做可以确保新 dnode 能够正确加入集群，并与现有节点进行通信。

8. 重定向

在 TDengine 集群中，无论是新启动的 dnode 还是 taosc，它们首先需要与集群中的 mnode 建立连接。然而，用户通常并不知道哪个 dnode 正在运行 mnode。为了解决这个问题，TDengine 采用了一种巧妙的机制来确保它们之间的正确连接。

具体来说，TDengine 不要求 dnode 或 taosc 直接连接到特定的 mnode。相反，它们只需要向集群中的任何一个正在工作的 dnode 发起连接。由于每个活跃的 dnode 都维护着当前运行的 mnode endpoint 列表，因此这个连接请求会被转发到适当的 mnode。

当接收到来自新启动的 dnode 或 taosc 的连接请求时，如果当前 dnode 不是 mnode，它会立即将 mnode endpoint 列表回复给请求方。收到这个列表后，taosc 或新启动的 dnode 可以根据这个列表重新尝试建立与 mnode 的连接。

此外，为了确保集群中的所有节点都能及时获取最新的 mnode endpoint 列表，TDengine 采用了节点间的消息交互机制。当 mnode endpoint 列表发生变化时，相关的更新会通过消息迅速传播到各个 dnode，进而通知到 taosc。

15.1.3 一个典型的消息流程

为了解释 vnode、mnode、taosc 和应用程序之间的关系以及各自扮演的角色，接下来通过写入数据这个典型操作进行介绍，相应的流程如图 15-2 所示。

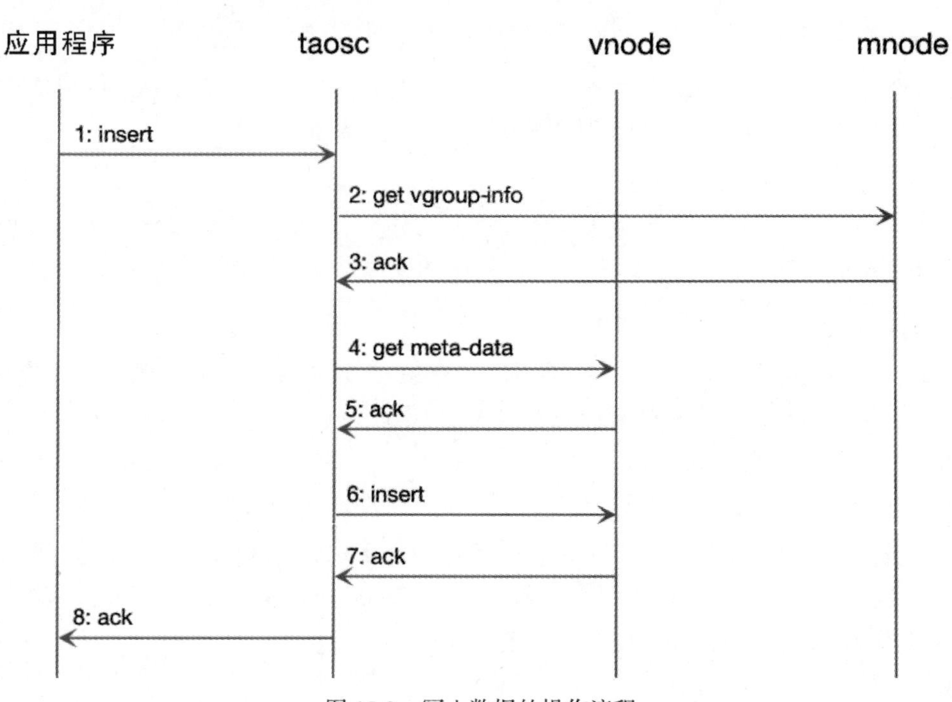

图 15-2 写入数据的操作流程

第 1 步，应用程序通过 JDBC 或其他 API 发起写入数据的请求。

第 2 步，taosc 会检查缓存，看是否保存该表所在数据库的 vgroup-info 信息。如果有，直接到第 4 步；如果没有，taosc 将向 mnode 发出 get vgroup-info 请求。

第 3 步，mnode 将该表所在数据库的 vgroup-info 返回给 taosc。vgroup-info 包含数据库的 vgroup 分布信息、vnode ID、vnode 所在的 dnode 的 endpoint（如果副本数为 N，就有 N 组 endpoint），以及每个 vgroup 中存储数据表的哈希范围。如果 taosc 得不到 mnode 回应，而且存在多个 mnode，则 taosc 将向下一个 mnode 发出请求。

第 4 步，taosc 继续检查缓存，看是否保存该表的 meta-data。如果有，直接到第 6 步；如果没有，taosc 将向 vnode 发出 get meta-data 请求。

第 5 步，vnode 将该表的 meta-data 返回给 taosc。meta-data 包含该表的 schema。

第 6 步，taosc 向 leader vnode 发起写入数据请求。

第 7 步，vnode 完成写入数据后，会给 taosc 一个应答，表示写入成功。如果 taosc 没有得到 vnode 的回应，它会认为该节点已经离线。在这种情况下，如果被写入的数据库有多个副本，taosc 将向该 vgroup 中下一个 vnode 发出写入数据请求。

第 8 步，taosc 通知应用程序，写入成功。

对于第 2 步，由于 taosc 在刚启动时并不知道 mnode 的地址信息，因此会直接向配置的集群对外服务的 endpoint 发起请求。如果接收到该请求的 dnode 并没有配置 mnode，则该 dnode 会在回复的消息中告知 mnode 的 endpoint 列表。这样 taosc 会重新向新的 mnode 的 endpoint 发出获取 meta-data 的请求。

对于第 4 步和第 6 步，在没有缓存的情况下，taosc 无法知道 vgroup 中谁是 leader，此时将假设第 1 个 vnode ID 就是 leader，并向它发出请求。如果接收到请求的 vnode 并不是 leader，它会在回复中告知谁是 leader，这样 taosc 向建议的 leader vnode 发出请求。一旦得到写入数据成功的回复，taosc 会缓存 leader 节点的信息。

上述是写入数据的操作流程，查询、计算的操作流程与此完全一致。taosc 把这些复杂的操作流程全部封装屏蔽，对于应用程序来说无感知也无须进行任何特别处理。

通过 taosc 缓存机制，由于只有在第 1 次对一张表操作时，才需要访问 mnode，因此 mnode 不会成为集群的性能瓶颈。但因为 schema 有可能变化，而且 vgroup 有可能发生改变（比如发生负载均衡），所以 taosc 会定时和 mnode 交互，自动更新缓存。

15.2　存储模型与数据分片、数据分区

15.2.1　存储模型

TDengine 存储的数据主要分为以下 3 部分。

1. 时序数据

时序数据是 TDengine 的核心存储对象，它们被存储在 vnode 中。时序数据由 data、head、sma 和 stt 4 类文件组成，这些文件共同构成了时序数据的完整存储结构。由于时序数据的特点是数据量大且查询需求取决于具体应用场景，因此 TDengine 采用了“一个数据采集点一张表”的模型来优化存储和查询性能。在这种模型下，一个时间段内的数据是连续存储的，对单张表的写入是简单的追加操作，一次读取可以获取多条记录。这

种设计确保了单个数据采集点的写入和查询操作都能达到最优性能。

2. 数据表元数据

数据表元数据包含标签信息和 table schema 信息，这些信息对于理解和操作时序数据至关重要。元数据被存储在 vnode 的 meta 文件中，并支持标准的增删改查操作。由于数据表元数据的量可能非常大（每张表对应一条记录），TDengine 采用了 LRU（Least Recently Used，最近最少使用）存储策略来优化内存使用。同时，TDengine 还支持标签数据的索引，以提高查询效率。得益于分布式架构的优势，只要计算内存充足，TDengine 能够在毫秒级返回千万级别规模的标签数据过滤结果。即使在内存资源有限的情况下，TDengine 仍能支持数千万张表的快速查询。

3. 数据库元数据

数据库元数据包含节点、用户、数据库、stable schema 等关键信息，这些数据被存储在 mnode 中。与数据表元数据相比，由于数据库元数据的量相对较小，因此可以完全存储在内存中。此外，由于客户端通常会缓存这部分数据，因此实际的查询量并不大。尽管目前的设计是集中式存储管理，但由于其数据量和查询负载相对较小，因此不会构成性能瓶颈。

与传统的 NoSQL 存储模型相比，TDengine 采用将标签数据与时序数据完全分离存储的架构。这种架构具有以下两大显著优势。

- 显著降低标签数据存储的冗余度。在常见的 NoSQL 数据库或时序数据库中，通常采用 Key-Value 存储模型，其中 Key 包含时间戳、设备 ID 以及各种标签。这导致每条记录都携带大量重复的标签信息，从而浪费宝贵的存储空间。此外，如果应用程序需要在历史数据上增加、修改或删除标签，就必须遍历整个数据集并重新写入，这样的操作成本极高。相比之下，TDengine 通过将标签数据与时序数据分离存储，有效避免了这些问题，大大减少了存储空间的浪费，并降低了标签数据操作的成本。
- 实现极为高效的多表之间的聚合查询。在进行多表之间的聚合查询时，TDengine 首先根据标签过滤条件找出符合条件的表，然后查找这些表对应的数据块。这种方法显著减少了需要扫描的数据集大小，从而大幅提高查询效率。这种优化策略使得 TDengine 能够在处理大规模时序数据时保持高效的查询性能，满足各种复杂场景下的数据分析需求。

15.2.2 数据分片

在进行海量数据管理时，为了实现水平扩展，通常需要采用数据分片（sharding）和数据分区（partitioning）策略。TDengine 通过 vnode 来实现数据分片，并通过按时间段划分数据文件来实现数据分区。

vnode不仅负责处理时序数据的写入、查询和计算任务，还承担着负载均衡、数据恢复以及支持异构环境的重要角色。为了实现这些目标，TDengine将一个dnode根据其计算和存储资源切分为多个vnode。这些vnode的管理过程对应用程序是完全透明的，由TDengine自动完成。

对于单个数据采集点，无论其数据量有多大，一个vnode都拥有足够的计算资源和存储资源来应对（例如，如果每秒生成一条16B的记录，一年产生的原始数据量也不到0.5GB）。因此，TDengine将一张表（即一个数据采集点）的所有数据都存储在一个vnode中，避免将同一数据采集点的数据分散到两个或多个dnode上。同时，一个vnode可以存储多个数据采集点（表）的数据，最大可容纳的表数目为100万。设计上，一个vnode中的所有表都属于同一个数据库。

TDengine 3.0采用一致性哈希算法来确定每张数据表所在的vnode。在创建数据库时，集群会立即分配指定数量的vnode，并确定每个vnode负责的数据表范围。当创建一张表时，集群会根据数据表名计算出其所在的vnode ID，并在该vnode上创建表。如果数据库有多个副本，TDengine集群会创建一个vgroup，而不是仅创建一个vnode。集群对vnode的数量没有限制，仅受限于物理节点本身的计算和存储资源。

每张表的元数据（包括schema、标签等）也存储在vnode中，而不是集中存储在mnode上。这种设计实际上是对元数据的分片，有助于高效并行地进行标签过滤操作，进一步提高查询性能。

15.2.3 数据分区

除了通过vnode进行数据分片以外，TDengine还采用按时间段对时序数据进行分区的策略。每个数据文件仅包含一个特定时间段的时序数据，而时间段的长度由数据库参数duration决定。这种按时间段分区的做法不仅简化了数据管理，还便于高效实施数据的保留策略。一旦数据文件超过了规定的天数（由数据库参数keep指定），系统将自动删除这些过期的数据文件。

此外，TDengine还支持将不同时间段的数据存储在不同的路径和存储介质中。这种灵活性使得大数据的冷热管理变得简单易行，用户可以根据实际需求实现多级存储，从而优化存储成本和访问性能。

综合来看，TDengine通过vnode和时间段两个维度对大数据进行精细切分，实现了高效并行管理和水平扩展。这种设计不仅提高了数据处理的速度和效率，还为用户提供了灵活、可扩展的数据存储和查询解决方案，满足了不同规模和需求的场景应用。

15.2.4 负载均衡与扩容

每个 dnode 都会定期向 mnode 报告其当前状态，包括硬盘空间使用情况、内存大小、CPU 利用率、网络状况以及 vnode 的数量等关键指标。这些信息对于集群的健康监控和资源调度至关重要。

关于负载均衡的触发时机，目前 TDengine 允许用户手动指定。当新的 dnode 被添加到集群中时，用户需要手动启动负载均衡流程，以确保集群在最佳状态下运行。

随着时间的推移，集群中的数据分布可能会发生变化，导致某些 vnode 成为数据热点。为了应对这种情况，TDengine 采用基于 Raft 协议的副本调整和数据拆分算法，实现了数据的动态扩容和再分配。这一过程可以在集群运行时无缝进行，不会影响数据的写入和查询服务，从而确保了系统的稳定性和可用性。

15.3 数据写入与复制流程

在一个具有 *N* 个副本的数据库中，相应的 vgroup 将包含 *N* 个编号相同的 vnode。在这些 vnode 中，只有一个被指定为 leader，其余的都充当 follower 的角色。这种主从架构确保了数据的一致性和可靠性。

当应用程序尝试将新记录写入集群时，只有 leader vnode 能够接受写入请求。如果 follower vnode 意外地收到写入请求，集群会立即通知 taosc 需要重新定向到 leader vnode。这一措施确保所有的写入操作都发生在正确的 leader vnode 上，从而维护数据的一致性和完整性。

通过这种设计，TDengine 确保了在分布式环境下数据的可靠性和一致性，同时提供高效的读写性能。

15.3.1 leader vnode 写入流程

leader vnode 遵循图 15-3 所示的写入流程。

第 1 步，leader vnode 收到应用程序的写入数据请求，验证有效性后进入第 2 步。

第 2 步，vnode 将该请求的原始数据包写入 WAL 文件。如果 wal_level 设置为 2，而且 wal_fsync_period 设置为 0，TDengine 将 WAL 文件立即落盘，以保证即使宕机，也能从 WAL 文件中恢复数据，避免数据丢失。

第 3 步，如果有多个副本，vnode 将把数据包转发给同一 vgroup 内的 follower vnode，该转发包带有数据的版本号和任期。

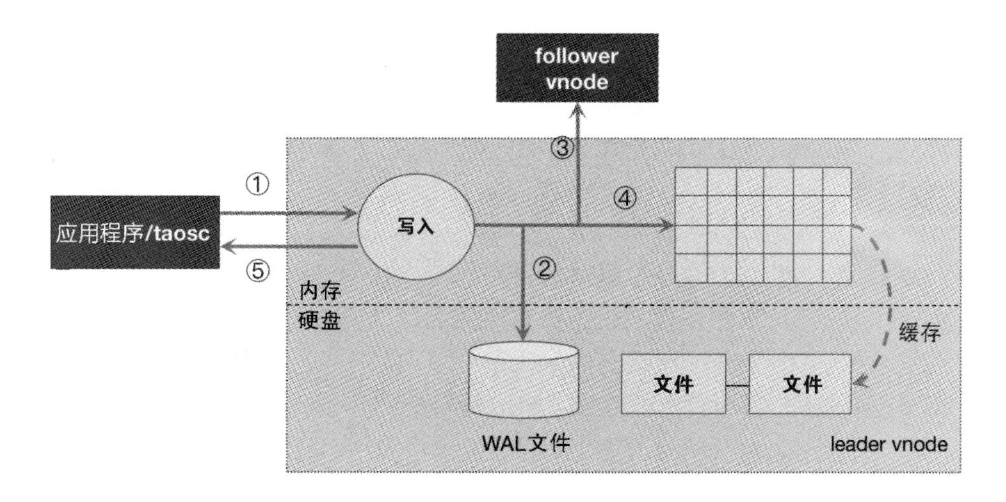

图 15-3　leader vnoder 的写入流程

第 4 步，写入内存，并将记录加入 SkipList（跳表），如果未达成一致，会触发回滚操作。

第 5 步，leader vnode 返回确认信息给应用程序，表示写入数据成功。

第 6 步，如果第 2 步 ~ 第 4 步中任何一步失败，将直接返回错误信息给应用程序。

15.3.2　follower vnode 写入流程

follower vnode 的写入流程如图 15-4 所示。

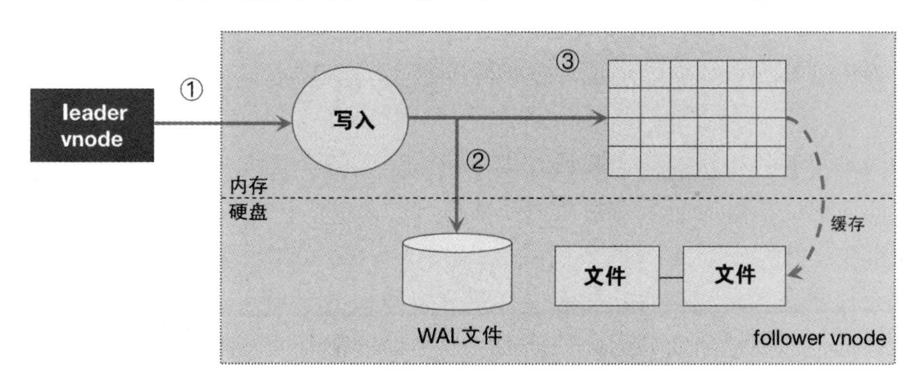

图 15-4　follower vnode 的写入流程

第 1 步，follower vnode 收到 leader vnode 转发的写入数据请求。

第 2 步，vnode 把该请求的原始数据包写入 WAL 文件。如果 wal_level 设置为 2，而且 wal_fsync_period 设置为 0，TDengine 将 WAL 文件立即落盘，以保证即使宕机，也能从 WAL 文件中恢复数据，避免数据丢失。

第 3 步，写入内存，更新内存中的 SkipList。

与 leader vnode 的写入流程相比，follower vnode 不存在转发环节，也不存在回复确认环节，少了两步。但写入内存与 WAL 文件是完全一样的。

15.3.3 主从选择

每个 vnode 都维护数据的一个版本号，该版本号在 vnode 对内存中的数据进行持久化存储时也会被一并持久化。每次更新数据时，无论是时序数据还是元数据，都会使版本号递增，确保数据的每次修改都被准确记录。

当 vnode 启动时，它的角色（leader 或 follower）是不确定的，且数据处于未同步状态。为了确定自己的角色并同步数据，vnode 需要与同一 vgroup 内的其他节点建立 TCP 连接。在连接建立后，vnode 之间会互相交换版本号、任期等关键信息。基于这些信息，vnode 将使用标准的 Raft 一致性算法完成选主过程，从而确定谁是 leader，谁应该作为 follower。

这一机制确保在分布式环境下，vnode 之间能够有效地协调一致，维护数据的一致性和系统的稳定性。

15.3.4 同步复制

在 TDengine 中，每次 leader vnode 接收到写入数据请求并将其转发给其他副本时，它并不会立即通知应用程序写入成功。相反，leader vnode 需要等待超过半数的副本（包括自身）达成一致意见后，才会向应用程序确认写入操作已成功。如果在规定的时间内未能获得半数以上副本的确认，leader vnode 将返回错误信息给应用程序，表明写入操作失败。

这种同步复制的机制确保了数据在多个副本之间的一致性和安全性，但同时也带来了写入性能方面的挑战。为了平衡数据一致性和性能需求，TDengine 在同步复制过程中引入了流水线复制算法。

流水线复制算法允许不同数据库连接的写入数据请求确认过程同时进行，而不是顺序等待。这样，即使某个副本的确认延迟，也不会影响到其他副本的写入操作。通过这种方式，TDengine 在保证数据一致性的同时，显著提高了写入性能，满足了高吞吐量和低延迟的数据处理需求。

15.3.5 成员变更

在数据扩容、节点迁移等场景中，需要对 vgroup 的副本数目进行调整。在这些情况下，存量数据的多少直接影响到副本之间进行数据复制所需的时间，过多的数据复制操作可能会严重阻塞数据的读写过程。

为了解决这一问题，TDengine 对 Raft 协议进行了扩展，引入了 learner 角色。learner 角色在复制过程中起到至关重要的作用，但它们不参与投票过程，只负责接收复制的数据。由于 learner 不参与投票，因此在数据写入时，判断写入成功的条件并不包括 learner 的确认。

当 learner 与 leader 之间的数据差异较大时，learner 会采用快照（snapshot）方式进行数据同步。快照同步完成后，learner 会继续追赶 leader 的日志，直至两者数据量接近。一旦 learner 与 leader 的数据量足够接近，learner 便会转变为 follower 角色，开始参与数据写入的投票和选举投票过程。

15.3.6　重定向

当 taosc 将新的记录写入 TDengine 集群时，它首先需要定位到当前的 leader vnode，因为只有 leader vnode 负责处理写入数据请求。如果 taosc 尝试将写入数据请求发送到 follower vnode，集群会立即通知 taosc 需要重新定向到正确的 leader vnode。

为了确保写入数据请求能够正确路由到 leader vnode，taosc 会维护一个关于节点组拓扑的本地缓存。当收到集群的通知后，taosc 会根据最新的节点组拓扑信息，重新计算并确定 leader vnode 的位置，然后将写入数据请求发送给它。同时，taosc 还会更新本地缓存中的 leader 分布信息，以备后续使用。

这种机制确保了应用程序在通过 taosc 访问 TDengine 时，无须关心网络重试的问题。无论集群中的节点如何变化，taosc 都能自动处理这些变化，确保写入数据请求始终被正确地路由到 leader vnode。

15.4　缓存与持久化

15.4.1　时序数据缓存

TDengine 采纳了一种独特的时间驱动缓存管理策略，亦称为写驱动缓存管理机制。这一策略与传统的读驱动数据缓存模式有所不同，其核心在于优先将最新写入的数据存储在集群的缓存中。当缓存容量接近阈值时，系统会将最早期的数据进行批量写入硬盘的操作。详细来讲，每个 vnode 都拥有独立的内存空间，这些内存被划分为多个固定大小的内存块，且不同 vnode 之间的内存是完全隔离的。在数据写入过程中，采用的是类似日志记录的顺序追加方式，每个 vnode 还维护着自身的 SkipList 结构，以便于数据的快速检索。一旦超过三分之一的内存块被写满，系统便会启动数据落盘的过程，并将新的写入操作引导至新的内存块。通过这种方式，vnode 中的三分之一内存块得以保留最新的数据，既实现了缓存的目的，又保证了查询的高效性。vnode 的内存大小可以通过数据库参数 buffer 进行配置。

此外，考虑到物联网数据的特点，用户通常最关注的是数据的实时性，即最新产生的数据。TDengine 很好地利用了这一特点，优先将最新到达的（即当前状态）数据存储在缓存中。具体而言，TDengine 会将最新到达的数据直接存入缓存，以便快速响应用户对最新一条或多条数据的查询和分析需求，从而在整体上提高数据库查询的响应速度。从这个角度来看，通过合理设置数据库参数，TDengine 完全可以作为数据缓存来使用，这样就无须再部署 Redis 或其他额外的缓存系统。这种做法不仅有效简化了系统架构，还有助于降低运维成本。需要注意的是，一旦 TDengine 重启，缓存中的数据将被清除，所有先前缓存的数据都会被批量写入硬盘，而不会像专业的 Key-Value 缓存系统那样自动将之前缓存的数据重新加载回缓存。

15.4.2 持久化存储

TDengine 采用了一种数据驱动的策略来实现缓存数据的持久化存储。当 vnode 中的缓存数据积累到一定量时，为了避免阻塞后续数据的写入，TDengine 会启动落盘线程，将这些缓存数据写入持久化存储设备。在此过程中，TDengine 会创建新的数据库日志文件用于数据落盘，并在落盘成功后删除旧的日志文件，以防止日志文件无限制增长。

为了充分发挥时序数据的特性，TDengine 将 vnode 的数据分割成多个文件，每个文件仅存储固定天数的数据，这个天数由数据库参数 duration 设定。通过这种分文件存储的方式，当查询特定时间段的数据时，无须依赖索引即可迅速确定需要打开哪些数据文件，极大地提高了数据读取的效率。

对于采集的数据，通常会有一定的保留期限，该期限由数据库参数 keep 指定。超出设定天数的数据文件将被集群自动移除，并释放相应的存储空间。

当设置 duration 和 keep 两个参数后，一个处于典型工作状态的 vnode 中，总的数据文件数量应为向上取整 (keep/duration)+1 个。数据文件的总个数应保持在一个合理的范围内，不宜过多也不宜过少，通常介于 10 到 100 较为适宜。基于这一原则，可以合理设置 duration 参数。在本书编写时的版本中，可以调整参数 keep，但参数 duration 一旦设定，则无法更改。

在每个数据文件中，表的数据是以块的形式存储的。一张表可能包含一到多个数据文件块。在一个文件块内，数据采用列式存储，占据连续的存储空间，这有助于显著提高读取速度。文件块的大小由数据库参数 maxRows（每块最大记录条数）控制，默认值为 4096。这个值应适中，过大可能导致定位特定时间段数据的搜索时间变长，影响读取速度；过小则可能导致数据文件块的索引过大，压缩效率降低，同样影响读取速度。

每个数据文件块（以 .data 结尾）都配有一个索引文件（以 .head 结尾），该索引文件包含每张表的各个数据文件块的摘要信息，记录了每个数据文件块在数据文件中的偏移量、数据的起始时间和结束时间等信息，以便于快速定位所需数据。此外，每个数据文件块还有一个与之关联的 last 文件（以 .last 结尾），该文件旨在防止数据文件块在落盘时发生碎片化。如果某张表落盘的记录条数未达到数据库参数 minRows（每块最小记录条数）的要求，这些记录将首先存储在 last 文件中，待下次落盘时，新落盘的记录将与 last 文件中的记录合并，然后再写入数据文件块。

在数据写入硬盘的过程中，是否对数据进行压缩取决于数据库参数 comp 的设置。TDengine 提供了 3 种压缩选项——无压缩、一级压缩和二级压缩，对应的 comp 值分别为 0、1 和 2。一级压缩会根据数据类型采用相应的压缩算法，如 delta-delta 编码、simple8B 方法、zig-zag 编码、LZ4 等。二级压缩则在一级压缩的基础上进一步使用通用压缩算法，以实现更高的压缩率。

15.4.3 预计算

为了显著提高查询处理的效率，TDengine 在数据文件块的头部存储了该数据文件块的统计信息，包括最大值、最小值和数据总和，这些被称为预计算单元。当查询处理涉及这些计算结果时，可以直接利用这些预计算值，而无须访问数据文件块的具体内容。对于那些硬盘 I/O 成为瓶颈的查询场景，利用预计算结果可以有效减轻读取硬盘 I/O 的压力，从而提高查询速度。

除了预计算功能以外，TDengine 还支持对原始数据进行多种降采样存储。一种降采样存储方式是 Rollup SMA，它能够自动对原始数据进行降采样存储，并支持 3 个不同的数据保存层级，用户可以指定每层数据的聚合周期和保存时长。这对于那些关注数据趋势的场景尤为适用，其核心目的是减少存储开销并提高查询速度。另一种降采样存储方式是 Time-Range-Wise SMA，它可以根据聚合结果进行降采样存储，非常适合于高频的 interval 查询场景。该功能采用与普通流计算相同的逻辑，并允许用户通过设置 watermark 来处理延时数据，相应地，实际的查询结果也会有一定的时间延迟。

15.4.4 多级存储与对象存储

在默认情况下，TDengine 将所有数据存储在 /var/lib/taos 目录中。为了扩展存储容量，减少文件读取可能导致的瓶颈，并提高数据吞吐量，TDengine 允许通过配置参数 dataDir，使得集群能够同时利用挂载的多块硬盘。

此外，TDengine 还提供了数据分级存储的功能，允许用户将不同时间段的数据存储在不同存储设备的目录中，以此实现将“热”数据和“冷”数据分开存储。这样做可以充分利用各种存储资源，同时节约成本。例如，对于最新采集且需要频繁访问的数据，由于其读取性能要求较高，用户可以配置将这些数据存储在高性能的固态硬盘上。而对于超过一定期限、查询需求较低的数据，则可以将其存储在成本相对较低的机械硬盘上。

为了进一步降低存储成本，TDengine 还支持将时序数据存储在对象存储系统中。通过其创新性的设计，在大多数情况下，从对象存储系统中查询时序数据的性能接近本地硬盘的一半，而在某些场景下，性能甚至可以与本地硬盘相媲美。同时，TDengine 还允许用户对存储在对象存储中的时序数据执行删除和更新操作。

第 16 章　存储引擎

TDengine 的核心竞争力在于其卓越的写入和查询性能。相较于传统的通用型数据库，TDengine 在诞生之初便专注于深入挖掘时序数据场景的特性。TDengine 团队充分利用时序数据的时间有序性、连续性和高并发特点，自主研发了一套专为时序数据定制的写入及存储算法。

这套算法针对时序数据的特性进行了精心的预处理和压缩，不仅大幅提高了数据的写入速度，还显著降低了存储空间的占用量。这种优化设计确保了在面对大量实时数据持续涌入的场景时，TDengine 仍能保持超高的吞吐能力和极快的响应速度。

16.1　行列格式

行列格式是 TDengine 中用来表示数据的最重要的数据结构之一。业内已经有许多开源的标准化的行列格式库，如 Apache Arrow 等。但 TDengine 面临的场景更加聚焦，且对于性能的要求也更高。因此，设计并实现自己的行列格式库有助于 TDengine 充分利用场景特点，实现高性能、低空间占用的行列格式数据结构。行列格式的需求有以下几点。

- 支持未指定值（None）与空值（Null）的区分。
- 支持 None、Null 以及有值共存的不同场景。
- 对于稀疏数据和稠密数据的高效处理。

16.1.1　行格式

TDengine 中的行格式有两种编码格式——Tuple 编码格式和 Key-Value 编码格式。具体采用哪种编码格式是由数据的特征决定的，以求最高效地应对不同数据特征的场景。

1. Tuple 编码格式

Tuple 编码格式主要用于非稀疏数据的场景，如所有列数据全部非 None 或少量 None 的场景。Tuple 编码格式如图 16-1 所示。

Tuple 编码的行直接根据表的 schema 提供的偏移量信息访问列数据，时间复杂度为 $O(1)$，访问速度快。

2. Key-Value 编码格式

Key-Value 编码格式特别适合于稀疏数据的场景，即在表的 schema 中定义了大量列（例如数千列），但实际有值的列却非常少的情况。在这种情形下，如果采用传统的 Tuple 编码格式，会造成极大的空间浪费。相比之下，采用 Key-Value 编码格式可以显著减少行数据所占用的存储空间。Key-Value 编码格式的行如图 16-2 所示。

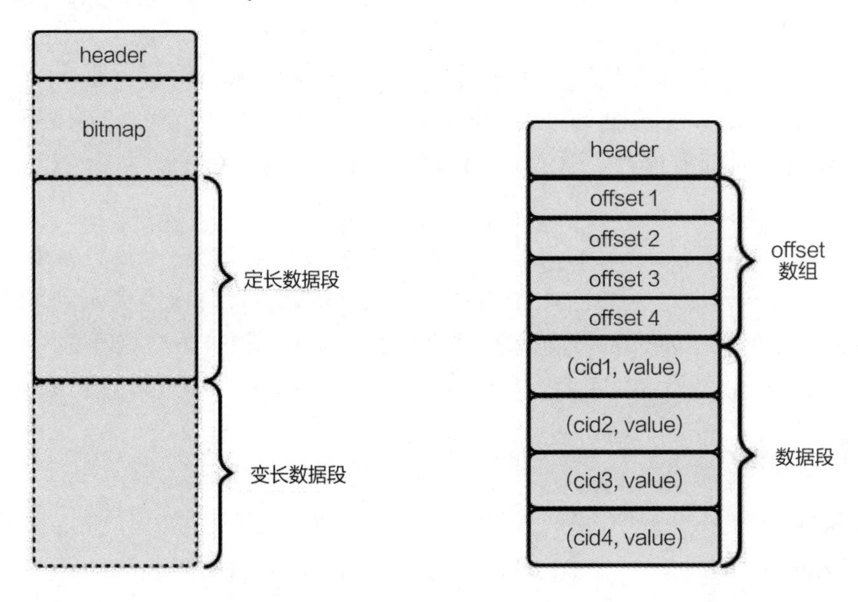

图 16-1　Tuple 编码格式　　　图 16-2　Key-Value 编码格式

Key-Value 编码的行数据通过一个 offset 数组来索引各列的值，虽然这种方式的访问速度相对于直接访问列数据较慢，但它能显著减少存储空间的占用量。在实际编码实现中，通过引入 flag 选项，进一步优化了空间占用。具体来说，当所有 offset 值均小于 256 时，Key-Value 编码行的 offset 数组采用 uint8_t 类型；当所有 offset 值均小于 65 536 时，则使用 uint16_t 类型；在其他情况下，则使用 uint32_t 类型。这样的设计使得空间利用率得到进一步提高。

16.1.2　列格式

在 TDengine 中，列格式的定长数据可以被视为数组，但由于存在 None、Null 和有值的并存情况，列格式中还需要一个 bitmap 来标识各个索引位置的值是 None、Null 还是有值。而对于变长类型的数据，列格式则有所不同。除了数据数组以外，变长类型的数据列格式还包含一个 offset 数组，用于索引变长数据的起始位置。变长数据的长度可以通过两个相邻 offset 值之差来获得。这种设计使得数据的存储和访问更加高效。列格式如图 16-3 所示。

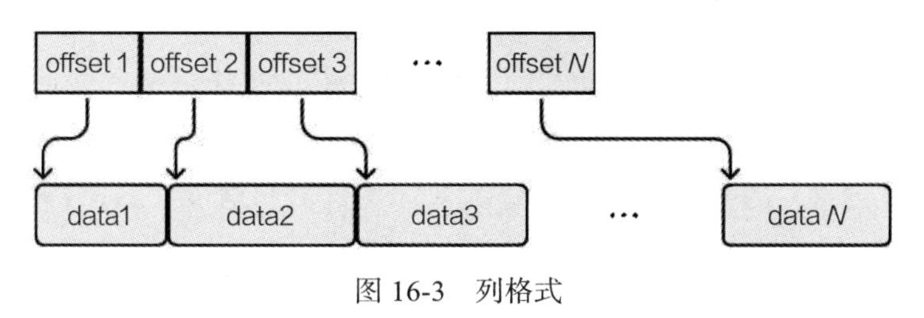

图 16-3　列格式

16.2　vnode 存储

16.2.1　vnode 存储架构

vnode 是 TDengine 中数据存储、查询以及备份的基本单元。每个 vnode 中都存储了部分表的元数据信息以及属于这些表的全部时序数据。表在 vnode 上的分布是由一致性哈希决定的。每个 vnode 都可以被看作一个单机数据库。vnode 的存储可以分为如下 3 部分，其架构如图 16-4 所示。

- WAL 文件的存储。
- 元数据的存储。
- 时序数据的存储。

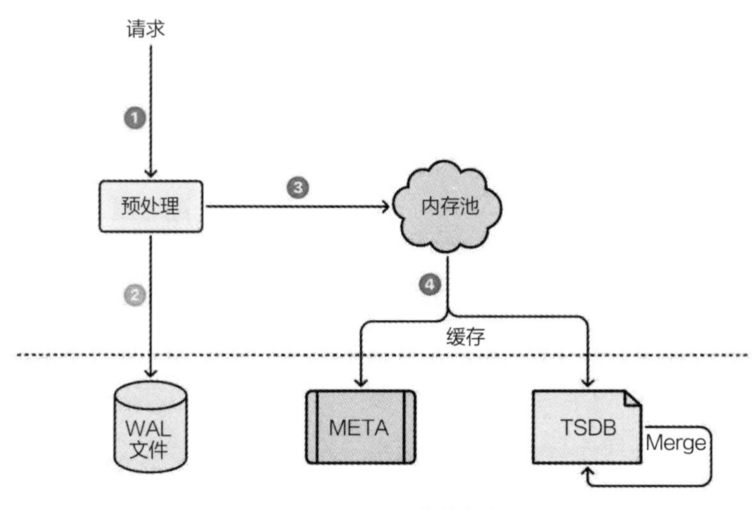

图 16-4　vnode 存储架构

当 vnode 收到写入数据请求时，首先会对请求进行预处理，以便多副本上的数据保持一致。预处理的目的在于确保数据的安全性和一致性。在预处理完成后，数据会被写入 WAL 文件中，以确保数据的持久性。接着，数据会被写入 vnode 的内存池中。当内存池的空间占用量达到一定阈值时，后台线程会将写入的数据刷新到硬盘上（META 和 TSDB），以便持久化。同时，标记内存中对应的 WAL 编号为已落盘。此外，TSDB 采用了 LSM（Log-Structured Merge-Tree，日志结构合并树）存储结构，这种结构在打开数据库的多表低频参数时，后台还会对 TSDB 的数据文件进行合并，以减少文件数量并提高查询性能。这种设计使得数据的存储和访问更加高效。

16.2.2 元数据的存储

vnode 中存储的元数据主要涉及表的元数据信息，包括超级表的名称、超级表的 schema 定义、标签 schema 的定义、子表的名称、子表的标签信息以及标签的索引等。由于元数据的查询操作远多于写入操作，因此 TDengine 采用 B+Tree 作为元数据的存储结构。B+Tree 以其高效的查询性能和稳定的插入、删除操作，非常适合于处理这类读多写少的场景，确保了元数据管理的效率和稳定性。元数据的写入过程如图 16-5 所示。

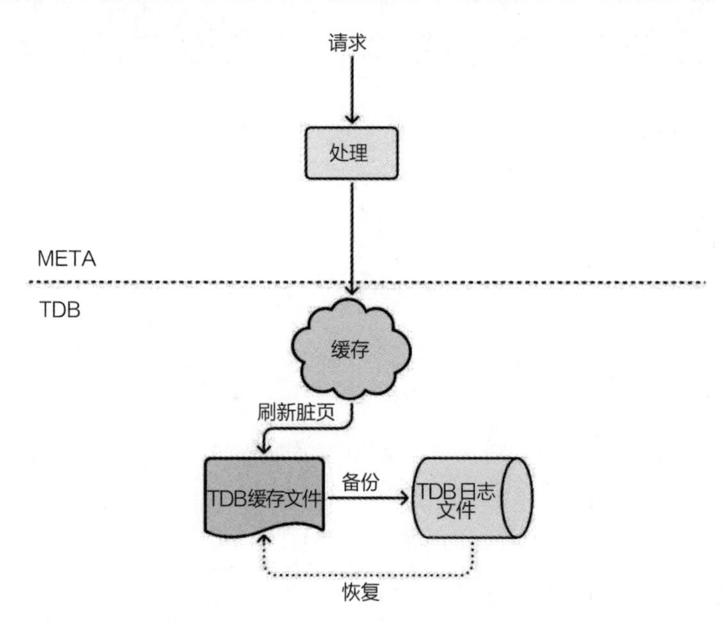

图 16-5　元数据的写入过程

当 META 模块接收到元数据写入请求时，它会生成多个 Key-Value 数据对，并将这些数据对存储在底层的 TDB 存储引擎中。TDB 是 TDengine 根据自身需求研发的 B+Tree 存储引擎，它由 3 个主要部分组成——内置 Cache、TDB 存储主文件和 TDB 的日志文件。

数据在写入 TDB 时，首先被写入内置 Cache，如果 Cache 内存不足，系统会向 vnode 的内存池请求额外的内存分配。如果写入操作涉及已有数据页的更改，系统会在修改数据页之前，先将未更改的数据页写入 TDB 的日志文件，作为备份。这样做可以在断电或其他故障发生时，通过日志文件回滚到原始数据，确保数据更新的原子性和数据完整性。

由于 vnode 存储了各种元数据信息，并且元数据的查询需求多样化，vnode 内部会创建多个 B+Tree，用于存储不同维度的索引信息。这些 B+Tree 都存储在一个共享的存储文件中，并通过一个根页编号为 1 的索引 B+Tree 来索引各个 B+Tree 的根页编号，如图 16-6 所示。

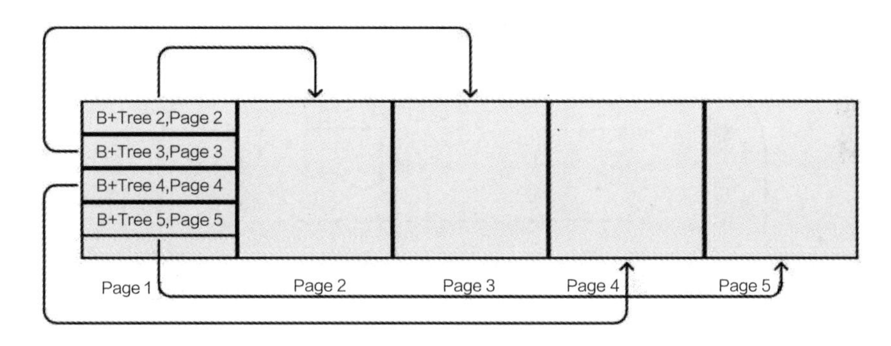

图 16-6 B+ Tree 存储结构

B+ Tree 的页结构如图 16-7 所示。

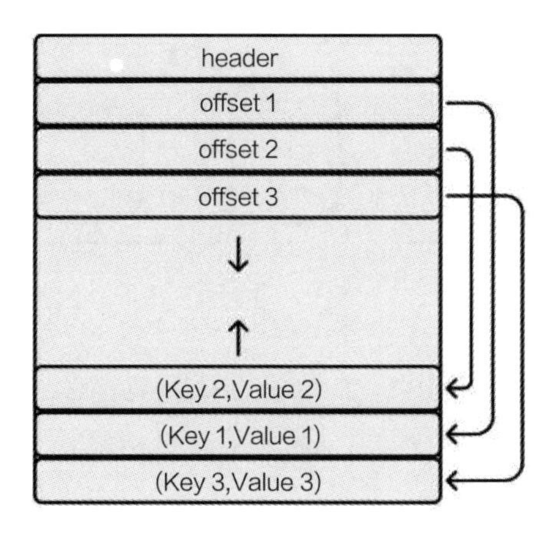

图 16-7 B+ Tree 的页结构

在 TDB 中，Key 和 Value 都具有变长的特性。为了处理超长 Key 或 Value 的情况，当它们超过文件页的大小时，TDB 采用了溢出页的设计来容纳超出部分的数据。此外，为了有效控制 B+Tree 的高度，TDB 限制了非溢出页中 Key 和 Value 的最大长度，确保 B+Tree 的扇出度至少为 4。

16.2.3 时序数据的存储

时序数据在 vnode 中是通过 TSDB 引擎进行存储的。鉴于时序数据的海量特性及其持续的写入流量，若使用传统的 B+Tree 结构来存储，随着数据量的增长，树的高度会迅速增加，这将导致查询和写入性能的急剧下降，最终可能使引擎变得不可用。鉴于此，TDengine 选择了 LSM 存储结构来处理时序数据。LSM 通过日志结构的存储方式，优化了数据的写入性能，并通过后台合并操作来减少存储空间的占用和提高查询效率，从而确保了时序数据的存储和访问性能。TSDB 引擎的写入流程如图 16-8 所示。

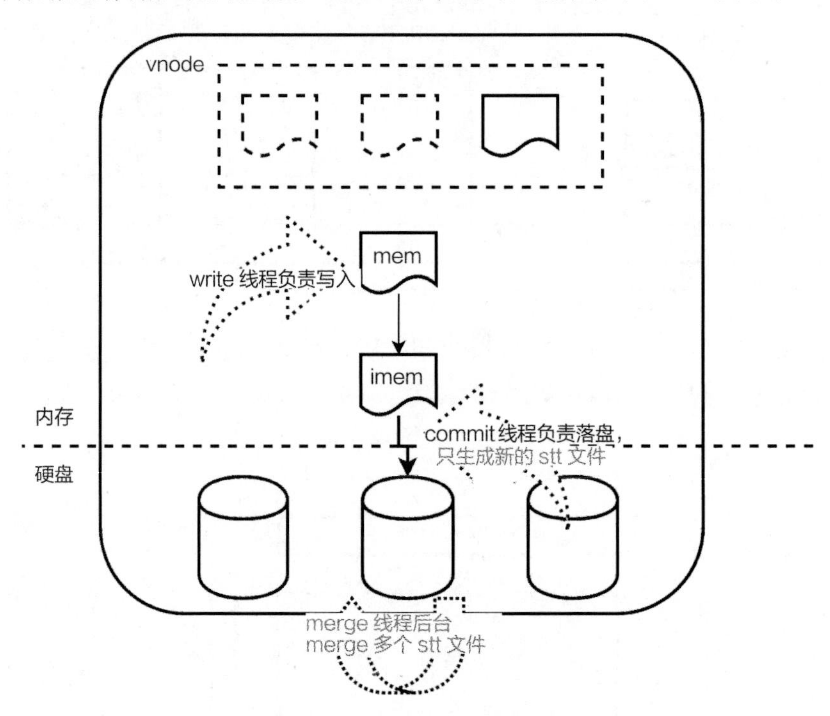

图 16-8　TSDB 引擎的写入流程

在 MemTable 中，数据采用了 Red-Black Tree（红黑树）和 SkipList 相结合的索引方式。不同表的数据索引存储在 Red-Black Tree 中，而同一张表的数据索引则存储在 SkipList 中。这种设计方式充分利用了时序数据的特点，提高了数据的存储和访问效率。

Red-Black Tree 是一种自平衡的二叉树，它通过对节点进行着色和旋转操作来保持树的平衡，从而确保了查询、插入和删除操作的时间复杂度为 $O(\log n)$。在 MemTable 中，

Red-Black Tree 用于存储不同表的数据索引，这样可以快速定位到特定表的数据，为后续的查询和写入操作提供基础。

SkipList 是一种基于有序链表的数据结构，它通过在链表的基础上添加多级索引来实现快速查找。SkipList 的查询、插入和删除操作的时间复杂度为 $O(\log n)$，与 Red-Black Tree 相当。在 MemTable 中，SkipList 用于存储同一张表的数据索引，这样可以快速定位到特定时间范围内的数据，为时序数据的查询和写入提供高效支持。

通过将 Red-Black Tree 和 SkipList 相结合，TDengine 在 MemTable 中实现了一种高效的数据索引方式，既能够快速定位到不同表的数据，又能够快速定位到同一张表中特定时间范围内的数据。SkipList 索引如图 16-9 所示。

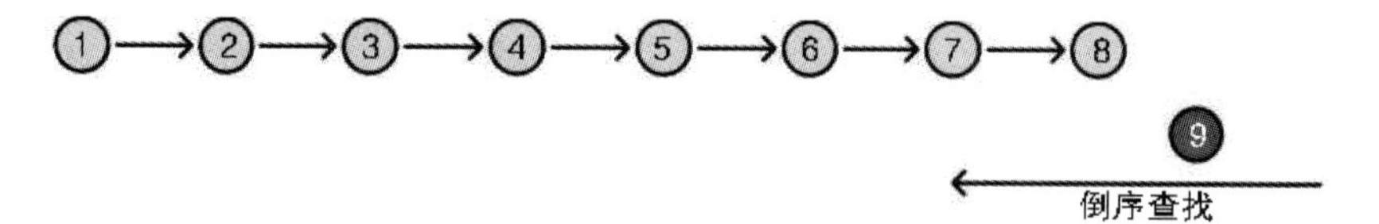

图 16-9　SkipList 索引

在 TSDB 引擎中，无论是在内存中还是数据文件中，数据都按照（ts, version）元组进行排序。为了更好地管理和组织这些按时间排序的数据，TSDB 引擎将数据文件按照时间范围切分为多个数据文件组。每个数据文件组覆盖一定时间范围的数据，这样可以确保数据的连续性和完整性，同时也便于对数据进行分片和分区操作。通过将数据按时间范围划分为多个文件组，TSDB 引擎可以更有效地管理和访问存储在硬盘上的数据。文件组如图 16-10 所示。

图 16-10　文件组

在查询数据时，根据查询数据的时间范围，可以快速计算文件组编号，从而快速定位所要查询的文件组。这种设计方式可以显著提高查询性能，因为它可以减少不必要的文件扫描和数据加载，直接定位到包含所需数据的文件组。

接下来分别介绍文件组包含的文件。

1. head 文件

head 文件是时序数据存储文件（data 文件）的 BRIN(Block Range Index，块范围索引）文件，其中存储了每个数据块的时间范围、偏移量（offset）和长度等信息。

查询引擎根据 head 文件中的信息，可以高效地过滤要查询的数据块所包含的时间范围，并获取这些数据块的位置信息。

head 文件中存储了多个 BRIN 记录块及其索引。BRIN 记录块采用列存压缩的方式，这种方式可以大大减少空间占用量，同时保持较高的查询性能。BRIN 索引结构如图 16-11 所示。

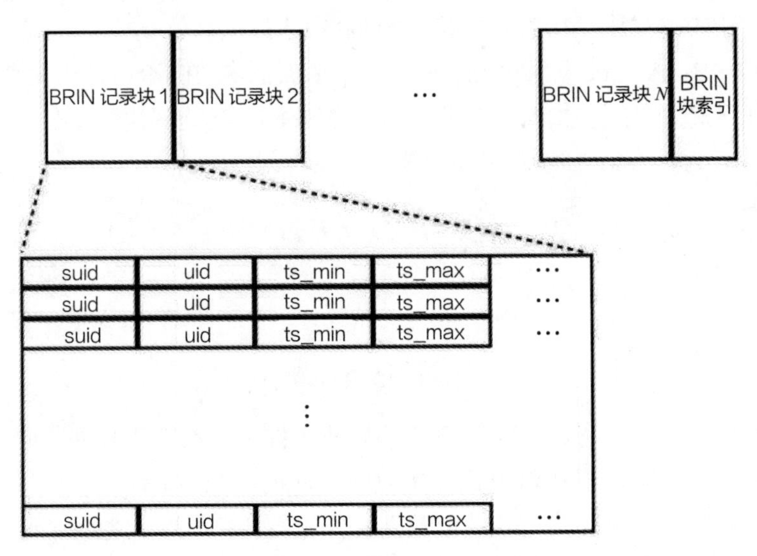

图 16-11　BRIN 索引结构

2. data 文件

data 文件是实际存储时序数据的文件。在 data 文件中，时序数据以数据块的形式进行存储，每个数据块包含了一定量数据的列式存储。根据数据类型和压缩配置，数据块采用了不同的压缩算法进行压缩，以减少存储空间的占用量并提高数据传输的效率。

与 stt 文件不同，每个数据块在 data 文件中独立存储，代表了一张表在特定时间范围内的数据。这种设计方式使得数据的管理和查询更加灵活和高效。通过将数据按块存储，并结合列式存储和压缩技术，TSDB 引擎可以更有效地处理和访问时序数据，从而满足大数据量和高速查询的需求。

3. sma 文件

预计算文件，用于存储各个数据块中每列数据的预计算结果。这些预计算结果包括每列数据的总和（sum）、最小值（min）、最大值（max）等统计信息。通过预先计算并存储这些信息，查询引擎可以在执行某些查询时直接利用这些预计算结果，从而避免了读取原始数据的需要。

4. tomb 文件

tomb 用于存储删除记录的文件。存储记录为（suid, uid, start_timestamp, end_timestamp, version）元组。

5. stt 文件

在少表高频的场景下，系统仅维护一个 stt 文件。该文件专门用于存储每次数据落盘后剩余的碎片数据。这样，在下一次数据落盘时，这些碎片数据可以与内存中的新数据合并，形成较大的数据块，随后一并写入 data 文件。这种机制有效地避免了数据文件的碎片化，确保了数据存储的连续性和高效性。

对于多表低频的场景，建议配置多个 stt 文件。这种场景下的核心思想是，尽管单张表每次落盘的数据量可能不大，但同一超级表下的所有子表累积的数据量却相当可观。通过合并这些数据，可以生成较大的数据块，从而减少数据块的碎片化。这不仅提高了数据的写入效率，还能显著提高查询性能，因为连续的数据存储更有利于快速进行数据检索和访问。

16.3　数据压缩

数据压缩是一种在不损失数据有效信息的前提下，利用特定算法对数据进行重新组织和处理，以减少数据占用的存储空间和提高数据传输效率的技术。TDengine 在数据的存储和传输过程中均采用了这一技术，旨在优化存储资源的使用并加快数据交换的速度。

16.3.1　存储压缩

TDengine 在存储架构上采用了列式存储技术，这意味着在存储介质中，数据是以列为单位进行连续存储的。这与传统的行式存储不同，后者在存储介质中是以行为单位进行连续存储的。列式存储与时序数据的特性相结合，尤其适合处理平稳变化的时序数据。

为了进一步提高存储效率，TDengine 采用了差值编码技术。这种技术通过计算相邻数据点之间的差异来存储数据，而不是直接存储原始值，从而大幅度减少存储所需的信息量。在差值编码之后，TDengine 还会使用通用的压缩技术对数据进行二次压缩，以实现更高的压缩率。

对于设备采集的稳定时序数据，TDengine 的压缩效果尤为显著，压缩率通常可以达到 10% 以内，甚至在某些情况下更高。这种高效的压缩技术为用户节约了大量的存储成本，同时也提高了数据的存储和访问效率。

1. 一级压缩

时序数据自设备采集后，遵循 TDengine 的数据建模规则，每台采集设备会被构建为一张子表。如此，一台设备产生的所有时序数据均记录在同一张子表中。在数据存储过程中，数据是以块为单位进行分块存储的，每个数据块仅包含一张子表的数据。压缩操作也是以块为单位进行的，对子表中的每一列数据分别进行压缩，压缩后的数据仍然按块存储至硬盘。

时序数据的平稳性是其主要特征之一，例如采集的大气温度、水温等，通常在一定范围内波动。利用这一特性，可以对数据进行重编码，并且根据不同的数据类型采用相应的编码技术，以实现最高的压缩效率。接下来将介绍各种数据类型的压缩方法。

- 时间戳类型：由于时间戳列通常记录设备连续采集数据的时刻，且采集频率固定，因此只须记录相邻时间点的差值。由于差值通常较小，这种方法比直接存储原始时间戳更能节省存储空间。
- 布尔类型：布尔类型通过一个比特位表示一个布尔值，一个字节可以存储 8 个布尔值。通过紧凑的编码方式，可以显著减少存储空间。
- 数值类型：针对物联网设备产生的数值数据，如温度、湿度、气压、车速、油耗等，通常数值不大且在一定范围内波动。对于这类数据，统一采用 zigzag 编码技术。该技术将有符号整数映射为无符号整数，并将整数的补码最高位移动到低位，负数除了符号位以外的其他位取反，正数保持不变。这样做可以将有效数据位集中，同时增加前导零的数量，从而在后续压缩步骤中获得更佳的压缩效果。
- 浮点数类型：对于 float 和 double 两种浮点数类型，采用 delta-delta 编码方法。
- 字符串类型：字符串类型数据采用字典压缩算法，通过短的标识符替换原字符串中频繁出现的长字符串，从而减少存储的信息长度。

2. 二级压缩

在完成针对特定数据类型的专用压缩之后，TDengine 进一步采用通用的压缩技术，将数据视为无差别的二进制数据进行二次压缩。与一级压缩相比，二级压缩的侧重点在于消除数据块之间的信息冗余。这种双重压缩技术，一方面专注于局部数据的精简，另一方面着眼于整体数据的重叠消除，二者相辅相成，共同实现了 TDengine 中的超高压缩率。

TDengine 支持多种压缩算法，包括 LZ4、ZLIB、ZSTD、XZ 等，用户可以根据具体的应用场景和需求，在压缩率和写入速度之间进行灵活权衡，选择最适合的压缩方案。

3. 有损压缩

TDengine 引擎为浮点数类型数据提供了无损压缩和有损压缩两种模式。浮点数的精度通常由其小数点后的位数决定。在某些情况下，设备采集的浮点数精度较高，但实际应用中关注的精度却较低，此时采用有损压缩可以有效地节约存储空间。

TDengine 的有损压缩算法基于预测模型，其核心思想是利用前序数据点的趋势来预测后续数据点的走势。这种算法能够显著提高压缩率，相比之下，其压缩效果远超无损压缩。有损压缩算法的名称为 TSZ。有关 TSZ 算法的更多细节，请参阅 TDengine 的官方文档。

16.3.2 传输压缩

TDengine 在数据传输过程中提供了压缩功能，以减少网络带宽的消耗。使用原生连接从客户端（如 taosc）向服务器传输数据时，可以通过配置压缩传输来节省网络带宽。在配置文件 taos.cfg 中，可以设置 compressMsgSize 选项来实现这一目标。可配置的值有以下 3 个。

- 0：表示禁用压缩传输。
- 1：表示启用压缩传输，但仅对大于 1KB 的数据包进行压缩。
- 2：表示启用压缩传输，对所有数据包进行压缩。

在使用 RESTful 连接和 WebSocket 连接与 taosAdapter 通信时，taosAdapter 支持行业标准的压缩协议，允许连接端根据行业标准协议开启或关闭传输过程中的压缩功能。以下是具体的实现方式。

- RESTful 连接使用压缩：客户端在 HTTP 请求头部指定 Accept-Encoding 来告知服务器可接受的压缩类型，如 gzip、deflate 等。服务器在返回结果时，会在 Content-Encoding 头部指定所使用的压缩算法，并返回压缩过的数据。
- WebSocket 连接使用压缩：可以参考 WebSocket 协议标准文档 RFC7692，了解如何在 WebSocket 连接中实现压缩。
- 数据备份迁移工具 taosX 与 taosX Agent 之间的通信也可以开启压缩传输。在 agent.toml 配置文件中，设置压缩开关选项 compression=true 即可启用压缩功能。

16.3.3 压缩流程

图 16-12 展示了 TDengine 在时序数据的整个传输及存储过程中的压缩及解压过程，方便读者更好地理解整个处理过程。

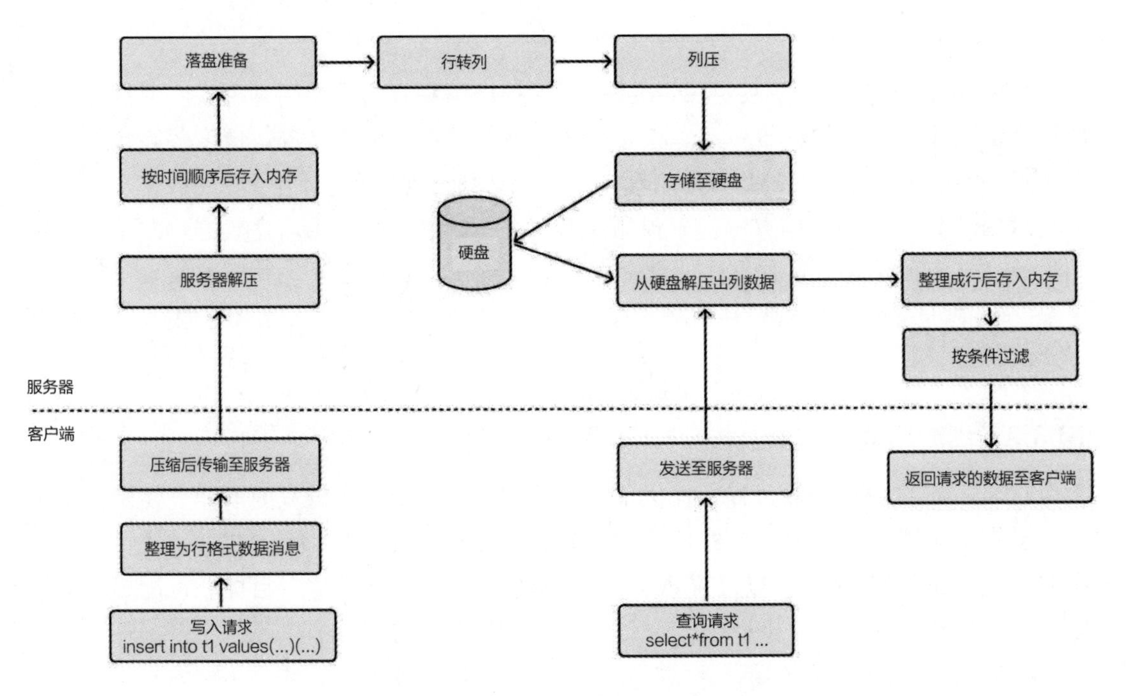

图 16-12　TDengine 针对时序数据的压缩及解压过程

第 17 章　查询引擎

TDengine 作为一个高性能的时序大数据平台，其查询与计算功能是核心组件之一。该平台提供了丰富的查询处理功能，不仅包括常规的聚合查询，还涵盖了时序数据的窗口查询、统计聚合等高级功能。这些查询计算任务需要 taosc、vnode、qnode 和 mnode 之间的紧密协作。在一个复杂的超级表聚合查询场景中，可能需要多个 vnode 和 qnode 共同承担查询和计算的职责。关于 vnode、qnode、mnode 的介绍，请参见 15.1.1 节。本章将重点介绍参与查询计算的各模块的功能和职责。

17.1　各模块在查询计算中的职责

17.1.1　taosc

taosc 负责解析和执行 SQL。对于 insert 类型的 SQL，taosc 采用流式读取解析策略，以提高处理效率。而对于其他类型的 SQL，taosc 首先使用语法解析器将其分解为抽象语法树（Abstract Syntax Tree，AST），在解析过程中对 SQL 进行初步的语法校验。如果发现语法错误，taosc 会直接返回错误信息，并附上错误的具体位置，以帮助用户快速定位和修复问题。

解析完成的 AST 被进一步转换为逻辑查询计划，逻辑查询计划经过优化后进一步转换为物理查询计划。接着，taosc 的调度器将物理查询计划转换为查询执行的任务，并将任务发送到选定的 vnode 或 qnode 执行。在得到查询结果准备好的通知后，taosc 将查询结果从相应的 vnode 或 qnode 取回，最终返回给用户。

taosc 的执行过程可以简要总结为：解析 SQL 为 AST，生成逻辑查询计划并优化后转为物理查询计划，调度查询任务到 vnode 或 qnode 执行，获取查询结果。

17.1.2　mnode

在 TDengine 集群中，超级表的信息和元数据库的基础信息都得到妥善管理。mnode

作为元数据服务器，负责响应 taosc 的元数据查询请求。当 taosc 需要获取 vgroup 等元数据信息时，它会向 mnode 发送请求。mnode 在收到请求后，会迅速返回所需的信息，确保 taosc 能够顺利执行其操作。

此外，mnode 还负责接收 taosc 发送的心跳信息。这些心跳信息有助于维持 taosc 与 mnode 之间的连接状态，确保两者之间的通信畅通无阻。

17.1.3 vnode

在 TDengine 集群中，vnode 作为虚拟节点，扮演着关键的角色。它通过任务队列的方式接收来自物理节点分发的查询请求，并执行相应的查询处理过程。每个 vnode 都拥有独立的任务队列，用于管理和调度查询请求。

当 vnode 收到查询请求时，它会从任务队列中取出请求，并进行处理。处理完成后，vnode 会将查询结果返回给下级物理节点中处于阻塞状态的查询队列工作线程，或者是直接返回给 taosc。

17.1.4 执行器

执行器模块负责实现各种查询算子，这些算子通过调用 TSDB 的数据读取 API 来读取数据内容。数据内容以数据块的形式返回给执行器模块。TSDB 是一个时序数据库，负责从内存或硬盘中读取所需的信息，包括数据块、数据块元数据、数据块统计数据等多种类型的信息。

TSDB 屏蔽了下层存储层（硬盘和内存缓冲区）的实现细节和机制，使得执行器模块可以专注于面向列模式的数据块进行查询处理。这种设计使得执行器模块能够高效地处理各种查询请求，同时简化数据访问和管理的复杂性。

17.1.5 UDF Daemon

在分布式数据库系统中，执行 UDF 的计算节点负责处理涉及 UDF 的查询请求。当查询中使用了 UDF 时，查询模块会负责调度 UDF Daemon 完成对 UDF 的计算，并获取计算结果。

UDF Daemon 是一个独立的计算组件，负责执行用户自定义的函数。它可以处理各种类型的数据，包括时序数据、表格数据等。通过将 UDF 的计算任务分发给 UDF Daemon，查询模块能够将计算负载从主查询处理流程中分离出来，提高系统的整体性能和可扩展性。

在执行 UDF 的过程中，查询模块会与 UDF Daemon 紧密协作，确保计算任务的正确执行和结果的及时返回。

17.2　查询策略

为了更好地满足用户的需求，TDengine 集群提供了查询策略配置项 queryPolicy，以便用户根据自己的需求选择查询执行框架。这个配置项位于 taosc 的配置文件，每个配置项仅对单个 taosc 有效，可以在一个集群的不同 taosc 中混合使用不同的策略。

queryPolicy 的值及其含义如下。

- 1：表示所有查询只使用 vnode（默认值）。
- 2：表示混合使用 vnode/qnode（混合模式）。
- 3：表示查询中除了扫表功能使用 vnode 以外，其他查询计算功能只使用 qnode。
- 4：表示使用客户端聚合模式。

通过选择合适的查询策略，用户可以灵活地分配控制查询资源在不同节点的占用情况，从而实现存算分离、追求极致性能等目的。

17.3　SQL 说明

TDengine 通过采用 SQL 作为查询语言，显著降低了用户的学习成本。TDengine 在遵循标准 SQL 的基础上，结合时序数据库的特点进行了一系列扩展，以更好地支持时序数据库的特色查询需求。

- 扩展分组功能：TDengine 对标准 SQL 的分组功能进行了扩展，引入了 partition by 子句。用户可以根据自定义维度对输入数据进行切分，并在每个分组内进行任意形式的查询运算，如常量、聚合、标量、表达式等。
- 扩展限制功能：针对分组查询中存在输出个数限制的需求，TDengine 引入了 slimit 和 soffset 子句，用于限制分组个数。当 limit 与 partition by 子句共用时，其含义转换为分组内的输出限制，而非全局限制。
- 支持标签查询：TDengine 扩展支持了标签查询。标签作为子表属性，可以在查询中作为子表的伪列使用。针对仅查询标签列而不关注时序数据的场景，TDengine 引入了标签关键字加速查询，避免了对时序数据的扫描。
- 支持窗口查询：TDengine 支持多种窗口查询，包括时间窗口、状态窗口、会话窗口、事件窗口、计数窗口等。未来还将支持用户自定义的更灵活的窗口查询。
- 扩展关联查询：除了传统的 Inner Join、Outer Join、Semi Join、Anti-Semi Join 以外，

TDengine 还支持时序数据库中特有的 ASOF Join 和 Window Join。这些扩展使得用户可以更加方便灵活地进行所需的关联查询。

17.4 查询流程

完整的查询流程如下。

第 1 步，应用程序发出查询 SQL，taosc 解析 SQL 并生成 AST。元数据管理模块（Catalog）根据需要向 vnode 或 mnode 请求查询中指定表的元数据信息。然后，根据元数据信息对其进行权限检查、语法校验和合法性校验。

第 2 步，完成合法性校验之后生成逻辑查询计划。依次应用全部的优化策略，扫描执行计划，进行执行计划的改写和优化。根据元数据信息中的 vgroup 数量和 qnode 数量信息，基于逻辑查询计划生成相应的物理查询计划。

第 3 步，客户端内的查询调度器开始进行任务调度处理。一个查询子任务会根据其数据亲缘关系或负载信息调度到某个 vnode 或 qnode 所属的 dnode 进行处理。

第 4 步，dnode 接收到查询任务后，识别出该查询请求指向的 vnode 或 qnode，将消息转发到 vnode 或 qnode 的查询执行队列。

第 5 步，vnode 或 qnode 的查询执行线程从查询队列获得任务信息，建立基础的查询执行环境，并立即执行该查询。在得到部分可获取的查询结果后，通知客户端调度器。

第 6 步，客户端调度器依照执行计划依次完成所有任务的调度。在用户 API 的驱动下，向最上游算子所在的查询执行节点发送数据获取请求，读取数据请求结果。

第 7 步，算子依据其父子关系依次从下游算子获取数据并返回。

第 8 步，taosc 将所有获取的查询结果返回给上层应用程序。

17.5 多表聚合查询流程

TDengine 为了解决实际应用中对不同数据采集点数据进行高效聚合的问题，引入了超级表的概念。超级表是一种特殊的表结构，用于代表一类具有相同数据模式的数据采集点。超级表实际上是一个包含多张表的表集合，每张表都具有相同的字段定义，但每张表都带有独特的静态标签。这些标签可以有多个，并且可以随时增加、删除和修改。

通过超级表，应用程序可以通过指定标签的过滤条件，轻松地对一个超级表下的全部或部分表进行聚合或统计操作。这种设计大大简化了应用程序的开发过程，提高了数据处理的效率和灵活性。TDengine 的多表聚合查询流程如图 17-1 所示。

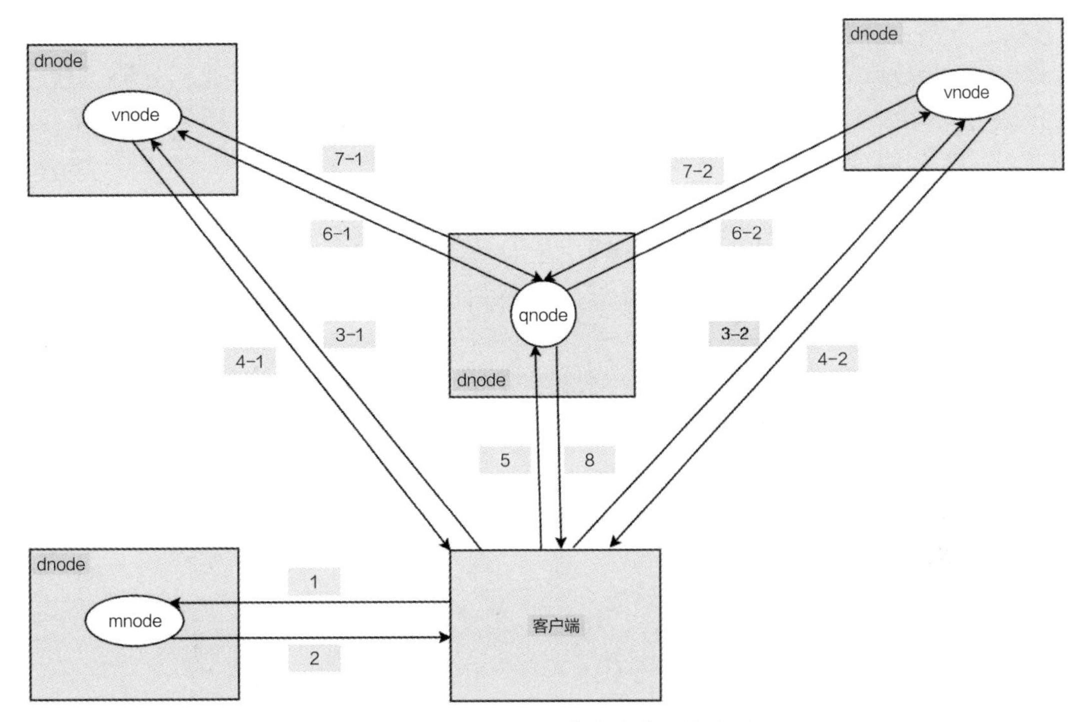

图 17-1　TDengine 的多表聚合查询流程

具体步骤说明如下。

第 1 步，taosc 从 mnode 获取库和表的元数据信息。

第 2 步，mnode 返回请求的元数据信息。

第 3 步，taosc 向超级表所属的每个 vnode 发送查询请求。

第 4 步，vnode 启动本地查询，在获得查询结果后返回查询响应。

第 5 步，taosc 向聚合节点（在本例中为 qnode）发送查询请求。

第 6 步，qnode 向每个 vnode 节点发送数据请求消息来拉取数据。

第 7 步，vnode 返回本节点的查询计算结果。

第 8 步，qnode 完成多节点数据聚合后将最终查询结果返回给应用程序。

为了提高聚合计算速度，TDengine 在 vnode 内实现了标签数据与时序数据的分离存储。首先，系统会在内存中过滤标签数据，以确定需要参与聚合操作的表的集合。这样做可以显著减少需要扫描的数据集的数量，从而大幅提高聚合计算的速度。

此外，得益于数据分布在多个 vnode 中，聚合计算操作可以在多个 vnode 中并发进行。这种分布式处理方式进一步提高了聚合计算速度，使得 TDengine 能够更高效地处理大规模时序数据。

值得注意的是，对普通表的聚合查询以及绝大部分操作同样适用于超级表，且语法完全一致。具体的实现细节和使用方法，请参考 TDengine 的官方文档的 SQL 部分。

17.6 查询缓存

为了提高查询和计算的效率，缓存技术扮演着至关重要的角色。TDengine 在查询和计算的整个过程中充分利用了缓存技术，以优化系统性能。

在 TDengine 中，缓存被广泛应用于各个阶段，包括数据存储、查询优化、执行计划生成以及数据检索等。通过缓存热点数据和计算结果，TDengine 能够显著减少对底层存储系统的访问次数，降低计算开销，从而提高整体查询和计算效率。

此外，TDengine 的缓存机制还具备智能化的特点，能够根据数据访问模式和系统负载情况动态调整缓存策略。这使得 TDengine 在面对复杂多变的查询需求时，仍能保持良好的性能表现。

17.6.1 缓存的数据类型

缓存的数据类型分为如下 4 种。

- 元数据（database、table meta、stable vgroup）。
- 连接数据（rpc session、http session）。
- 时序数据（buffer pool、multilevel storage）。
- 最新数据（last、last_row）。

17.6.2 缓存方案

TDengine 针对不同类型的缓存对象采用了相应的缓存管理策略。对于元数据、RPC 对象和查询对象，TDengine 采用了哈希缓存的方式进行管理。这种缓存管理方式通过一个列表来管理，列表中的每个元素都是一个缓存结构，其中包含缓存信息、哈希表、垃圾回收链表、统计信息、锁和刷新频率等关键信息。

为了确保缓存的有效性和系统性能，TDengine 还通过刷新线程定时检测缓存列表中的过期数据，并将过期数据删除。这种定期清理机制有助于避免缓存中存储过多无用数据，降低系统资源消耗，同时保持缓存数据的实时性和准确性。缓存方案如图 17-2 所示。接下来针对元数据、时序数据和最新数据介绍 TDengine 的缓存方案。

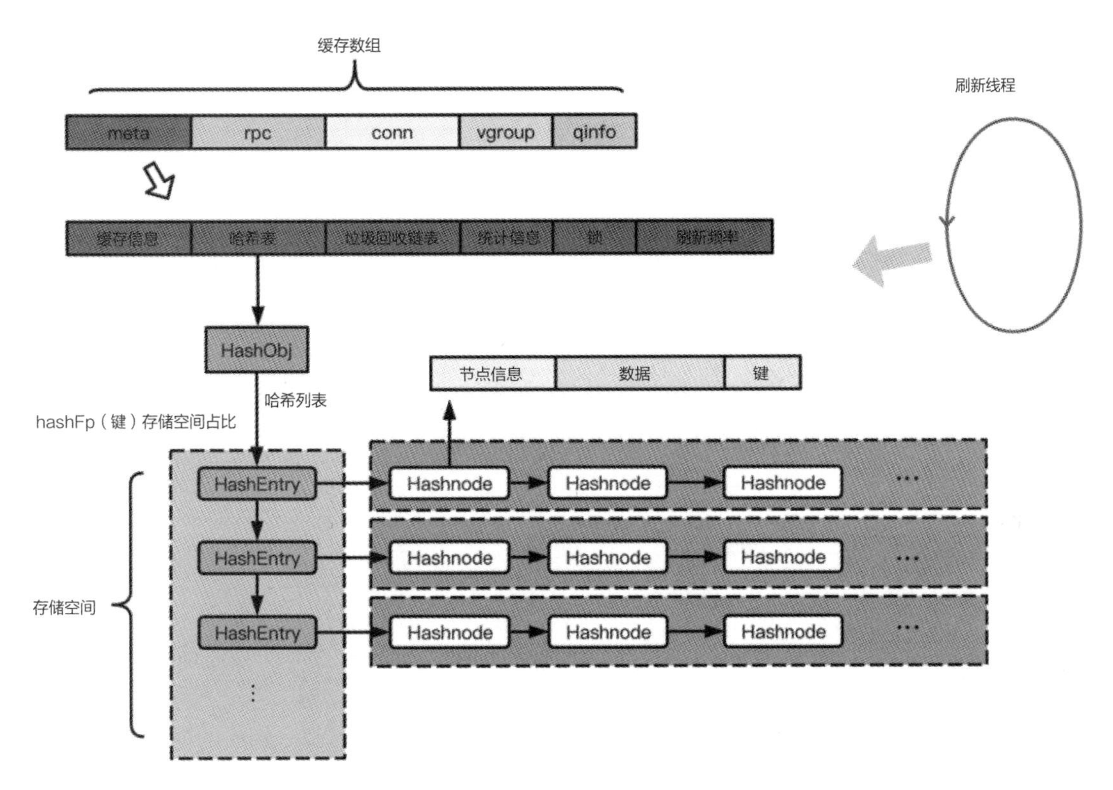

图 17-2　缓存方案

- 元数据缓存：包括数据库、超级表、用户、节点、视图、虚拟节点等信息，以及表的 schema 及其所在虚拟节点的映射关系。通过在 taosc 中缓存元数据可以避免频繁地向 mnode/vnode 请求元数据。taosc 对元数据的缓存采用固定大小的缓存空间，先到先得，直到缓存空间用完。当缓存空间用完时，缓存会被进行部分淘汰处理，用来缓存新进请求所需要的元数据。
- 时序数据缓存：时序数据首先被缓存在 vnode 的内存中，以 SkipList 形式组织，当达到落盘条件后，将时序数据进行压缩，写入数据存储文件中，并从缓存中清除。
- 最新数据缓存：对时序数据中的最新数据进行缓存，可以提高最新数据的查询效率。最新数据以子表为单元组织成 KV 形式，其中，K 是子表 ID，V 是该子表中每列的最后一个非 NULL 以及最新的一行数据。

第 18 章　数据订阅

数据订阅作为 TDengine 的一个核心功能，为用户提供了灵活获取所需数据的能力。通过深入了解其内部原理，用户可以更加有效地利用这一功能，满足各种实时数据处理和监控需求。

18.1　基本概念

18.1.1　主题

与 Kafka 一样，使用 TDengine 数据订阅需要定义主题。TDengine 的主题可以是数据库、超级表，或者一个查询语句。数据库订阅和超级表订阅主要用于数据迁移，可以把整个库或超级表在另一个集群还原出来。查询语句订阅是 TDengine 数据订阅的一大亮点，它提供了更强的灵活性，因为数据过滤与预处理是由 TDengine 而不是应用程序完成的，所以这种方式可以有效地减少传输数据量与降低应用程序的复杂度。

如图 18-1 所示，每个主题涉及的数据表分布在多个 vnode（相当于 Kafka 的 partition）上，每个 vnode 的数据保存在 WAL 文件中，WAL 文件中的数据是顺序写入的。由于 WAL 文件中存储的不只有数据，还有元数据、写入消息等，因此数据的版本号不是连续的。

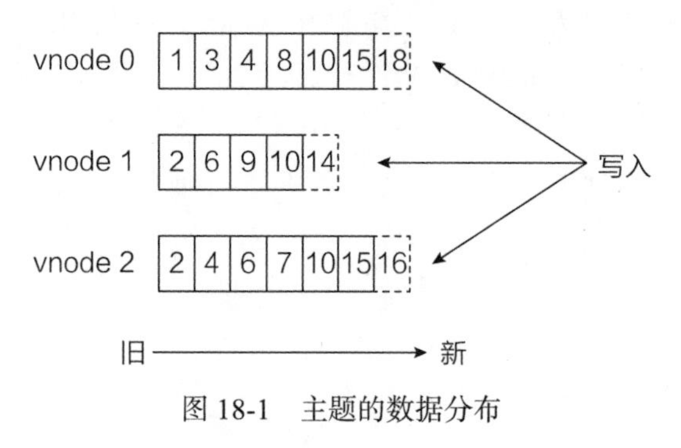

图 18-1　主题的数据分布

TDengine 会为 WAL 文件自动创建索引以支持快速随机访问。通过灵活可配置的文件切换与保留机制，用户可以按需指定 WAL 文件保留的时间以及大小。通过以上方式，WAL 被改造成一个保留事件到达顺序的、可持久化的存储引擎。

对于查询语句订阅，在消费时，TDengine 根据当前消费进度从 WAL 文件直接读取数据，并使用统一的查询引擎实现过滤、变换等操作，然后将数据推送给消费者。

18.1.2 生产者

生产者是与订阅主题相关联的数据表的数据写入应用程序。生产者可以通过多种方式产生数据，并将数据写入数据表所在的 vnode 的 WAL 文件中。这些方式包括 SQL、Stmt、Schemaless、CSV、流计算等。

18.1.3 消费者

消费者负责从主题中获取数据。在订阅主题之后，消费者可以消费分配给该消费者的 vnode 中的所有数据。为了实现高效、有序的数据获取，消费者采用了推拉（push 和 poll）相结合的方式。

当 vnode 中存在大量未被消费的数据时，消费者会按照顺序向 vnode 发送推送请求，以便一次性拉取大量数据。同时，消费者会在本地记录每个 vnode 的消费位置，确保所有数据都能被顺序地推送。

当 vnode 中没有待消费的数据时，消费者将处于等待状态。一旦 vnode 中有新数据写入，系统会立即通过推送方式将数据推送给消费者，确保数据的实时性。

1. 消费组

在创建消费者时，需要为其指定一个消费组。同一消费组内的消费者将共享消费进度，确保数据在消费者之间均匀分配。正如前面所述，一个主题的数据会被分布在多个 vnode 中。

为了提高消费速度和实现多线程、分布式地消费数据，可以在同一消费组中添加多个消费者。这些消费者首先会均分 vnode，然后分别对分配给自己的 vnode 进行消费。例如，假设数据分布在 4 个 vnode 上：

- 当有 2 个消费者时，每个消费者将消费 2 个 vnode；
- 当有 3 个消费者时，其中 2 个消费者各消费 1 个 vnode，而剩下的 1 个消费者将消费剩余的 2 个 vnode；
- 当有 5 个消费者时，其中 4 个消费者各分配 1 个 vnode，而剩下的 1 个消费者则不参与消费。

图 18-2 展示了这一过程。

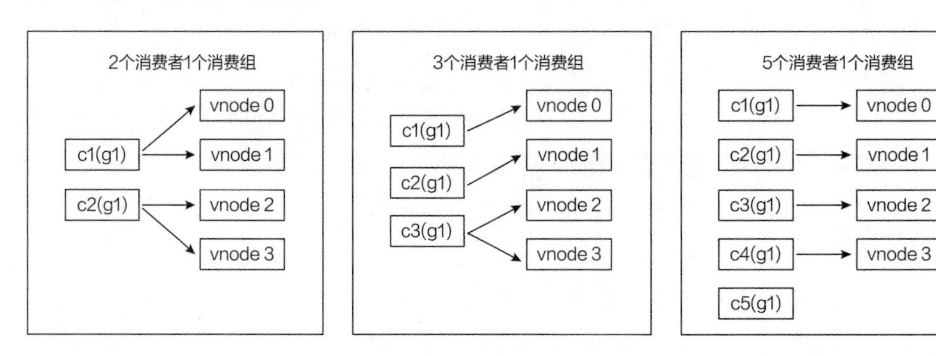

图 18-2　消费者获取数据

在一个消费组中新增一个消费者后，系统会通过再平衡（rebalance）机制自动完成消费者的重新分配。这一过程对用户来说是透明的，无须手动干预。再平衡机制能够确保数据在消费者之间重新分配，从而实现负载均衡。

此外，一个消费者可以订阅多个主题，以满足不同场景下的数据处理需求。TDengine 的数据订阅功能在面临宕机、重启等复杂环境时，依然能够保证至少一次消费，确保数据的完整性和可靠性。

2. 消费进度

消费组在 vnode 中记录消费进度，以便在消费者重启或故障恢复时能够准确地恢复消费位置。消费者在消费数据的同时，可以提交消费进度，即 vnode 上 WAL 的版本号（对应于 Kafka 中的 offset）。消费进度的提交既可以通过手动方式进行，也可以通过参数设置实现周期性自动提交。

当消费者首次消费数据时，可以通过订阅参数来确定消费位置，也就是消费最新的数据还是最旧的数据。对于同一个主题及其任意一个消费组，每个 vnode 的消费进度都是唯一的。因此，当某个 vnode 的消费者提交消费进度并退出后，该消费组中的其他消费者将继续消费这个 vnode，并从之前消费者提交的进度开始继续消费。若之前的消费者未提交消费进度，新消费者将根据订阅参数设置值来确定起始消费位置。

值得注意的是，不同消费组中的消费者即使消费同一个主题，它们之间也不会共享消费进度。这种设计确保了各个消费组之间的独立性，使得它们可以独立地处理数据，而不会相互干扰。图 18-3 清晰地展示了这一过程。

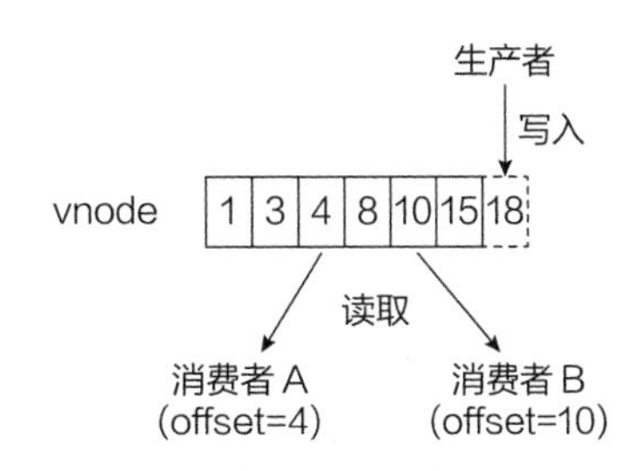

图 18-3　不同消费组的消费进度管理

18.2　数据订阅架构

数据订阅系统在逻辑上可划分为客户端和服务器两大核心模块。客户端承担消费者的创建任务，获取专属于这些消费者的 vnode 列表，并从服务器检索所需数据，同时维护必要的状态信息。而服务器则专注于管理主题和消费者的相关信息，处理来自客户端的订阅请求。它通过实施再平衡机制来动态分配消费节点，确保消费过程的连续性和数据的一致性，同时跟踪和管理消费进度。数据订阅架构如图 18-4 所示。

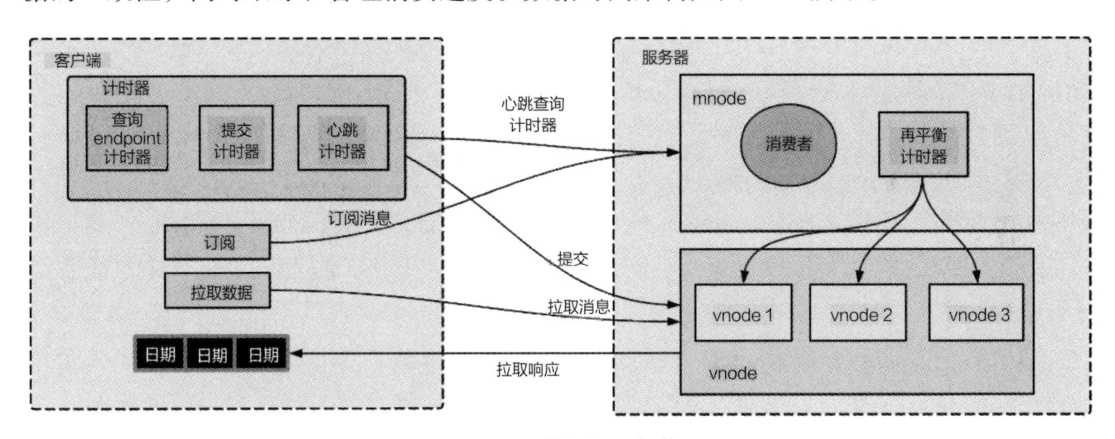

图 18-4　数据订阅架构

客户端与服务器成功建立连接之后，用户须首先指定消费组和主题，以创建相应的消费者实例。随后，客户端便会向服务器提交订阅请求。此刻，消费者的状态被标记为 modify，表示正处于配置阶段。消费者随后会定期向服务器发送请求，以检索并获取待消费的 vnode 列表，直至服务器为其分配相应的 vnode。一旦分配完成，消费者的状态便更新为 ready，标志着订阅流程的成功完成。此刻，客户端便可正式启动向 vnode 发送消费数据请求的过程。

在消费数据的过程中，消费者会不断地向每个分配到的 vnode 发送请求，以尝试获取新的数据。一旦收到数据，消费者在完成消费后会继续向该 vnode 发送请求，以便持续消费。若在预设时间内未收到任何数据，消费者便会在 vnode 上注册一个消费 handle。这样一来，一旦 vnode 上产生新数据，便会立即推送给消费者，从而确保数据消费的即时性，并有效减少消费者频繁主动拉取数据所导致的性能损耗。可以看出，消费者从 vnode 获取数据的方式是一种拉取（pull）与推送（push）相结合的高效模式。

消费者在收到数据时，会同时收到数据的版本号，并将其记录为当前在每个 vnode 上的消费进度。这一进度仅在消费者内部以内存形式存储，确保仅对该消费者有效。这种设计保证了消费者在每次启动时能够从上次的消费中断处继续，避免了数据的重复处理。然而，若消费者需要退出并希望之后恢复上次的消费进度，就必须在退出前将消费进度提交至服务器，执行所谓的 commit 操作。这一操作会将消费进度在服务器进行持久化存储，支持自动提交或手动提交两种方式。

此外，为了维持消费者的活跃状态，客户端还实施了心跳保活机制。通过定期向服务器发送心跳信号，消费者能够向服务器证明自己仍然在线。若服务器在一定时间内未收到消费者的心跳，便会将其标记为 lost 状态，即认为消费者已离线。服务器依赖心跳机制来监控所有消费者的状态，进而有效地管理整个消费者群体。

mnode 主要负责处理订阅过程中的控制消息，包括创建和删除主题、订阅消息、查询 endpoint 消息以及心跳消息等。vnode 则专注于处理消费消息和 commit 消息。当 mnode 收到消费者的订阅消息时，如果该消费者尚未订阅过，其状态将被设置为 modify。如果消费者已经订阅过，但订阅的主题发生变更，消费者的状态同样会被设置为 modify。等待再平衡的计时器到来时，mnode 会对 modify 状态的消费者执行再平衡操作，将心跳超过固定时间的消费者设置为 lost 状态，并对关闭或 lost 状态超过一定时间的消费者进行删除操作。

消费者会定期向 mnode 发送查询 endpoint 消息，以获取再平衡后的最新 vnode 分配结果。同时，消费者还会定期发送心跳消息，通知 mnode 自身处于活跃状态。此外，消费者的一些信息也会通过心跳消息上报至 mnode，用户可以查询 mnode 上的这些信息以监测各个消费者的状态。这种设计有助于实现对消费者的有效管理和监控。

18.3 再平衡过程

每个主题的数据可能分散在多个 vnode 上。服务器通过执行再平衡过程，将这些 vnode 合理地分配给各个消费者，确保数据的均匀分布和高效消费。

如图 18-5 所示，c1 表示消费者 1，c2 表示消费者 2，g1 表示消费组 1。起初 g1 中只有 c1 消费数据，c1 发送订阅消息到 mnode，mnode 把数据所在的所有 4 个 vnode 分配给 c1。当 c2 加入 g1 后，c2 将订阅消息发送给 mnode，mnode 将在下一次再平衡计时器到来时检测到这个 g1 需要重新分配，就会启动再平衡过程，随后 c2 分得其中两个 vnode。分配消息还会通过 mnode 发送给 vnode，同时 c1 和 c2 也会获取自己消费的 vnode 信息并开始消费。

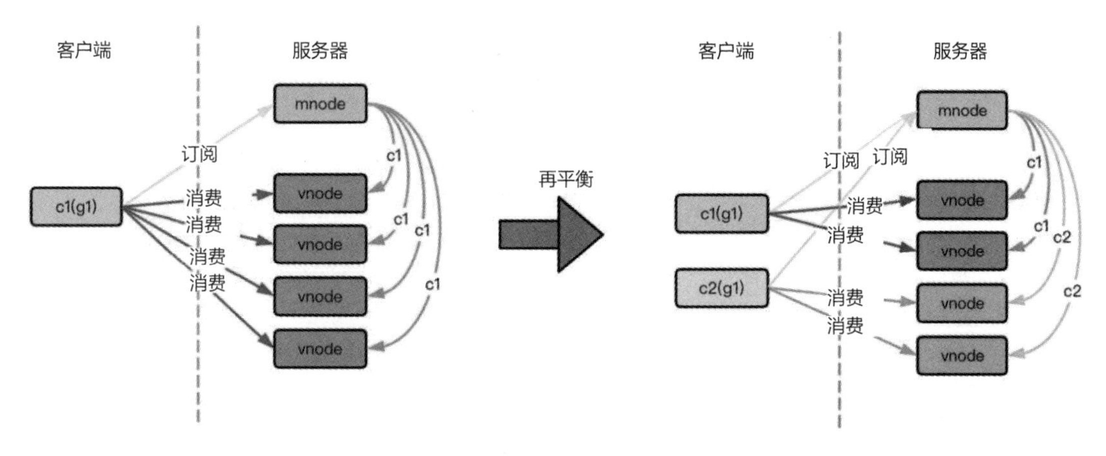

图 18-5　再平衡过程

再平衡计时器每 2s 检测一次是否需要再平衡。在再平衡过程中，如果消费者获取的状态是 not ready，则不能进行消费。只有再平衡正常结束后，消费者获取分配 vnode 的 offset 后才可正常消费，否则消费者会在重试指定次数后报错。

18.4　消费者状态处理

消费者的状态转换过程如图 18-6 所示。初始状态下，刚发起订阅的消费者处于 modify 状态，此时客户端获取的消费者状态为 not ready，表明消费者尚未准备好进行数据消费。一旦 mnode 在再平衡计时器中检测到处于 modify 状态的消费者，便会启动再平衡过程。再平衡成功后，消费者的状态将转变为 ready，表示消费者已准备就绪。随后，当消费者通过定时查询 endpoint 消息以获取自身的 ready 状态以及分配的 vnode 列表后，便能正式开始消费数据。

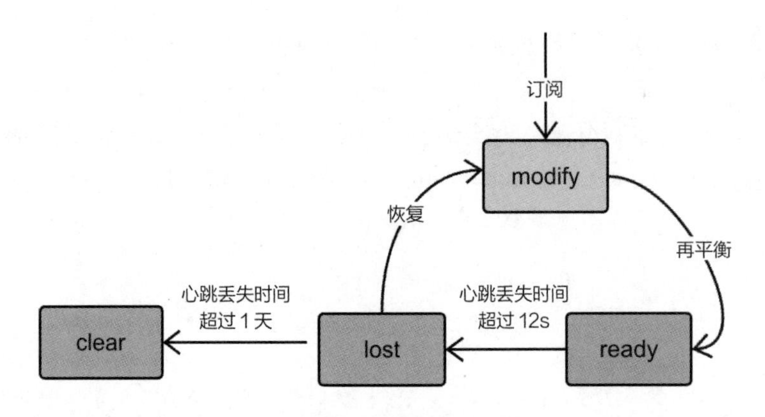

图 18-6 消费者状态转换

若消费者的心跳丢失时间超过 12s，经过再平衡过程，其状态将被更新为 lost，表明消费者被认为已离线。如果心跳丢失时间超过 1 天，消费者的状态将进一步转变为 clear，此时消费者将被系统删除。然而，如果在上述过程中消费者重新发送心跳信号，其状态将恢复为 modify，并重新进入下一轮的再平衡过程。

当消费者主动退出时，会发送 unsubscribe 消息。该消息将清除消费者订阅的所有主题，并将消费者的状态设置为 modify。随后，在再平衡过程中，一旦消费者的状态变为 ready 且无订阅的主题，mnode 将在再平衡计时器中检测到此状态变化，并据此删除该消费者。这一系列措施确保了消费者退出的有序性和系统的稳定性。

18.5 消费数据

时序数据都存储在 vnode 上，消费的本质就是从 vnode 上的 WAL 文件中读取数据。WAL 文件相当于一个消息队列，消费者通过记录 WAL 的版本号，实际上就是记录消费的进度。WAL 文件中的数据包含 data 数据和 meta 数据（如建表、改表操作），订阅根据主题的类型和参数获取相应的数据。如果订阅涉及带有过滤条件的查询，订阅逻辑会通过通用的查询引擎过滤不符合条件的数据。

如图 18-7 所示，vnode 可以通过设置参数自动提交消费进度，也可以在客户端确定处理数据后手动提交消费进度。如果消费进度被存储在 vnode 中，那么在相同消费组的不同消费者发生更换时，仍然会继续之前的进度消费，否则，根据配置参数，消费者可以选择消费最旧的数据或最新的数据。

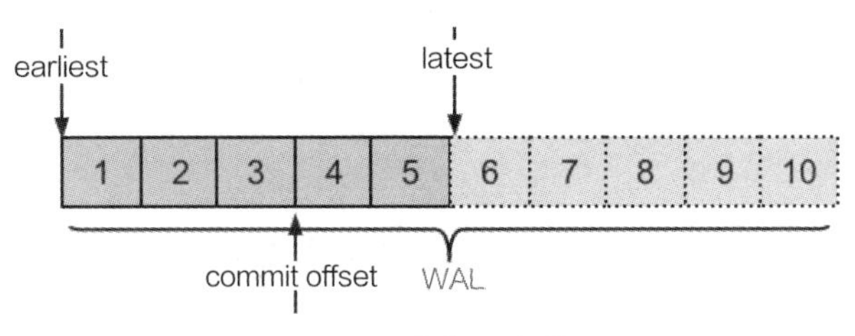

图 18-7　消费进度管理

earliest 参数表示消费者从 WAL 文件中最旧的数据开始消费，而 latest 参数表示从 WAL 文件中最新的数据（即新写入的数据）开始消费。这两个参数仅在消费者首次消费数据时或者没有提交消费进度时生效。如果在消费过程中提交了消费进度，例如在消费到 WAL 文件中的第 3 条数据时提交一次进度（即 commit offset=3），那么下次在相同的 vnode 上，相同的消费组和主题的新消费者将从第 4 条数据开始消费。这种设计确保了消费者能够根据需求灵活地选择消费数据的起始位置，同时保持了消费进度的持久化和消费者之间的同步。

第 19 章　流计算引擎

TDengine 流计算的架构如图 19-1 所示。当用户输入用于创建流的 SQL 后，首先，该 SQL 将在客户端进行解析，并生成流计算执行所需的逻辑执行计划及其相关属性信息。其次，客户端将这些信息发送至 mnode。mnode 利用来自数据源（超级）表所在数据库的 vgroups 信息，将逻辑执行计划动态转换为物理执行计划，并进一步生成流任务的有向无环图（Directed Acyclic Graph，DAG）。最后，mnode 启动分布式事务，将任务分发至每个 vgroup，从而启动整个流计算流程。

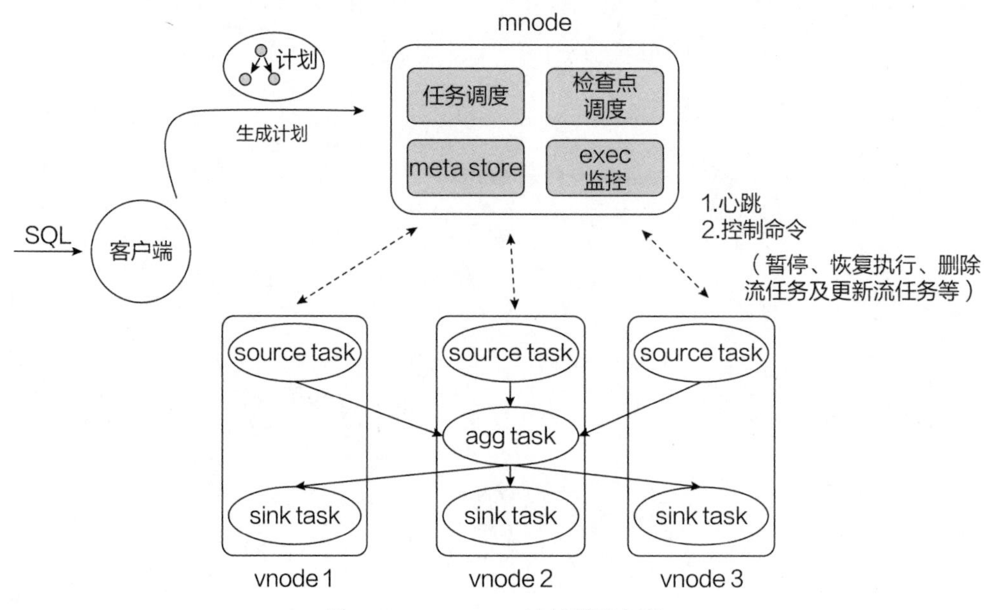

图 19-1　TDengine 流计算的架构

mnode 包含与流计算相关的如下 4 个逻辑模块。

- 任务调度，负责将逻辑执行计划转化为物理执行计划，并分发到各 vnode。
- meta store，负责存储流计算任务的元数据信息及流任务相应的 DAG 信息。

- 检查点调度，负责定期生成检查点（checkpoint）事务，并分发到各 source task（源任务）。
- exec 监控，负责接收上报的心跳信息、更新 mnode 中各任务的执行状态，以及定期监控检查点执行状态和 DAG 变动信息。

此外，mnode 还承担着向流计算任务分发控制命令的重要角色，这些命令包括但不限于暂停、恢复执行、删除流任务及更新流任务的上下游信息等。

在每个 vnode 上，至少部署两个流任务：一个是 source task，它负责从 WAL 文件（在必要时也会从 TSDB）中读取数据，以供后续任务处理，并将处理结果分发给下游任务；另一个是 sink task（写回任务），它的职责是将收到的数据写入所在的 vnode。为了确保数据流的稳定性和系统的可扩展性，每个 sink task 都配备了流量控制功能，以便根据实际情况调整数据写入速度。

19.1　相关概念

19.1.1　有状态的流计算

流计算引擎具备强大的标量函数计算能力，它处理的数据在时间序列上相互独立，无须保留计算的中间状态。这意味着，对于所有输入数据，引擎可以执行固定的变换操作，如简单的数值加法，并直接输出结果。

同时，流计算引擎也支持对数据进行聚合计算，这类计算需要在执行过程中维护中间状态。以统计设备的日运行时间为例，由于统计周期可能跨越多天，应用程序必须持续追踪并更新当前的运行状态，直至统计周期结束，才能得出准确的结果。这正是有状态的流计算的一个典型应用场景，它要求引擎在执行过程中保持对中间状态的跟踪和管理，以确保最终结果的准确性。

19.1.2　预写日志

当数据写入 TDengine 时，首先会被存储在 WAL 文件中。每个 vnode 都拥有自己的 WAL 文件，并按照时序数据到达的顺序进行保存。由于 WAL 文件保留了数据到达的顺序，因此它成为流计算的重要数据来源。此外，WAL 文件具有自己的数据保留策略，通过数据库的参数进行控制，超过保留时长的数据将会被从 WAL 文件中清除。这种设计确保了数据的完整性和系统的可靠性，同时为流计算提供了稳定的数据来源。

19.1.3 事件驱动执行

事件在系统中指的是状态的变化或转换。在流计算架构中，触发流计算过程的事件是（超级）表数据的写入消息。在这一阶段，数据可能尚未完全写入 TSDB，而是在多个副本之间进行协商并最终达成一致。

流计算任务采用事件驱动的模式执行，其数据源并非直接来自 TSDB，而是 WAL 文件。数据一旦写入 WAL 文件，就会被提取出来并加入待处理的队列中，等待流计算任务的进一步处理。这种数据写入后立即触发流计算引擎执行的方式，确保数据一旦到达就能得到及时处理，并能够在最短时间内将处理结果存储到目标表中。

19.1.4 时间

在流计算领域，时间是一个至关重要的概念。TDengine 的流计算涉及 3 个关键的时间概念，分别是事件时间、写入时间和处理时间。

- 事件时间（Event Time）：这是时序数据中每条记录的主时间戳（也称为 Primary Timestamp），通常由生成数据的传感器或上报数据的网关提供，用以精确标记记录的生成时刻。事件时间是流计算结果更新和推送策略的决定性因素。
- 写入时间（Ingestion Time）：指的是记录被写入数据库的时刻。写入时间与事件时间通常是独立的，一般情况下，写入时间晚于或等于事件时间（除非出于特定目的，用户写入了未来时刻的数据）。
- 处理时间（Processing Time）：这是流计算引擎开始处理写入 WAL 文件中数据的时间点。对于那些设置了 max_delay 选项以控制流计算结果返回策略的场景，处理时间直接决定了结果返回的时间。值得注意的是，在 at_once 和 window_close 这两种计算触发模式下，数据一旦到达 WAL 文件，就会立即被写入 source task 的输入队列并开始计算。

这些时间概念的区分确保了流计算能够准确地处理时间序列数据，并根据不同时间点的特性采取相应的处理策略。

19.1.5 时间窗口聚合

TDengine 的流计算功能允许根据记录的事件时间将数据划分到不同的时间窗口。通过应用指定的聚合函数，计算出每个时间窗口内的聚合结果。当窗口中有新的记录时，系统会触发对应窗口的聚合结果更新，并根据预先设定的推送策略，将更新后的结果传递给下游流计算任务。

当聚合结果需要写入预设的超级表时，系统首先会根据分组规则生成相应的子表名称，然后将结果写入对应的子表中。值得一提的是，流计算中的时间窗口划分策略与批量查询中的窗口生成与划分策略保持一致，确保了数据处理的一致性和效率。

19.1.6 乱序处理

在网络传输和数据路由等复杂因素的影响下，写入数据库的数据可能无法维持事件时间的单调递增特性。这种现象，即在写入过程中出现的非单调递增数据，被称为乱序写入。

乱序写入是否会影响相应时间窗口的流计算结果，取决于创建流计算任务时设置的 watermark 参数以及是否忽略 ignore expired 参数的配置。这两个参数共同确定是丢弃这些乱序数据，还是将其纳入并增量更新所属时间窗口的计算结果。通过这种方式，系统能够在保持流计算结果准确性的同时，灵活处理乱序数据，确保数据的完整性和一致性。

19.2 流计算任务

每个激活的流计算实例都是由分布在不同 vnode 上的多个流任务组成的。这些流任务在整体架构上呈现出相似性，均包含一个全内存驻留的输入队列和输出队列，用于执行时序数据的执行器系统，以及用于存储本地状态的存储系统，如图 19-2 所示。这种设计确保了流计算任务的高性能和低延迟，同时提供了良好的可扩展性和容错性。

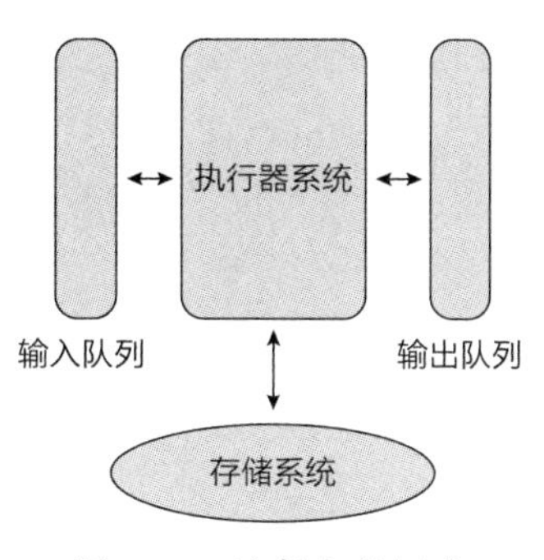

图 19-2　流任务的组成

按照流任务承担任务的不同，可将其划分为 3 个类别——source task（源任务）、agg task（聚合任务）和 sink task（写回任务）。

19.2.1 source task

流计算的数据处理始于本地 WAL 文件中的数据读取，这些数据随后在本地节点上进行局部计算。source task 遵循数据到达的自然顺序，依次扫描 WAL 文件，并从中筛选出符合特定要求的数据。随后，source task 对这些时序数据进行顺序处理。因此，流计算的数据源（超级）表无论分布在多少个 vnode 上，集群中都会相应地部署同等数量的源任务。这种分布式的处理方式确保了数据的并行处理和高效利用集群资源。

19.2.2 agg task

source task 的下游任务是接收源任务聚合后的结果，并对这些结果进行进一步的汇总以生成最终输出。在集群中配置 snode 的情况下，agg task 会被优先安排在 snode 上执行，以利用其存储和处理能力。如果集群中没有 snode，mnode 则会随机选择一个 vnode，在该 vnode 上调度执行 agg task。值得注意的是，agg task 并非在所有情况下都是必需的。对于那些不涉及窗口聚合的流计算场景（例如，仅包含标量运算的流计算，或者在数据库只有一个 vnode 时的聚合流计算），就不会出现 agg task。在这种情况下，流计算的拓扑结构将简化为仅包含两级流计算任务，即 source task 和直接输出结果的下游任务。

19.2.3 sink task

sink task 承担着接收 agg task 或 source task 输出结果的重任，并将其妥善写入本地 vnode，以此完成数据的写回过程。与 source task 类似，每个结果（超级）表所分布的 vnode 都将配备一个专门的 sink task。用户可以通过配置参数来调节 sink task 的吞吐量，以满足不同的性能需求。

上述 3 类任务在流计算架构中各司其职，分布在不同的层级。显然，source task 的数量直接取决于 vnode 的数量，每个 source task 独立负责处理各自 vnode 中的数据，与其他 source task 互不干扰，不存在顺序性的约束。然而，值得指出的是，如果最终的流计算结果汇聚到一张表中，那么在该表所在的 vnode 上只会部署一个 sink task。这 3 种类型的任务之间的协作关系如图 19-3 所示，共同构成了流计算任务的完整执行流程。

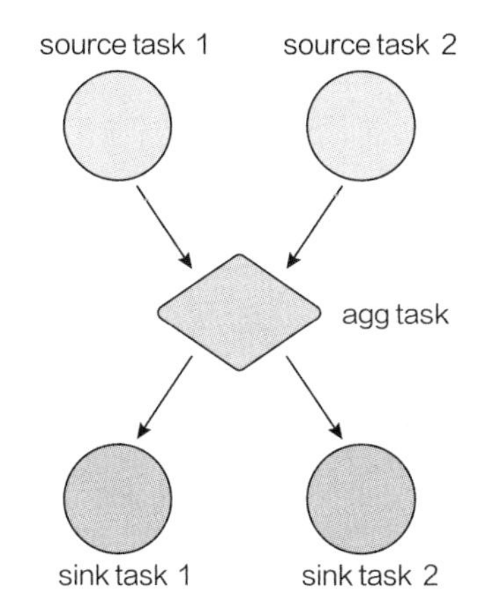

图 19-3 3 种类型的任务之间的关系

19.3 流计算节点

snode 是一个专为流计算服务的独立 taosd 进程，它专门用于部署 agg task。snode 不仅具备本地状态管理能力，还内置了远程备份数据的功能。这使得 snode 能够收集并存储分散在各个 vgroup 中的检查点数据，并在需要时，将这些数据远程下载到重新启动流计算的节点上，从而确保流计算状态的一致性和数据的完整性。

19.4 状态与容错处理

19.4.1 检查点

在流计算过程中，系统采用分布式检查点机制来定期（默认为每 3min）保存计算过程中各个任务内部算子的状态。这些状态的快照即检查点（checkpoint）。生成检查点的操作仅与处理时间相关联，与事件时间无关。

在所有流任务均正常运行的前提下，mnode 会定期发起生成检查点的事务，并将这些事务分发至每个流的最顶层任务。负责处理这些事务的消息随后会进入数据处理队列。

TDengine 中的检查点生成方式与业界主流的流计算引擎保持一致，每次生成的检查点都包含完整的算子状态信息。对于每个任务，检查点数据仅在任务运行的节点上保留一份副本，与时序数据存储引擎的副本设置完全独立。值得注意的是，流任务的元数据信息也采用了多副本保存机制，并被纳入时序数据存储引擎的管理范畴。因此，在多副本集群上执行流计算任务时，其元数据信息也将实现多副本冗余。

为确保检查点数据的可靠性，TDengine 流计算引擎提供了远程备份检查点数据的功能，支持将检查点数据异步上传至远程存储系统。这样一来，即便本地保留的检查点数据受损，也能从远程存储系统下载相应数据，并在全新的节点上重启流计算，继续执行计算任务。这一措施进一步增强了流计算系统的容错能力和数据安全性。

19.4.2 状态存储后端

流任务中算子的计算状态信息以文件的方式持久化存储在本地硬盘中。

19.5 内存管理

每个非 sink task 都配备有相应的输入队列和输出队列，而 sink task 则只有输入队列，不设输出队列。这两种队列的数据容量上限均设定为 60MB，它们根据实际需求动态占用存储空间，当队列为空时，不会占用任何存储空间。此外，agg task 在内部保存计算状态时也会消耗一定的内存空间。这一内存占用可以通过设置参数 streamBufferSize 进行调整，该参数用于控制内存中窗口状态缓存的大小，默认值为 128MB。而参数 maxStreamBackendCache 用于限制后端存储在内存中的最大占用存储空间，默认同样为 128MB，用户可以根据需要将其调整为 16MB 至 1024MB 的任意值。

19.6 流量控制

流计算引擎在 sink task 中实现了流量控制机制，以优化数据写入性能并防止资源过度消耗。该机制主要通过以下两个指标来控制流量。

- 每秒写入操作调用次数：sink task 负责将处理结果写入其所属的 vnode。该指标的上限被固定为每秒 50 次，以确保写入操作的稳定性和系统资源的合理分配。
- 每秒写入数据吞吐量：通过配置参数 streamSinkDataRate，用户可以控制每秒写入的数据量，该参数的可调范围是 0.1MB/s 至 5MB/s，默认值为 2MB/s。这意味着对于单个 vnode，每个 sink task 每秒最多可以写入 2MB 的数据。

sink task 的流量控制机制不仅能够防止在多副本场景下因高频率写入导致的同步协商缓冲区溢出，还能避免写入队列中数据堆积过多而消耗大量内存空间。这样做可以有效减少输入队列的内存占用。得益于整体计算框架中应用的反压机制，sink task 能够将流量控制的效果直接反馈给最上层的任务，从而降低流计算任务对设备计算资源的占用，避免过度消耗资源，确保系统整体的稳定性和效率。

19.7　反压机制

TDengine 的流计算框架部署在多个计算节点上，为了协调这些节点上的任务执行进度并防止上游任务的数据持续涌入导致下游任务过载，系统在任务内部以及上下游任务之间均实施了反压机制。

在任务内部，反压机制通过监控输出队列的满载情况来实现。一旦任务的输出队列达到存储上限，当前计算任务便会进入等待状态，暂停处理新数据，直至输出队列有足够空间容纳新的计算结果，然后恢复数据处理流程。

而在上下游任务之间，反压机制则是通过消息传递来触发的。当下游任务的输入队列达到存储上限时（即流入下游的数据量持续超过下游任务的最大处理能力），上游任务将接收到下游任务发出的输入队列满载信号。此时，上游任务将适时暂停其计算处理，直到下游任务处理完毕并允许数据继续分发，上游任务才会重新开始计算。这种机制有效地平衡了任务间的数据流动，确保整个流计算系统的稳定性和高效性。

第五部分 实践案例

05

第 20 章 车联网

随着科技的迅猛发展和智能设备的广泛普及，车联网技术已逐渐成为现代交通领域的核心要素。在这样的背景下，选择一个合适的车联网时序数据库显得尤为关键。车联网时序数据库不仅仅是数据存储的解决方案，更是一个集车辆信息交互、深度分析和数据挖掘于一体的综合性平台。它能够实时地采集、处理并存储大量的车辆数据，涵盖车辆定位、行驶速度、燃油消耗、故障诊断等多个维度，从而为车辆的高效管理和性能优化提供坚实的数据支撑。

20.1 车联网面临的挑战

在国家政策的有力引导下，车联网行业正迎来前所未有的发展机遇。早在 2016 年，我国便推出了 GB/T 32960 标准规范，以推动车联网应用的快速发展。自 2017 年起，一系列车联网相关政策相继出台，旨在促进网联化、智能化、共享化和电动化的实现。在这一进程中，车联网车与一切技术扮演着举足轻重的角色，其收集的信息中时序数据占据了绝大多数。随着联网汽车数量的持续增长，如何高效地上传、存储和处理海量数据，以及如何有效应对乱序数据的挑战，进行高效的查询和分析，已成为业界亟须解决的关键问题。

- 海量数据采集：如今，无论是小型客车还是受监管的货车，普遍配备了 T-Box 或其他 OBD（On-Board Diagnostics，车载自动诊断系统）车载终端设备，用于实时采集车辆的运行参数，并将这些数据及时传输至云端数据中心。以某品牌汽车为例，每辆车每秒可采集 140 个高频测点数据，每 30s 采集 280 个低频测点数据。在日常运营中，80 万辆在线车辆每天产生的数据量高达 4.5TB，这些数据最终汇入时序数据库，形成了庞大的数据采集点网络。
- 海量数据存储：鉴于数据采集的规模之大，相应的硬件资源需求自然引起了汽车制造商的高度关注。因此，在选择数据存储方案时，必须考虑高压缩率，最大限度地减少存储空间的占用量。同时，应实现冷热数据的自动分离，确保热数据被自动存储到高性能的硬盘上，而冷数据则被转移到较低性能的硬盘上。这样既能保障查询性能不受影响，又能有效降低存储成本，实现资源的合理利用。
- 支持乱序写入整理：在信号不佳或无信号的区域，数据通常会在本地缓存。一旦网络通信恢复正常，依照 GB/T 32960 的规定，数据将以交替发送的方式上传至数据中心，确保实时与离线数据的同步传输。在消息分发至不同区域后，消费组的消费顺序也会导致数据的乱序写入。这种乱序写入若频繁发生，将导致大量存储碎片的产生，进而降低时序数据库的存储效率和查询速度。
- 强大的查询和分析能力：系统应能支持使用标准 SQL 进行状态、时长、位置等关键指标的统计分析。此外，还应具备轨迹历史回放、双轨合验、预警报警等实用功能，以降低学习和分析的难度。对于更复杂的分析需求，系统须支持 UDF，通过编写高级编程语言生成的库文件并加载至集群中，以弥补时序数据库内置函数的局限性。系统应查询操作简便且结果实时性强，以便为业务决策提供有力且及时的数据支持。

20.2　TDengine 在车联网中的核心价值

在面对亿万级别的点位信息时，任何微小的数据处理逻辑错误或冗余都可能导致性能瓶颈。得益于全球社区爱好者的共同努力、超过 53 万个的装机实例部署，以及在极端条件下的严格验证，TDengine 在功能和性能方面均达到顶尖水平。在车联网领域，TDengine 的核心价值体现在以下几个方面。

- 便于采集：作为物联网的一个分支，车联网的技术特点与之一致。TDengine 配备了可视化采集界面，用户无须编写代码即可轻松将 Kafka、MQTT 等通用消息中间件中的数据导入数据库。此外，提供的可视化性能指标看板大大简化了数据接入和管理的工作流程。

- 数据存储：车联网数据具有高度的相关性，例如特定车型的配置信息或同一车辆上不同点位的状态数据。TDengine 的设计理念完美契合车联网的需求，采用“一车一表”的模式，简化了数据存储管理的复杂性。结合云原生架构、冷热数据分离、列式存储以及动态扩容（包括横向扩容、纵向扩容和动态添加存储空间）等技术，TDengine 在数据存储的性能和成本控制方面表现出色。
- 查询分析：TDengine 作为一个开放且简洁的时序大数据平台，提供了丰富的 API，兼容各种分析工具、编程语言和 BI 系统，如 Matlab、R、永洪 BI 等。TDengine 主要采用 SQL，易于学习和使用，支持状态、计数、时间、事件及会话窗口等多种分析模式，并内置了 70 多个基础算子，足以应对日常的分析需求。对于更专业的算法分析，用户可通过 C 语言或 Python 语言开发 UDF，并将其集成到 TDengine 中。

20.3 TDengine 在车联网中的应用

车联网场景是时序数据应用的典型代表，而 TDengine 正是处理这类海量时序数据的理想选择。通过整合车载数据，车联网系统能够实现对汽车各个零部件健康状况的监控、用户驾驶行为的追踪、车载系统的安全分析、合规性检查以及车载网络质量的监测。此外，利用 TDengine 提供的 geometry 数据类型及其相关函数，车联网系统能够轻松且高效地执行车辆轨迹监管、历史轨迹回放、最新位置定位等关键功能。

20.3.1 TSP 车联网

汽车制造商通过车载 T-Box 等终端收集车辆的关键行驶数据，包括行驶速度、行驶方向、电门开度、制动踏板开度、挡位、电机转速以及电池包信息等。这些数据通过 MQTT 协议汇聚至 TDengine 进行存储，从而满足车辆历史轨迹的回放需求以及对车辆实时状态的监控。TSP 车联网架构如图 20-1 所示。

TDengine 能够无缝地从外部消息队列（如 MQTT、Kafka）中采集并过滤数据。用户可通过直观的可视化界面来管理和配置采集任务，实现无须编写代码即可接入外部数据源。此外，TDengine 还支持对接入消息的解析、过滤和映射操作，并提供数据采集任务状态的实时监控功能，从而极大地提高数据接入的工作效率。

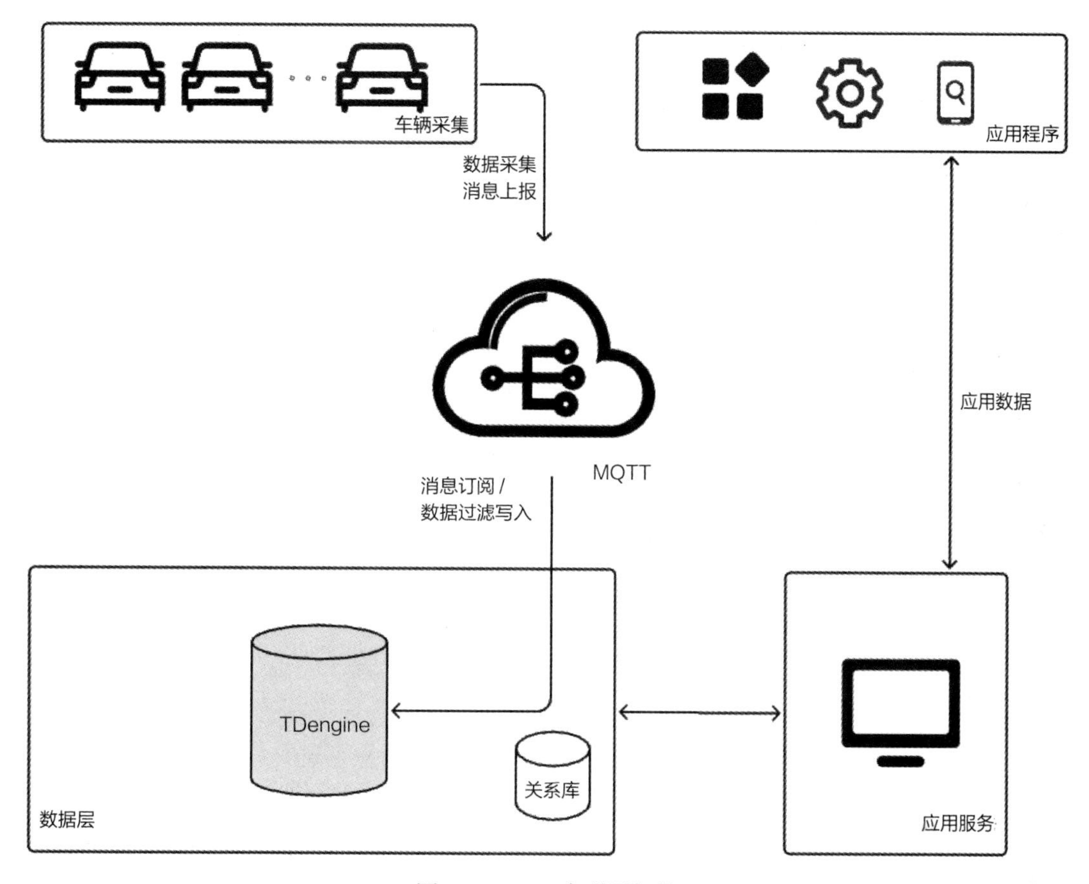

图 20-1 TSP 车联网架构

在本案例中，系统采用了“一车一表”的建模策略，确保每张子表中的数据都能按照时间顺序进行追加操作。设备表与表之间保持相对独立，并且数据是连续写入的，这一设计显著提高了数据的写入效率。

- 海量高频数据采集上报与存储：为了应对海量且高频的数据采集与上报需求，系统采用多节点的三副本或双副本集群架构。每个核心节点能够高效管理并存储高达 100 万张子表。通过分布式部署、构建高可用集群以及实施负载均衡技术，系统确保了数据采集存储在性能、可用性和可靠性方面的卓越表现。
- 采用多级存储方式：系统支持冷热数据分离的策略，将热数据存储于高性能的硬盘上，而冷数据则可根据配置迁移至 S3 对象存储服务中，实现存储方式的灵活性。鉴于数据量的庞大，多级存储不仅满足了日常业务需求，还有效降低了存储成本。通过独特的数据存储结构设计，实现了行转列和连续存储，无损压缩率轻松达到 10% 以内，极大地节约了数据存储空间。

- 预统计和缓存：在数据写入存储空间的过程中，系统已经计算并附带了 max、min、avg、count 等预计算结果。这些预计算结果为大多数统计分析提供了基础，使得在数据量庞大时，能够通过统计函数迅速筛选出所需信息。在处理海量数据的并发写入场景时，系统展现出高效的统计报表生成能力和卓越的 SQL 查询效率。此外，系统内置的实时缓存功能能够实现毫秒级的实时数据反馈。
- 以在线异步方式整理数据：此过程不会干扰正常的存储和查询服务，而是对乱序数据和因数据删除产生的存储碎片进行整理，有效释放存储空间。
- 系统部署满足分布式、高可用以及负载均衡的需求，其性能、可靠性和稳定性已经过充分验证。
- 极简大数据平台：与传统大数据平台相比，系统将消息队列、流计算、实时缓存、ETL 工具以及数据库本体集成于一体，构建了极为简洁的架构，同时增强了实时性，大幅减少了验证和维护过程中的工作量。

20.3.2 物流车联网

物流车辆运营商借助车辆的轨迹监管、异常预警以及历史轨迹回放功能，实现对运营车辆的在线监控、精准轨迹追踪、深入大数据分析及可视化应用等多方面目标。

在这一业务场景中，系统数据建模遵循“一车一表”的原则进行设计。GIS（Geographic Information System，地理信息系统）网关负责收集并汇聚车辆上报的车辆定位和行驶数据。随后，下游服务解析这些报文并将数据推送至消息队列。通过 TDengine 的数据接入组件，数据经过加载、过滤和转换等一系列处理步骤后，最终存储于 TDengine 中。这为下游应用程序提供了实时的车辆位置监控和历史轨迹回放等查询分析服务。物流车联网系统的架构如图 20-2 所示。

方案特点如下。

- 高性能：该项目服务于一万辆车，数据量呈现快速增长态势，日均写入记录高达 10 亿条。项目对聚合查询的高效性和存储压缩性能进行了严格验证，无损压缩率可达 4%。这证明了 TDengine 在处理大规模数据时的卓越性能。
- 乱序治理：尽管消息队列的使用难以避免乱序问题的出现，尤其是在离线数据补传的场景中，乱序数据往往表现为时间戳早于当前车辆存储记录的时间戳。这种乱序写入会导致大量存储碎片的产生，严重时会影响数据库的性能。TDengine 巧妙地解决了这一行业难题，支持在线整理乱序写入，确保数据库性能不受影响。同时，对于异常数据段的删除，也可以通过在线整理实现真正的数据存储空间释放，而不仅仅是索引屏蔽。

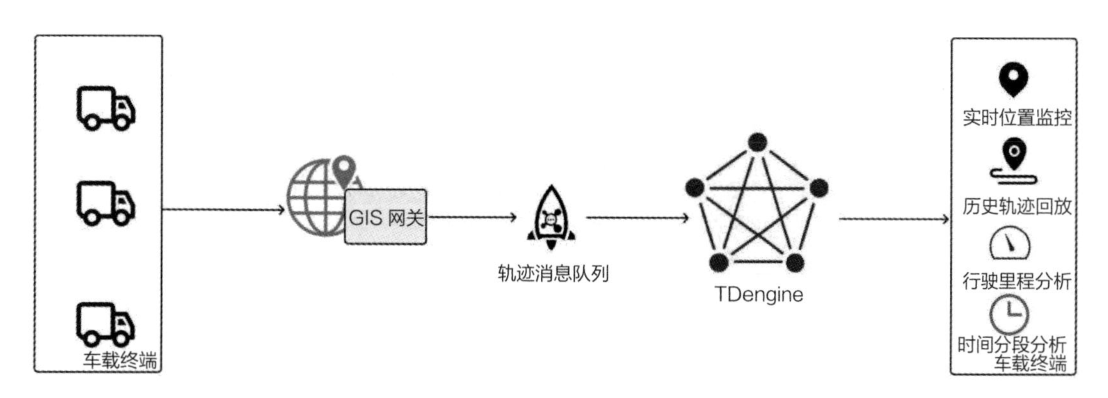

图 20-2 物流车联网系统的架构

- 数据应用：鉴于车辆运营涉及食品安全的特殊性，实时监控当前车辆位置信息显得尤为重要。TDengine 具备缓存实时数据的功能，无论数据库中已存储多少数据，仍能保持稳定的性能，毫秒级响应最新数据请求，充分发挥时序数据库的实时特性。在业务中还需要进行历史轨迹回放、行驶里程分析、时间分段分析等多项操作，TDengine 的强大性能和多功能性为业务分析提供了无限可能。

第 21 章　新能源

在当前可再生能源迅速发展的浪潮中，分布式光伏和可再生能源的装机容量已经达到相当可观的规模。尽管新能源的发展得到政策的鼎力扶持，但其并网后对电网的运行调度、供电可靠性以及系统的安全稳定带来诸多新挑战。

分布式光伏，即分布式光伏发电系统，是指将光伏电池板安装在城市的建筑物屋顶或墙壁上，甚至农田、山坡等非建筑用地上，利用采集到的太阳能为城市供电的一种绿色能源解决方案。其显著特点是电力产生地与用电地重合，可以直接向用户提供电力，或者通过配电变压器并入电网。这种能源系统不仅环保，而且高效，能有效降低长距离输电的损耗，减少能源使用成本。分布式光伏电站主要由光伏电池板、组串式逆变器、配电设备和监控系统 4 部分组成。光伏电池板负责将太阳能转换为直流电，组串式逆变器进一步将直流电转换为交流电，供用户使用或并入电网。电力公司普遍采用 HPLC（High-speed Power Line Communication，高速电力线通信）方案对分布式光伏接入的电能表进行数据采集，以实现 1 分钟、15 分钟级别的运行数据采集能力。

储能系统以其独特的能力，能够平滑新能源输出的不稳定性，实现削峰填谷，从而有望显著降低微电网的运行成本。更为重要的是，从长远角度考虑，引入储能系统有助于减轻对主电网的依赖，进一步优化整体的能源结构。

新能源的波动性无疑加剧了电网供电的不确定性，这使得储能系统成为确保电网稳定性和可靠性的关键。针对这方面，《2030 年前碳达峰行动方案》明确强调了储能系统的重要性，并支持分布式新能源与储能系统的融合发展，旨在加速储能技术的示范应用和推广普及。

21.1　新能源面临的挑战

分布式光伏在绿色环保的电力生产方面做出了显著贡献，然而其并入电网后，对电网调度提出了新的挑战。这些挑战包括如何高效地将运行数据接入电网调度中心、如何迅速地将数据分发至各个地区、如何进行有效的数据分析等。随着分布式光伏的大规模推广，电网运营商必须妥善解决这些问题，以确保电网的稳定性和安全性得以维持。

储能系统的核心组件是电芯，对其实时工作参数（如电流、电压、温度、内阻）的监控对于保障储能系统的安全和可靠运行至关重要。如何有效地存储和分析这些海量的测点和数据，已成为储能领域不得不正视的技术难题。这些难题主要体现在如下几个方面。

- 测点量大：分布式光伏组件众多，大型储能系统中电芯数量庞大，需要监测的测点数从数十万到数千万。加之较高的采集频率，每天产生的海量监测数据需要进行长期持久化存储。
- 数据接入难：电网调度中心须实时监控分布式光伏电站和储能系统的运行状况，但由于分布式光伏电站目前主要通过配网侧接入电网，数据接入过程面临挑战。另外，由于营销系统与调度中心的信息化水平存在差异，数据接入过程中存在客观难题：数据提取规则复杂，测点数量庞大，传统的数据采集方案资源消耗大。
- 数据分发难：分布式光伏电站的运行数据一旦接入省级调度中心，就需要迅速分发至各地市的生产区以驱动后续业务。如何实现快速且高效的数据分发，是客户需要解决的一个棘手问题。
- 聚合分析难：分布式光伏电站的运行数据须根据电站在电网拓扑中的具体隶属关系（如电站隶属于某台配电变压器、馈线、主网变压器）进行多维度的聚合分析。现有技术方案在提供高效聚合分析手段方面存在不足，如性能低下、耗时过长等问题尤为突出。

21.2 TDengine 在新能源中的核心价值

在新能源领域，特别是分布式光伏电站和储能系统的复杂任务与数据处理需求面前，TDengine 的时序数据库技术扮演了不可或缺的角色。TDengine 的核心优势体现在以下几个方面。

- 支持海量测点：TDengine 能够支持高达 10 亿个时间线，充分满足分布式光伏电站和储能系统的数据处理需求。
- 高性能：面对千万级测点的分钟级数据采集场景，调度业务对时序数据库的写入性能和低延迟有着严苛的要求。TDengine 凭借“一个数据采集点一张表”的创新设计理念，实现了卓越的写入性能，完全契合业务需求。
- 最新状态数据快速查询：在千万级测点数据写入后，调度业务需要时序数据库能够迅速查询各设备的最新状态数据，以驱动后续业务逻辑。TDengine 通过超级表和内置的高速读缓存设计，使用户能够高效查询光伏设备和储能电芯的最新运行数据，使运维人员能够实时获取并监控设备状态，从而提高运维效率。

- 数据订阅与分发：针对需要实时数据分发的业务场景，TDengine 内置的消息队列功能从机制上解决了大量数据即时分发的难题，简化了整个系统架构的复杂性。
- 开放的生态：TDengine 易于与其他系统集成，兼容多种大数据框架，支持数据的整合与分析，为开发者提供了一个灵活的生态平台。

21.3 TDengine 在新能源中的应用

21.3.1 营销侧分布式光伏电站运行数据接入

分布式光伏电站的运行数据通常须从外部营销系统接入，而该营销系统所提供的数据接口采用的是 Kafka，如图 21-1 所示。

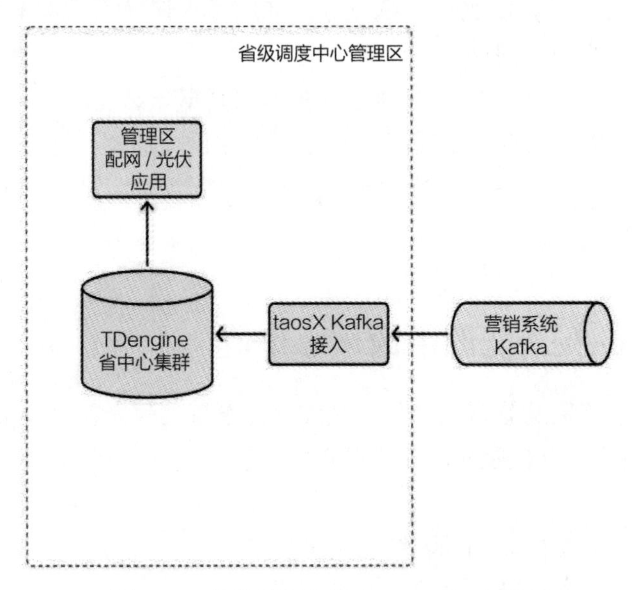

图 21-1　从营销系统接入 TDengine 系统

针对外部数据源的接入场景，TDengine Enterprise 提供了专业的 taosX 数据接入组件。用户无须编写任何代码，只须通过配置参数即可迅速接入营销侧 Kafka 消息队列中的分布式光伏电站采集数据，实现提取解析、过滤、数据映射等操作，并将处理后的数据写入 TDengine。这种方法不再依赖第三方 ETL 工具，如图 21-2 所示。

taosX 是一个高度灵活的数据接入工具，能够适应多样化的数据源格式。它配备了全面的过滤选项和丰富的数据映射功能，这些特性大幅缩短了从外部系统收集并整合数据的开发周期。在维持低资源消耗的同时，taosX 保证了高效的数据接入能力。

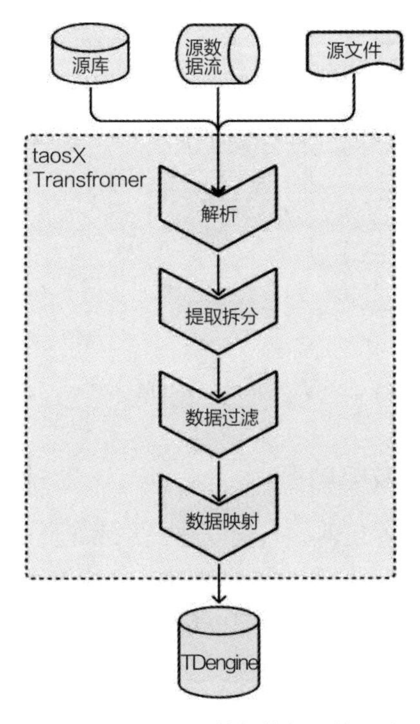

图 21-2　TDengine 外部数据源接入流程

与市面上常见的开源 ETL 工具相比，taosX 在接入 Kafka 数据时能够显著减少服务器 CPU 资源的占用。这不仅意味着企业能够在更短的时间内完成数据接入任务，还能有效降低硬件成本，为企业的发展提供强有力的支持。

21.3.2　数据即时分发至各地市

针对汇总至省级调度中心的分布式光伏电站运行数据，用户须将这些数据及时分发至各地市的调度中心，以便推动下游业务的顺利进行。

利用 TDengine 内置的结构化消息队列功能，用户可以迅速构建数据分发子系统。通过订阅省级调度中心 TDengine 集群中的分布式光伏电站瞬时功率数据，并根据各地市进行分类，实时将数据分发至对应地市的 TDengine。各地市调度中心根据收到的数据，进一步驱动后续业务，如本地电网负载调控等。分布式光伏电站运行数据的分发架构如图 21-3 所示。

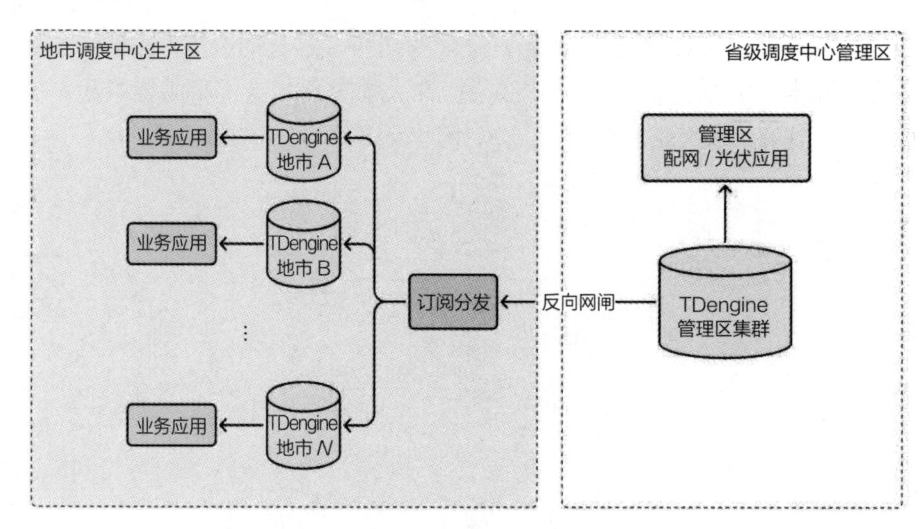

图 21-3　分布式光伏电站运行数据的分发架构

21.3.3　分类聚合计算瞬时发电功率

分布式光伏电站通过配电变压器并入配电网，并逐级向上汇聚至配网的 10kV 线端和 110kV 主网变压器。各级配电变压器、10kV 线端、馈线以及 110kV 主网变压器所汇集的分布式光伏电站瞬时发电功率，对电网的安全稳定运行具有决定性的影响。

例如，某省份的分布式光伏电站和配电变压器的数量庞大，可达百万级别。每个分布式光伏电站和配电变压器通常设有 8 至 10 个测点，涵盖三相电流电压、功率、功率因数、示值等指标，总测点数往往超过千万个。在这种大规模的测点环境下，实现快速聚合计算成为一个关键挑战。

TDengine 的标签设计允许用户从超级表中迅速分类和检索数据，这一点对于基于分布式光伏电站产生的大量时序数据进行快速聚合计算尤为重要。在 TDengine 中，通常会分别为分布式光伏电站发电功率和配电变压器的瞬时功率创建超级表，每个分布式光伏电站和配电变压器分别对应一张子表。通过 TDengine 的静态标签，可以存储分布式光伏电站发电功率的相关分类信息，如地区、所属配电变压器、所属馈线、所属 10kV 线端、所属 110kV 主网变压器等。

用户可根据多样化的标签，如地区、所属配电变压器、所属馈线、所属主网变压器等，对分布式光伏电站执行指定条件的聚合查询，实现快速求解。例如，用户可以迅速查询特定地区所有配电变压器的下辖分布式光伏电站瞬时发电功率，或根据业务需求，针对不同级别的电网变电站（220kV、110kV、35kV、10kV）进行下辖分布式光伏电站瞬时功率的条件聚合查询。这为电网调度和设备故障判断提供了高效的数据支持手段。此类条件聚合查询的结果集可能包含数百至数十万条记录。

在 TDengine 中，用户可以基于标签进行聚合分析，无须编写代码进行表关联和数据处理，仅须通过 SQL 查询超级表即可直接获得结果，性能表现卓越，通常能在几秒内返回查询结果。示例 SQL 如下。

```
select sum(val) from dpv_power_1m where ts > now-1m group by dtr;
```

借助 TDengine 的高效聚合特性，用户可以高效、及时地获得分布式光伏电站实时运行状态，为运行决策提供可靠的数据支持。

21.3.4 实时数据监测

在某储能项目中，TDengine 被应用于实时监控电池的充放电过程，以保障电池的安全运行。所有电芯的充放电数据都被精确记录，得益于 TDengine 的强大分析能力，用户显著提高了数据处理和分析的效率。

21.3.5 智慧运维系统

在某储能智慧运维系统中，用户原有的解决方案受到站端系统在内存、CPU 以及读写性能等硬件资源上的限制，这导致项目进度一再推迟。TDengine 凭借卓越的架构设计和工程实现，以较低的资源消耗完美满足了项目需求，解决了客户的痛点问题，并迅速支持业务系统的顺利部署。

TDengine 的加入为储能设备注入了信息感知、控制协调以及远程运维的能力，确保了电站和设备运行的安全性与可靠性。

第 22 章　智慧油田

智慧油田，亦称为数字油田或智能油田，是一种采用尖端信息技术与先进装备的现代油田开发模式。该模式通过实时更新油气田层析图及动态生产数据，显著提高了油气田的开发效率与经济价值。

信息技术在此领域发挥着至关重要的作用，涵盖了数据采集、传输、分析以及处理等多个环节。借助这些技术，客户能够随时随地访问到最新、最准确的油田信息。在硬件设施方面，广泛部署的传感器和控制设备为油田生产的自动化与智能化提供了坚实的技术支撑。

智慧油田的核心特征体现在以下几个方面。

- 数据驱动：在智慧油田的管理中，决策的核心依据是源自现场的实际数据，而非传统依赖的人为经验和直觉。这种基于数据的决策方式显著提高了决策的精准度与可信度。
- 实时监控：通过实时的数据采集与高效传输，客户能够全天候掌握油田的运营状况。这有助于迅速发现问题并采取措施，有效预防潜在损失，从而节省大量成本和资源。
- 智慧决策：将大数据分析技术融入决策流程，使得客户能够更深层次地理解油田的运作机制，并进行准确预测。基于这些数据和洞察，客户能够制定出更为科学合理的决策方案。
- 自动化操作：借助先进的自动化设备，客户可以将许多重复性高、劳动强度大乃至存在安全风险的任务交由机器执行。这不仅大幅提高了工作效率，降低了运营成本，还有效地减少了意外事故的发生概率，保障了员工的安全和企业的稳定运营。

22.1　智慧油田面临的挑战

智慧油田的建设之旅是一场既复杂又漫长的征途，它横跨勘探、开发、生产等多个关键环节。随着技术的不断进步和业务的日益拓展，油田运营面临着效率提高、成本控制以及数据安全方面的全新挑战。

面对油田业务产生的庞大数据集，这些数据涵盖了钻井、录井、测井及生产开发等多个方面，油田信息化系统必须具备卓越的数据处理能力。这不仅要求系统能够确保运营的顺畅进行，还须借助先进的数据压缩技术，有效节约存储空间，进而降低硬件投资成本。

智慧油田系统还应设计为能够基于业务需求进行灵活扩展。系统须能够随着业务增长和数据量的增加，无缝地整合新的存储和计算资源，确保服务的连续性和性能的稳定性。此外，系统的用户友好性同样不容忽视，通过简洁直观的操作界面和标准化操作流程，减少员工的学习曲线，从而提高整体工作效率。

对于高价值的油田数据，安全保障措施至关重要。这包括实施持续的数据备份、监控系统健康状况、制订故障恢复计划，以及强化数据的加密和访问管理措施，以充分保障油田数据的安全性和可靠性。

为了满足智慧油田项目在数据处理、系统扩展性、用户体验以及数据安全等方面的需求，我们必须采取全面而审慎的态度。选择合适的大规模时序数据管理解决方案，例如 TDengine，将为油田行业提供坚实的科技支撑，推动其向更高水平发展。

22.2 TDengine 在智慧油田中的应用

在一个致力于提升大型油田生产管理水平的技术方案中，客户设定了实现多个关键领域技术集成的目标。这些领域包括但不限于如下这些。

- 自动化采集与控制：在生产现场构建先进的自动化系统，以实现数据的实时采集和精确控制，提升生产过程的自动化水平。
- 生产视频系统：整合高效的视频监控系统，对生产过程进行全面监控，确保作业安全，并为管理层提供实时、直观的决策支持。
- 工业物联网：运用物联网技术，将各种传感器和设备无缝连接，实现数据的远程采集与分析，提高油田运营的透明度和智能化程度。
- 生产数据服务：构建强大的数据服务平台，提供及时、准确的数据支持，为生产决策和运营优化提供有力工具。
- 智能化生产管控应用：研发智能化的生产管控应用，利用大数据分析和人工智能技术，提高生产效率，优化资源配置，加强生产管理。
- 信息化采集标准建设：制定统一的信息化采集标准和规范，确保数据的一致性、准确性和可管理性，为油田的数字化和智能化转型奠定坚实基础。

在以往的技术解决方案中，客户普遍采用常规的实时数据库来搜集现场数据。然而，这些传统软件在数据分析功能上显得力不从心。鉴于此，用户不得不将数据迁移到以 Oracle 为代表的关系型数据库中，以期利用这些数据库作为数据汇聚与分析的核心平台。

但随着油田数据量的激增，客户遭遇了两大核心挑战：一是数据采集量的快速增长，二是数据采集频率的显著提高。在这种背景下，传统关系型数据库在数据处理上开始显现出一系列问题和瓶颈。

- 随着数据库中存储的数据量不断攀升，无论是数据写入还是查询操作的效率都遭受严重影响，尤其是在执行复杂查询和大数据集聚合操作时，性能下滑尤为显著。
- 数据压缩效率低下，导致数据库占用了巨量的存储空间，这不仅造成了资源的浪费，也给数据管理和维护带来了额外的负担。
- 当面临多用户或应用程序并发访问时，数据库常常会遇到并发控制和锁的竞争问题，这不仅影响系统性能，还可能引发数据一致性问题。
- 数据的分区和归档操作变得异常复杂，一旦系统出现故障，恢复数据所需的时间极为漫长，这对业务连续性构成了严重威胁。
- 数据协同效率低下，难以实现秒级的数据同步，这对于需要快速响应的业务场景来说是一个巨大的限制。

在这样的项目背景下，TDengine 凭借作为时序数据库的独特优势，展现出强大的竞争力。TDengine 以高效的数据处理速度、卓越的数据压缩率、直观的系统易用性以及出色的可扩展性，有效地支持了智慧油田项目在数据管理和分析方面的需求。此外，TDengine 还覆盖了数据生命周期的全管理流程，并积极应对日益严峻的数据安全挑战，确保了大型项目在技术上的顺利优化和升级。

TDengine 的“一个数据采集点一张表”与“超级表”的创新设计理念，极大地提高了时序数据的写入、查询和存储效率。如图 22-1 所示，当客户采用 TDengine 后，他们可以根据不同专业领域的多样化数据需求，创建相应的超级表。以油井为例，客户首先须细致梳理业务所需的数据项及其采集频率，随后为每一口油井建立一张独立的表，并为这些表附加相应的静态标签，如采油厂名称、所属业务部门等。这样的设计不仅确保了数据的精细化管理和高效检索，还极大地简化了数据的组织和维护工作。

在将 Oracle 全面迁移至 TDengine 之后，该项目的优化效果显著，具体体现在以下几个方面。

- 数据写入性能显著提高，同时硬件资源消耗得以降低，实现了更高的资源利用率。
- 集群支持在线水平扩展，可以轻松应对未来的扩容需求，保证系统的可扩展性和前瞻性。

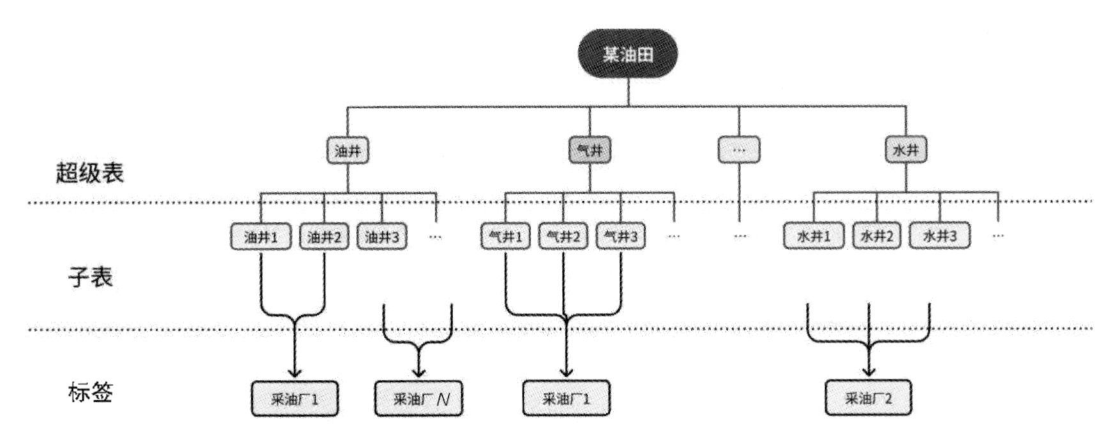

图 22-1 TDengine 在智慧油田中的应用

- 灵活定义数据的生命周期，简化了过期数据的管理流程，提高了数据管理的效率和便捷性。
- 达到每秒 500 万个测点的同步速率，这一性能指标满足了用户在边云协同场景下的高实时性需求，为数据的高效流动和利用提供了有力保障。

如果说前 3 点是 TDengine 固有特性的体现，那么第 4 点无疑是其核心价值所在。为了满足人工智能研究、数据挖掘、设备预测性维护等多方面的数据需求，客户经常需要将各个厂级的油田实时数据集中汇聚至公司层面，然后进一步将公司数据整合至集团或相应的业务板块。如图 22-2 所示，这一过程对数据的实时性和同步性提出了极高要求，TDengine 的出色表现确保了这一关键环节的顺畅运行。

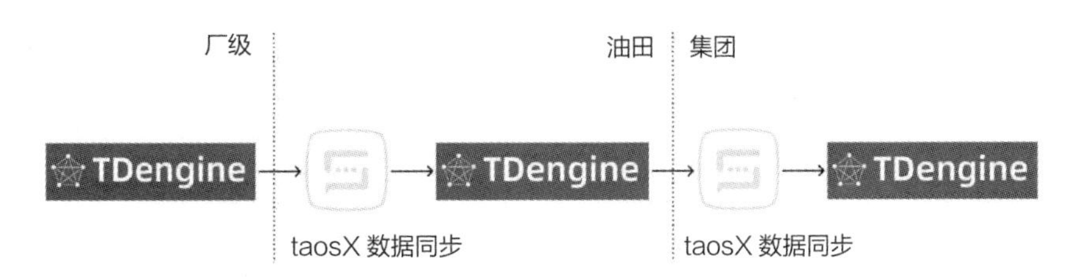

图 22-2 智慧油田边云协同

在传统业务模式中，由于需要定义众多复杂的数据接口，业务开发效率低下，且数据传输频率受限，难以满足对原始数据和原始频率进行同步的需求。在这一关键节点上，客户可以充分利用 TDengine 的边云协同功能，实现数据的实时高效同步。

边云协同允许将多个分散在不同地点的 TDengine 服务中的全量历史数据以及新产生的数据实时同步至云端 TDengine。作为 TDengine 套件的重要组成部分，taosX 工具简化了这一过程。用户只须在数据接收端部署 taosX，并通过一行简单的命令，即可轻松实现实时数据同步、历史数据迁移，或是两者的混合处理方案。例如，同步某台服务器的数据库 db1 的历史数据以及实时数据到本地的数据库 db2 仅需要执行如下一条命令。

```
taosx run -f 'taos://192.168.1.101:6030/db1?mode = all' -t 'taos://localhost:
6030/db2' -v
```

此外，taosX 提供了一种基于数据订阅的实时数据同步方法，它按照事件到达的顺序来处理数据。这种方法确保了无论是实时数据还是历史数据，都能够实时同步到目标集群，并且不会遗漏任何补录的历史数据。

通过实施这一方案，多个 TDengine 服务得以通过 taosX 跨省份实时同步数据至云端总部集群。迄今为止，在该项目中，TDengine 总部集群存储的数据量已达到 36TB，总数据条目超过 1034 亿条，压缩率降至 10% 以内，这一成就令人瞩目。

边云协同功能的广泛采用充分验证了 TDengine 在处理大规模、高频工业数据方面的卓越实力。其灵活的架构设计和优化的存储机制不仅满足了工业物联网环境对实时数据处理的高要求，而且有效降低了存储成本。同时，TDengine 的水平扩展性、实时分析支持、边缘计算集成以及强大的数据安全保护功能，为工业物联网的智能化发展奠定了坚实的技术基础。这不仅确保了数据处理的高效性和安全性，还简化了维护流程，相较于传统关系型数据库，展现了更高的成本效益。TDengine 的这些优势为工业物联网的持续进步和发展提供了强有力的支持和保障。

随着项目的深入推进，TDengine 的数据抽稀功能，作为处理和管理时序数据的一种高效策略，在与以 Kudu 为核心的数据中台相结合时，展现出非凡的能力。数据抽稀通过精心挑选具有代表性的数据点，有效减少了数据的存储量，同时确保了数据的关键特征和趋势得以完整保留。这种方法特别适合于那些需要长期保存数据但又不必要保留所有细节的应用场景。例如，在监控系统中，随着时间的积累，只须保存关键时间节点的数据，而不是每个瞬间的数据。

因此，TDengine 成为构建数据中台的理想选择，尤其是对于那些需要高效处理大量时序数据的中台环境。通过将 TDengine 集成到数据中台中，企业能够进一步优化其数据存储、查询和管理流程，从而提高数据平台的功能性和效率。TDengine 的这一特性不仅提高了数据处理的速度和效率，还为企业提供了更加灵活和经济的数据管理解决方案。

第 23 章　智能制造

智能制造与数据库技术的深度融合，已成为现代工业技术进步的一个重要里程碑。随着信息技术的飞速发展，智能制造已经成为推动工业转型升级的关键动力。在这一进程中，数据库扮演着不可或缺的角色，它不仅承载着海量的生产数据，还为智能制造提供了强大的数据支持和服务。

特别是随着大数据、云计算等前沿技术的崛起，TDengine 凭借灵活多变的数据模型和卓越的数据处理能力，在智能制造领域大放异彩。TDengine 能够高效地管理和分析制造过程中的各类数据，从生产线的实时监控到产品质量的精细管理，再到供应链的优化协调，它都能提供精准可靠的数据支持。

23.1　智能制造面临的挑战

依照 IEC 62264-1 层次模型，工业制造领域被划分为 5 个层级——现场设备层、现场控制层、过程监控层、生产管理层及企业资源层。这一模型清晰地描绘了从生产现场的实时操作到企业管理层面的战略规划，每一层级的跃迁都伴随着数据量的急剧增长和需求的变化，如图 23-1 所示。这种层级划分不仅反映了工业制造过程中信息流动的复杂性，也揭示了随着生产规模的扩大和自动化程度的提高，对数据处理能力和效率的要求也在不断提高。

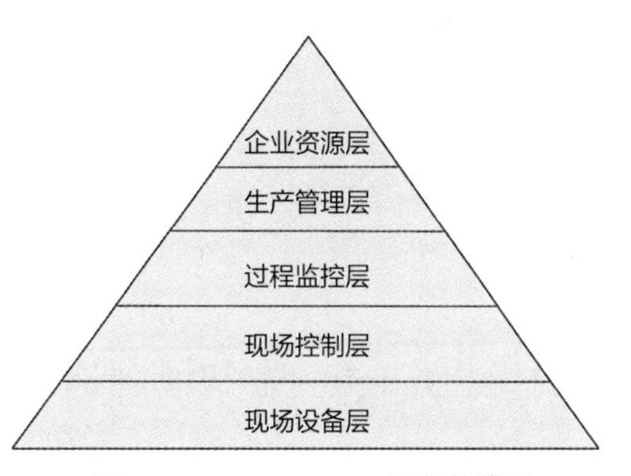

图 23-1　IEC 62264-1 5 层架构模型

随着工业数字化的巨浪席卷而来，我们见证了数据采集量的爆炸式增长和分析需求的日益复杂化，随之而来的问题和挑战也愈发凸显。

- 海量设备数据采集：在过去的十余年里，制造业的数字化进程取得了显著进展。

工厂的数据采集点从传统的数千个激增至数十万甚至数百万个。面对如此庞大的数据采集需求，传统的实时数据库已显得力不从心。

- 动态扩容：随着数据的逐步接入，初期的硬件配置往往较为有限。随着业务量的增加和数据量的上升，硬件资源必须迅速扩展以满足业务的正常运行。然而，一旦系统上线运行，通常不允许进行停机扩容，这就要求系统在设计时就要考虑到未来的扩展性。
- 数据关联与多维分析：传统工业实时数据库通常只包含几个固定的字段，如变量名、变量值、质量戳和时间戳，缺乏信息间的关联性，这使得复杂的多维分析变得难以执行。
- 截面查询与插值查询：为了满足报表和其他统计需求，系统需要支持历史截面查询以及按指定时间间隔进行的线性插值查询。
- 第三方系统数据库对接：除了设备数据以外，还须采集来自各个生产系统的数据，这些系统通常位于过程监控层或生产管理层。这就要求系统能够实时采集数据、迁移历史数据，并在网络恢复后断线续传。除了 API 以外，常见的对接方式还包括数据库对接，例如，与 LIMIS 对接，采集其关系型数据库中存储的时序数据，或与第三方生产数据库（如 AVEVA PI System 或 Wonderware 系统）对接，获取实时、历史和报警数据。
- 与 SCADA（Supervisory Control and Data Acquisition，监控控制与数据采集）系统对接：SCADA 系统作为过程监控层的核心，汇集了站内和厂区的所有生产数据，并提供了直观易用的开发、运行和管理界面。然而，其自带的传统实时数据库在分析能力和高密度测点容量上存在限制，通常仅支持约 1 万个测点。因此，将 SCADA 系统与性能更优越的数据库相结合，充分发挥双方的优势，通过面向操作技术层的模块化组态开发，为工业控制系统注入新的活力，已成为工业数字化发展的重要方向。

23.2 TDengine 在智能制造中的核心价值

智能制造领域涵盖众多类型的数据设备、系统以及复杂的数据分析方法。TDengine 不仅巧妙解决了数据接入和存储的挑战，更通过强大的数据分析功能，为黄金批次、设备综合效率（Overall Equipment Effectiveness，OEE）、设备预防性维护、统计过程控制（Statistical Process Control，SPC）等关键分析系统提供了卓越的数据统计服务。这不仅显著提高了生产效率和产品品质，还有效降低了生产成本。

- 广泛兼容各种设备和系统：TDengine 配备了可视化配置的采集器，能够轻松对接 SQL Server、MySQL、Oracle、AVEVA PI System、AVEVA Historian、InfluxDB、OpenTSDB、ClickHouse 等多种系统，支持实时数据采集、历史数据迁移以及断线续传等功能。通过与诸如 Kepware 或 KingIOServer 这样的强大第三方采集平台对接，TDengine 能够应对各种工业互联网协议，实现海量生产设备数据的接入。
- 高效的集群管理：与传统实时数据库相比，TDengine 采用了基于云原生技术的先进架构，能够轻松实现动态扩容。TDengine 集群采用 Raft 一致性协议，确保生产数据对外查询结果的一致性。集群的运维管理简便，内部自动完成数据分区和数据分片，实现了分布式、高可用性和负载均衡的集群环境。
- 设备物模型：TDengine 秉承"一台设备一张表"的设计策略，构建了以设备对象为核心的变量关系模型，为相关分析提供了坚实的基础。
- 先进的时序分析：TDengine 支持时序领域的截面查询、步进查询、线性插值查询等多种查询方式，并提供了窗口查询功能，使得设备状态时长统计、连续过载报警等时序分析变得简单易行。

23.3　TDengine 在智能制造中的应用

作为新一代时序大数据平台的杰出代表，TDengine 针对工业场景中的种种挑战，凭借独特的设计理念和卓越的性能，为智能制造领域注入了强大的动力。接下来以某烟厂的实际应用案例为例进行阐述。

在该项目中，TDengine 集群为工厂内的各类业务提供了坚实的时序数据服务。无论是看板展示还是预警系统等对实时数据要求极高的业务场景，TDengine 都能够提供低延迟、高质量的数据响应。自系统上线以来，已稳定运行超过两年，成功存储超过 2 万亿条数据，且查询最新数据的延迟控制在毫秒级，完全达到项目立项的预期要求。该项目的亮点设计如下。

- 高效采集：烟草项目初期规模有限，全厂测点数不足 10 万。数据采集网关将部分测点数据写入 OPC（OLE for Process Control，用于过程控制的 OLE）服务器，并通过 OPC 协议接入 TDengine；另一部分测点数据则写入 Kafka，进而接入 TDengine。客户无须开发 OPC 或 Kafka 接口应用程序，即可实现数据的高效接入。对于采用关系型数据库如 LIMIS 的场景，TDengine 通过可视化配置 SQL Server 采集器，实现了数据的同步更新、历史数据迁移、断线续传以及故障诊断等功能，无须编写代码，大幅降低了开发和运维成本。在该烟厂的兄弟单位中，部分生产系统使用 Wonderware 数据库（现 AVEVA Historian），TDengine 通过建立 AVEVA Historian 采集器，同样实现了零代码可视化配置，轻松完成实时数据接入、历史数据迁移及断线续传等功能。相较于初次定制化开发长达 3 个月的交付周期，TDengine 采集器的部署仅需要十几分钟，且具有更高的可靠性和更强的灵活性。

- 动态扩容和负载再均衡：为应对未来业务的增长，TDengine 支持在不停止服务的前提下进行动态的纵向扩容和水平扩容。在单台计算机资源充足的场景下，TDengine 可通过拆分虚拟节点服务，充分利用计算机的额外 CPU 资源来提高数据库性能。而在资源不足的情况下，只须增加物理节点，TDengine 集群便能根据需求进行自动负载均衡。
- 支持建立大宽表：TDengine 的这一设计满足了数据关联和多维分析的需求，解决了传统工业实时数据库固定格式数据存储的限制。通过超级表的静态标签设计，用户可以便捷地进行多维度数据分析。
- 支持丰富的对外接口：作为数据中心，TDengine 可对接第三方可视化界面（如看板）、MES、预警报警、水分预测、零配件需求预测、SPC、故障分析、产能分析、能耗分析、预防性维护等系统，如图 23-2 所示。

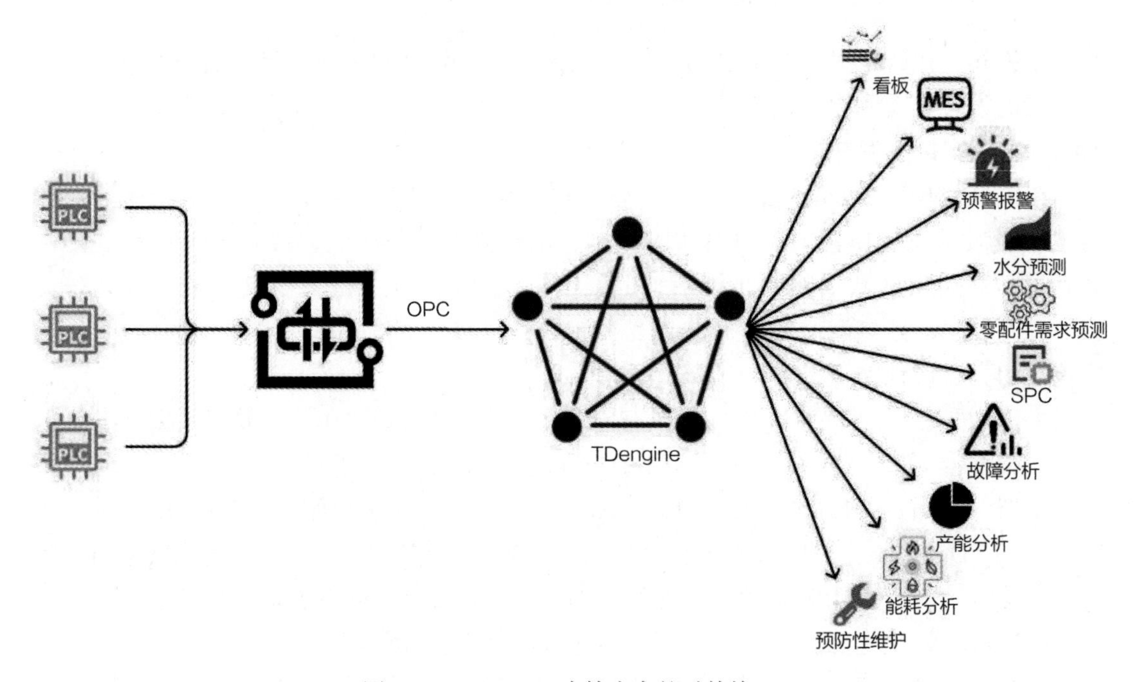

图 23-2 TDengine 支持丰富的对外接口

- TDengine 与 SCADA 系统的融合：生产调度中心常采用 SCADA 系统进行数据采集、监视和控制。SCADA 系统通过 TDengine 的 ODBC 接口，将实时和历史数据、设备报警、操作记录、登录信息以及系统事件等数据存储到 TDengine 中。与 SCADA 系统自带的历史库相比，客户在查询曲线、报表等历史数据时耗时更短、响应更快、灵活性更强，这不仅降低了 SCADA 系统的压力，还提高了整个系统的效率和稳定性。

此外，TDengine 还支持边云协同系统部署，如图 23-3 所示。

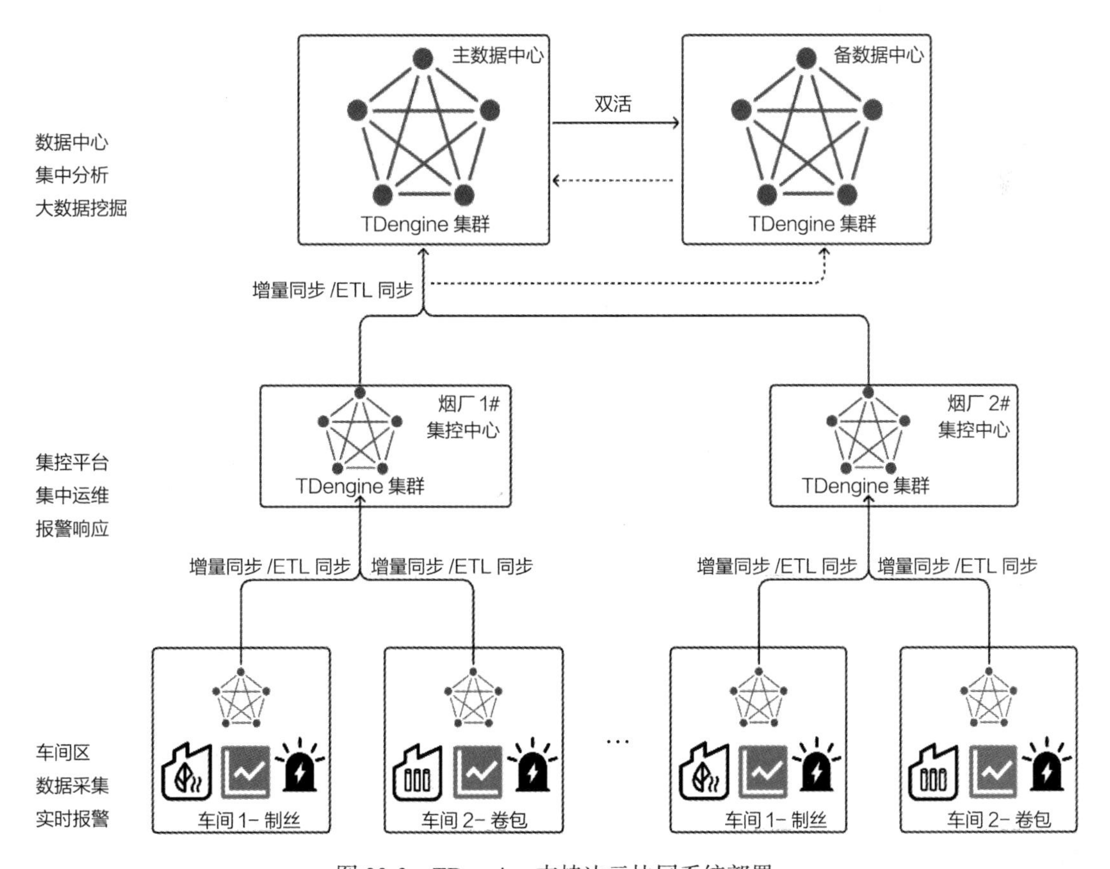

图 23-3 TDengine 支持边云协同系统部署

在工厂侧部署 TDengine，不仅为该烟厂提供数据存储、查询和分析服务，还能通过高效的数据同步工具，实现工厂数据实时同步至上一级或集团中心。TDengine 的量化裁剪功能使其能够适应资源有限的计算机或边缘盒子环境，满足不同规模部署的需求。TDengine 的同步特性如下。

- 具有统计意义的降采样数据同步：TDengine 利用流计算技术，实现了具有统计意义的降采样数据同步。通过这种方式，可以在不损失数据精度的前提下，对数据进行降采样处理，确保即使在数据时间颗粒度增加的情况下，也能保持数据的准确性。流计算的使用方式简便，无须复杂配置，客户只须根据自己的需求编写 SQL 即可实现。
- 订阅式传输：TDengine 采用了类似 Kafka 的消息订阅方式进行数据同步，相较于传统的周期性同步和普通订阅访问，这种方式实现了负载隔离和流量削峰，提高了同步的稳定性和效率。消息订阅机制遵循至少一次消费原则，确保在网络断线故障恢复后，能够从断点处继续消费数据，或者从头开始消费，以保证消费者能够接收到完整的生产数据。
- 操作行为同步：TDengine 能够将操作行为同步到中心端，确保设备故障或人为对边缘侧数据的修改和删除操作能够实时反映到中心侧，维护了数据的一致性。
- 数据传输压缩：在数据传输过程中，TDengine 实现了高达 20% 的数据压缩率，结合流计算的降采样数据同步，显著降低了同步过程对带宽的占用，提高了数据传输效率。
- 多种同步方式：TDengine 支持多对一、一对多以及多对多的数据同步模式，满足不同场景下的数据同步需求。
- 支持双活：数据中心侧可实现异地灾备。边缘侧的 TDengine 或第三方客户端能够根据集团中心侧的 TDengine 状态进行智能连接。若主 TDengine 集群发生故障，无法对外提供服务，异地备用的 TDengine 集群将立即激活，接管所有客户端的访问连接，包括写入和查询功能。一旦主 TDengine 集群恢复正常，备用集群会将历史缓存和实时数据同步回主集群，整个过程对客户端透明，无须人工干预。

第24章　金融

金融行业正处于数据处理能力革新的关键时期。随着市场数据量的爆炸式增长和复杂性的加深，金融机构面临寻找能够高效处理大规模、高频次以及多样化时序数据的大数据处理系统的迫切需求。这一选择将成为金融机构提高数据处理效率、优化交易响应时间、提高客户满意度以及维持竞争优势的决定性因素。

在金融领域，行情数据的处理尤为复杂，不仅数据量大，而且具有标准化的数据格式、长期的存储需求以及高度分散的子表管理要求，这些特点共同构成了数据处理领域的一大难题。具体挑战如下。

- 数据量庞大：金融市场的数据量达到TB级别，这为数据的存储和管理带来巨大的挑战。金融机构需要确保有足够的能力来处理和存储这些数据，同时保证系统的稳定性和可扩展性。
- 标的数量众多：金融市场中资产和衍生品的种类繁多，这意味着行情中心需要管理数十万至数千万个不同的标的。这种多样性和数量级的增长要求系统必须具备高度的灵活性和高效的管理能力。
- 存储期限长：金融数据的敏感性要求这些数据必须被长期保存，通常存储期限为5至10年，有些关键数据甚至需要保存超过30年。这要求金融机构必须投资于可靠的存储解决方案，以确保长期数据的完整性和可访问性。

24.1　处理金融时序数据时面临的挑战

在时序数据处理领域，金融机构面临着一系列核心需求与挑战，这些需求与挑战不仅关系到日常运营的效率，还直接影响到决策的准确性和业务的创新能力。

- 高性能写入：金融机构需要的是一个能够实时处理巨量数据流的平台。随着交易活动的频繁和市场数据的不断更新，平台必须能够每秒处理数以亿计的数据点，确保数据的即时性和完整性，以支持实时的交易决策和风险管理。
- 强大的读取及数据消费性能：金融市场的特点是业务场景多变，这要求平台必须具备极强的数据读取和计算能力。例如，量化投资策略的研发依赖于实时行情数据和衍生数据的深度分析。平台需要支持高效的数据查询和计算，以便量化分析师能够快速回测模型、优化策略，并进行实时学习和调整。

- 计算性能：资产和衍生品的监控对平台的计算性能提出了更高的要求。金融机构需要能够执行复杂的统计分析、风险预测和价格发现等计算任务，以监控市场动态和评估投资组合的风险。这要求平台不仅要有强大的计算能力，还要能够提供快速响应，以支持实时决策和快速反应市场变化。

24.2 TDengine 在金融中的核心价值

TDengine，作为一个高性能、云原生的时序大数据平台，在金融行情数据处理领域表现卓越，为用户带来了显著的优势和收益。

- 高写入性能：TDengine 实现了惊人的写入速度，达到每秒 1 亿个数据点，确保在数据高峰时段也能够保持稳定的写入性能，满足金融市场对实时数据处理的严苛要求。
- 高可用性：通过采用多副本技术和节点数据一致性机制，TDengine 提供了高可用性保障，确保在任何节点故障或网络异常情况下，数据都不会丢失，服务能够持续不间断。
- 高查询性能：TDengine 的读取速度极快，单张子表的查询响应时间可在 1ms 内完成，满足金融分析师和交易系统对即时数据查询的迫切需求。
- 高压缩率：利用先进的二级压缩和浮点数压缩技术，TDengine 大幅降低存储空间的需求和成本，同时保持数据的完整性和准确性，为金融机构节省大量的存储资源。
- 赋能创新应用：在模型训练与验证的数据获取场景中，用户可以选取任意时间段进行数据查询。TDengine 保持了全时间轴的无差异读取性能，极大地提高了数据的利用效能，加速了金融产品和服务的创新。
- 支持国产化：TDengine 适配并兼容国产 CPU 和操作系统，支持国产化替代，符合国内金融行业对于自主可控的技术发展趋势，增强了金融机构在技术选择上的灵活性和安全性。

24.3 TDengine 在金融中的应用

24.3.1 量化交易

随着科技的飞速发展，量化交易平台已经成为交易者在复杂金融市场中捕捉机遇、规避风险的重要工具。这些平台通过精确的市场分析和及时的响应机制，使交易者能够在瞬息万变的市场中把握投资机会，实现资产的稳定增值。在全球金融市场竞争日益激烈的背景下，基于行情数据的量化交易平台正逐渐成为投资者手中的一把利剑，为他们提供竞争优势。

特别是在金融科技取得突破性进展的今天，量化交易已成为资本市场中一股不可逆转的趋势。基于行情数据的量化交易平台，凭借其全面的应用模块和深入的数据应用能力，为金融市场提供了精准的分析和智能化的决策支持。这些平台不仅能够处理海量的市场数据，还能够运用先进的算法和模型，为交易者提供个性化的投资策略和风险管理方案。

在此背景下，TDengine 作为一个专为时序数据设计的高性能数据库，其在量化交易平台中的应用，进一步提高了平台的性能和效率。TDengine 的主要模块或功能如下。

1. 多路校验

TDengine 中的多路校验是一系列精心设计的特性，旨在确保金融行情数据的准确性和一致性，同时为风险管理提供坚实的数据支持。以下是这一功能的关键特性。

- 确保行情数据的真实性与一致性：在金融交易中，数据的准确性和一致性至关重要。多路校验通过比对来自不同渠道的数据，确保数据的真实性，防止因数据错误导致的误判和投资失误。
- 提供数据对比分析：多路校验允许用户对不同来源的数据进行深入对比分析，以检测潜在的数据偏差或错误。这种分析有助于及时发现并纠正数据问题，确保决策基于准确无误的信息。
- 减少异常数据导致的投资失误：金融市场中的异常数据可能会误导投资者，导致错误的交易决策。多路校验通过消除异常数据，提高了数据的质量和可靠性，从而降低因数据问题导致的投资风险。

2. 数据血缘

TDengine 中的数据血缘是一组强大的特性，它们共同确保了数据的可追溯性、透明度和可靠性，为金融行业的数据处理和风险管理提供了坚实的基础。以下是数据血缘的关键特性。

- 数据可追溯性：数据血缘允许用户追踪数据的起源和流转路径，确保每一条数据的来源都是清晰可辨的。这种可追溯性对于验证数据的准确性、审计数据变更历史以及追踪潜在的数据错误至关重要。
- 数据转换逻辑与依赖关系分析：借助 TDengine 的高效计算能力，用户可以对数据进行深度分析，揭示数据在转换过程中的逻辑链条和依赖关系。这有助于用户理解数据的生成过程，识别潜在的数据处理瓶颈，并优化数据处理流程。

- 提高数据处理的透明度和可靠性：通过在 TDengine 中存储数据，用户可以获得一个统一、可靠的数据视图。TDengine 的高性能和高可用性确保了数据处理的透明度和可靠性，使得客户在进行复杂的数据分析时能够信任所依赖的数据源。

3. 智能监控和分析

TDengine 中的智能监控和分析是一系列高级特性，它们共同构成了金融市场的实时监控和智能分析中心。以下是这些特性的介绍。

- 实时监控与预警：TDengine 结合聚合计算和流计算技术，能够对市场动态、行情波动、交易异常等关键指标进行实时监控。通过设定阈值，系统能够及时发现异常情况并触发警报，帮助交易者和风险管理者迅速响应市场变化。
- 智能分析与预测：利用 TDengine 的高速数据读取能力和先进的人工智能技术，系统可以对市场数据进行深度分析，预测市场走势，并提供潜在风险的及时警报。这种智能分析能力为投资决策提供了科学依据，提高了投资的前瞻性和预见性。
- 自动调整交易策略：TDengine 的函数、UDF 和流计算功能，结合其他计算框架，使得交易策略能够根据市场实时数据自动调整。这种自适应的策略调整机制优化了资产配置，提高了交易的灵活性和效率。
- 清晰的交易执行计划：通过对数据进行全面的计算分析，TDengine 能够输出清晰、明确的交易执行计划，为投资团队提供决策支持。这些计划结合了市场分析和风险评估，有助于团队制定更加精准和有效的投资策略。

行情数据文件和实时数据流统一汇入 TDengine 集群后，客户可以通过 HTTP 接口轻松访问所有时序数据，构建各种金融服务应用。行情数据系统架构（见图 24-1）不仅提供了数据的集中管理，还为开发者提供了开放的接口，使得构建复杂的数据分析工具和金融服务应用变得更加便捷和高效。通过这种架构，金融机构能够加快创新速度，提高服务质量，并在竞争激烈的金融市场中获得优势。

24.3.2 行情中心

行情中心在金融领域占据举足轻重的地位，它构成了所有金融交易的基石，其性能的优劣直接影响着各类交易决策的正确与否。行情中心的主要职能涵盖数据采集、处理、持久化存储、分发以及展示，为证券投资、期货交易、量化投资、风险管理等下游业务提供至关重要的行情数据服务。其业务特点主要体现在以下几个方面。

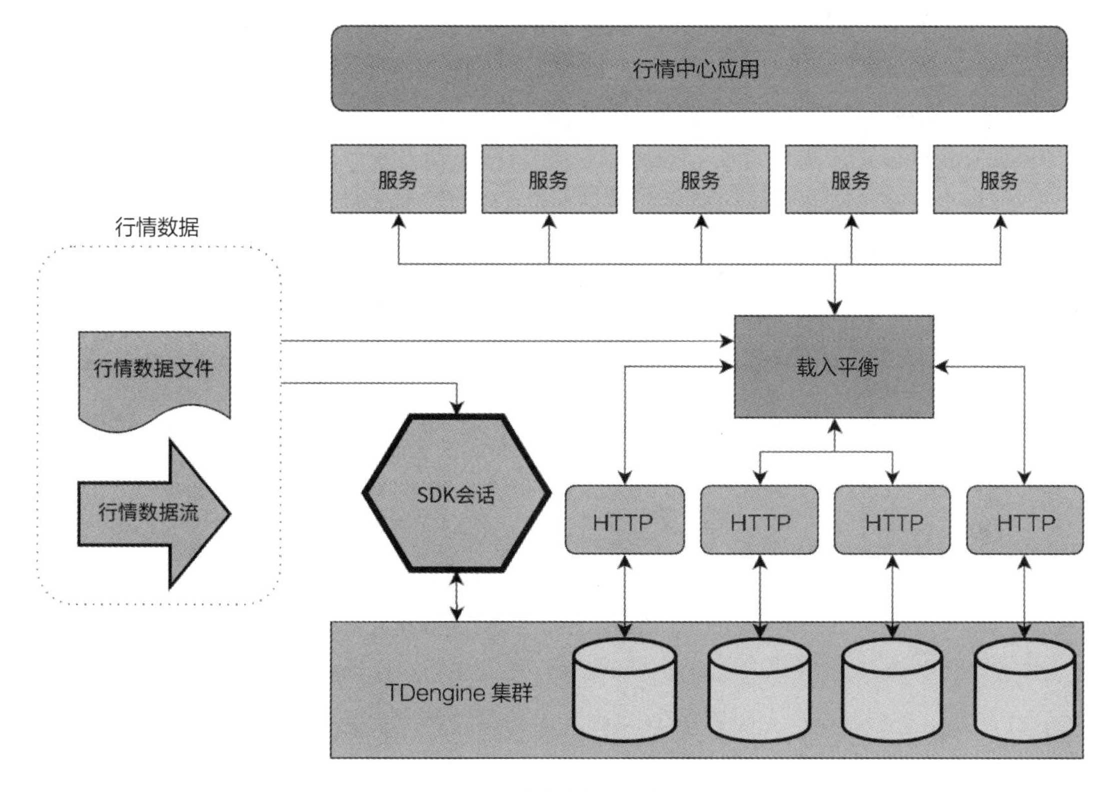

图 24-1 行情数据系统架构

- 实时性：行情中心必须实时处理股票市场的买卖信息和价格变动。对于投资者，能够即时获取最新的股票信息是做出快速而准确的投资决策的关键。
- 海量数据：随着交易市场的日益扩大和交易速度的不断提高，行情中心需要处理和分析的数据量呈现爆炸式增长，这对数据处理能力提出了更高的要求。
- 高并发：行情中心需要同时为众多应用提供高效的服务，必须具备强大的高并发处理能力。除了支持实时交易的核心业务以外，行情中心还须为量化回测、因子计算、风险管理等提供高效的时序数据服务。
- 稳定性：作为金融市场的心脏，行情中心的稳定运行至关重要。任何形式的停机或故障都可能导致不可估量的经济损失。系统的高稳定性和可靠性是不可或缺的。

众多券商在经过全面评估后，纷纷选择 TDengine 作为构建行情中心的核心组件，并且该系统已经稳定运行多年。这一选择充分验证了 TDengine 在以下几个关键方面的卓越价值。

- 实时性：TDengine 的高效写入能力能够处理大量的实时数据流，支持毫秒级甚至亚毫秒级的数据查询响应，完美契合行情中心对实时性的高标准要求。

- 高并发处理：TDengine 设计了卓越的并发处理机制，能够支持从千万到亿级别的 QPS（Queries Per Second，每秒查询率）的时序数据读写操作，确保了各类业务对实时和历史行情数据的写入和查询需求得到满足。
- 海量数据处理能力：TDengine 的“一个数据采集点一张表”创新设计，结合先进的数据压缩技术和高效的存储格式，针对存储超过 10 年的数据，依然能够保持良好的读写性能，并且显著减少存储空间的占用量。
- 稳定性：TDengine 提供了服务的高可用性和数据的强一致性保障，即使在单个节点发生故障的情况下，也能确保系统连续稳定运行，满足了行情中心对系统稳定性的严格要求。

这些券商的选择不仅体现了 TDengine 在技术性能上的领先地位，也彰显了对 TDengine 在金融行业中可靠性和适用性的广泛认可。通过采用 TDengine，券商能够进一步提高行情中心的服务质量，增强核心竞争力，并在激烈的市场竞争中占据有利地位。